本书由南通大学学术专著出版基金资助

制造业高端技术系列

激光冲击高强钢应力调控技术及微观结构演变机制

曹宇鹏　仇　明　施卫东　苏波泳　著

机 械 工 业 出 版 社

自升式平台是海洋资源开发的重要装备，桩腿是其升降系统的核心机构。本书针对桩腿材料 E690 高强钢的磨损、疲劳、胶合等多元损伤行为，聚焦激光冲击诱导 E690 高强钢动态响应、微观结构与应力调控多尺度演变机制，介绍了 E690 高强钢激光表面改性、减摩延寿及增材修复的基础研究。本书着重阐述了涵盖 E690 高强钢失效行为与机理，激光冲击波诱导 E690 高强钢动态响应与残余应力形成机制，微观组织结构与残余应力分布的相关性，激光冲击微观结构表征及基于位错组态的晶粒细化机制，激光冲击微造型减摩延寿和 LCR/LSP 复合修复机理的新理论、新方法及新技术。本书所述的研究内容及成果有利于激光表面改性、减摩延寿及增材修复的基础研究成果尽快走向应用，有助于拓展高能束复合制造与再制造的新方法和工艺。

本书可供从事激光加工、表面工程、高技术船舶与海洋工程装备制造的科技人员、工程技术人员参考，也可作为机械工程、材料加工工程学科研究生和高年级本科生等的学习用书。

图书在版编目（CIP）数据

激光冲击高强钢应力调控技术及微观结构演变机制/曹宇鹏等著. —北京：机械工业出版社，2023.7
（制造业高端技术系列）
ISBN 978-7-111-73266-2

Ⅰ.①激…　Ⅱ.①曹…　Ⅲ.①激光技术-应用-高强度钢-结构稳定性-研究　Ⅳ.①TG142.7

中国国家版本馆 CIP 数据核字（2023）第 099964 号

机械工业出版社（北京市百万庄大街 22 号　邮政编码 100037）
策划编辑：贺　怡　　　　　　　责任编辑：贺　怡　章承林
责任校对：薄萌钰　张　薇　　　封面设计：马精明
责任印制：刘　媛
涿州市般润文化传播有限公司印刷
2023 年 9 月第 1 版第 1 次印刷
169mm×239mm·15.5 印张·2 插页·290 千字
标准书号：ISBN 978-7-111-73266-2
定价：119.00 元

电话服务　　　　　　　　　　网络服务
客服电话：010-88361066　　　机 工 官 网：www.cmpbook.com
　　　　　010-88379833　　　机 工 官 博：weibo.com/cmp1952
　　　　　010-68326294　　　金 书 网：www.golden-book.com
封底无防伪标均为盗版　　机工教育服务网：www.cmpedu.com

前　言

本书是关于海洋工程用高强钢激光冲击残余应力-微观结构协同调控技术的专著，总结了激光冲击调控表面残余应力、表面微结构响应以及高强钢的研究现状，较为系统地描述了高强钢性能、激光冲击高强钢残余应力调控-微观结构演变，以及激光冲击高强钢微造型减摩延寿，充分体现了该技术具有重要的科学意义和广阔的应用前景。

激光冲击强化技术在我国发展迅猛，目前研究主要集中于激光冲击波强化诱导航空航天材料宏观力学性能提升和工程化应用，对激光冲击调控表面残余应力、表面微结构响应尚缺乏系统研究。自升式平台是海洋资源开发的重要装备，桩腿是其升降系统的核心机构。本书以桩腿材料 E690 高强钢为研究对象，介绍了激光冲击诱导高强钢动态响应、微观结构与应力调控多尺度演变机制及其微造型减摩新方向的系统研究。

本书内容主要包括 4 部分。第 1 部分（第 1 章）简述了 E690 高强钢研究现状，激光冲击调控表面残余应力、表面微结构响应以及微造型的相关国内外研究现状与发展趋势。第 2 部分（第 2~5 章）总结了激光冲击波诱导 E690 高强钢动态响应与残余应力形成机制的相关理论并开展了试验研究，介绍了激光冲击波在 E690 高强钢薄板中的传播机制；在纳秒尺度探究了激光冲击过程中 E690 高强钢表面的动态应变特性；介绍了激光参数、动态响应、表面残余应力分布之间的相关性，阐述了表面残余应力的形成机制。第 3 部分（第 6~10 章）总结了激光冲击 E690 高强钢微观结构演变机制的相关理论并开展了试验研究，结合 X 射线衍射分析，介绍了 E690 高强钢微观组织结构与残余应力分布内在的对应关系及自纳米化中调幅分解，构建了 E690 高强钢微观冲击响应模型与应力弛豫机制；介绍了 E690 高强钢位错组态与晶粒细化，构建了激光冲击 E690 高强钢位错运动主导的晶粒细化模型；介绍了激光冲击 E690 高强钢熔覆层微结构响应和熔覆修复结合界面组织的演化，构建了激光冲击熔覆层界面的织构演化模型。第 4 部分（第 11~12 章）总结了 E690 高强钢激光冲击微造型及其与 AlCrN 涂层协同对表面摩擦特性影响的相关理论并开展了试验研究，建立了微造型减摩润滑模型，阐述了微造型在重载工况和油润滑作用下的磨损机理。

在本书写作过程中，作者几易其稿，尽可能采用最通俗的语言来阐述理论知识。本书兼有学术研究专著和技术参考书的特点，可供从事激光加工、表面工程、高技术船舶与海洋工程装备制造的科技人员、工程技术人员参考，也可作为机械工程、材料加工工程学科研究生和高年级本科生等的学习用书。

本书在海洋工程专家仇明教授级高工和施卫东研究员的共同指导下完成，是曹宇鹏在南通中远海运船务博士后工作期间研究团队共同努力的结晶。全书主要由曹宇鹏撰写，其中苏波泳博士负责第2章腐蚀疲劳部分的撰写；仇明和施卫东对全书进行了统稿。感谢我的博士生导师冯爱新教授引领我进入激光冲击残余应力调控领域。研究团队花国然教授、王恒教授、王振刚高工、谭林伟副教授、杨勇飞博士、周锐博士等参加了部分内容的讨论，研究生周锐、王志敏、解朋朋、朱鹏飞等参与了书中部分图片的绘制与校对；在编写过程中引用了部分国内外同行的专著、学术论文、学位论文、研究报告及网络信息等，在此一并表示感谢。

本书所涉及内容得到了国家自然科学基金项目（51505236、51979138）、国家工信部高技术船舶科研项目（MC-202031-Z07）、国家重点研发计划项目（2019YFB2005300）、中国博士后基金项目（2019M651931）等多个科研项目资助，同时得到南通中远海运船务工程有限公司、上海振华重工集团（南通）传动机械有限公司等单位的大力支持，在此表示感谢。

由于作者水平有限，书中难免有疏漏和不足之处，恳请广大读者批评、指正，并提出宝贵意见。

作　者

目　　录

第1章 绪 论

1.1 引言

实现长寿命航空、深海等高新装备关键部件抗疲劳、延寿和再制造，是一项高投入、高附加值的高新技术产业，也是我国目前的重要举措与紧迫需求，更是我国迈向机械制造强国的必经之路。目前，国际上通常采用高强度喷丸（High Intensity Shot Peening，HISP）、低塑抛光（Low Plasticity Burnishing，LPB）等技术对高新装备的关键部件，尤其对薄壁区域进行表面处理，用于提升其表面疲劳强度，达到延长使用寿命的目的[1]。

表面强化工艺（机械强化）是利用机械载荷使零件表层和亚表层发生一定的冷态塑性变形而实现强化，形成材料晶格的位错、滑移，使材料表面的强度和硬度得到显著提高，同时在材料表面形成一定的残余压应力，从而提高材料的疲劳寿命。激光冲击强化技术是采用高能量的激光束加载金属表面的吸收层，利用等离子体爆炸产生冲击波的力学效应，提高金属材料强度、硬度、耐蚀性等性能的一种新型表面强化技术。激光冲击强化技术与传统表面强化方法相比，其技术优势显著[2]。

与常规表面强化技术相比，激光冲击强化技术优点表现为：较深的应变影响层、可调控冲击区域和压力、易保持强化位置的表面粗糙度和尺寸精度等，其所获得的残余压应力层深度约为机械强化的 $2\sim5$ 倍，可达 1mm。同时，等离子体在约束层的约束作用下形成作用于金属表面高强度的应力波，当应力波的峰值压力超过试样材料的动态屈服极限时，材料表面发生应变硬化并残留残余压应力。美国、法国等西方国家对激光冲击强化技术的开发与应用非常重视，目前，世界上已有 LLNL、MIC、GE 等公司成功将激光冲击强化技术应用至航空涡轮发动机零件的抗疲劳制造中[3]。

激光冲击强化技术涉及激光、材料、力学等多个学科，具有压力高达数 GPa 乃至 TPa 量级的高压，峰值功率达到 GW 量级的高能，作用时间 ns 量级的超快，以及超高应变率四个特点。激光冲击强化后试样材料表面得到显著的压应力，其大小、分布与激光冲击工艺参数有关[4]。目前，激光冲击强化技术与喷丸、喷砂等传统表面强化技术相比，在实现定量调控表面残余应力方面有巨大的技术优势，基于激光冲击强化定量调节与控制表面残余应力的研究工作将是一个崭新的课题。

1

1.2　E690 高强钢研究与应用概述

目前，海洋油气的开发日渐向深海和极地进军，我国更是提出建设海洋强国的"深海战略"，这对海洋工程平台用钢的综合性能提出了更高的要求[5]。包括美国、日本和欧洲在内的发达国家早就开始了海洋石油平台用钢的研究，并研制出多种适用于深海和极地海域使用的新型防腐钢种，如 ASTM 规范中的A514，JFE 标准中的 WELTEN80 和 DNV 规范中的 E690。我国尚没有具体的海洋工程平台用钢标准，并且在制造屈服强度大于 690MPa 的超高强海洋工程平台用钢方面与欧美日等技术强国存在一定的技术差距。

近年来，随着可开采油气资源的减少，人类不得不对强腐蚀环境下的高酸性油气资源进行开采开发。E690 高强钢具有强度好、韧性高、抗疲劳和抗层状撕裂等优良的材料性能，良好的焊接性能和冷加工性能，被广泛应用于海洋工程、舰船和港口机械等行业中的关键零部件。国内外对 E690 高强钢的需求不断增加，而 E690 高强钢服役于地质结构复杂、高温高压、高腐蚀性的严苛环境下，极易发生腐蚀与失效，针对 E690 高强钢的强化研究已迫在眉睫。

1.3　金属材料腐蚀疲劳裂纹扩展机理分析

1.3.1　腐蚀疲劳裂纹扩展中的能量分析

基于裂纹扩展能量原理，腐蚀疲劳势能达到初始裂纹形成所需要的能量时，金属材料裂变成核形成初始裂纹。在腐蚀环境侵蚀下，疲劳载荷作用一次，裂纹长度 a 增加 da，此过程伴随着能量形态的相互转换。在循环载荷作用下，能量形态随着腐蚀疲劳裂纹长度不断增加而持续转变，直至材料断裂失效发生，此过程中主要能量种类包含电化学能、动能以及势能，这些能量基于能量守恒原理相互转换。

1. 电化学能

金属材料腐蚀类型以电化学腐蚀为主，即金属材料与腐蚀介质接触形成腐蚀原电池，其组成部分可分为阳极、阴极以及腐蚀介质。阳极金属失去电子形成金属离子发生溶解，阴极接收电子并发生化学反应（如氢脆等现象），而腐蚀介质负责转移腐蚀产物，此电化学腐蚀过程宏观表现为腐蚀裂纹不断扩展。基于电化学原理，金属材料所释放电化学能可由所释放的电荷在电场中做的功表示，即定量研究功的大小需要计算金属电化学腐蚀过程中金属材料的腐蚀量。

金属材料表面与外界之间存在钝化膜，可以阻止金属表面与外界接触发生腐蚀，而在载荷循环作用下钝化膜持续经历挤压—拉伸会发生断裂。钝化膜破裂后，金属表面与腐蚀介质接触发生电化学反应。伴随着腐蚀疲劳裂纹扩展过程，腐蚀原电池中形成电流，此电流可用刮擦金属表面模拟。忽略钝化膜的形成时间，金属溶解时形成的电流密度可以表示为[6]：

$$i = i_0 \exp(-\lambda t) \tag{1-1}$$

式中，i_0 为刮擦停止时的电流；λ 为钝化膜的形膜速率常数。

在腐蚀疲劳裂纹扩展过程中，对材料加载循环载荷时，钝化膜破裂，金属表面发生腐蚀溶解；卸载时，金属溶解速率以和加载时相同的速率降低。一个加载周期内，金属材料的腐蚀量可依据法拉第原理表示为[6]：

$$W = \frac{i_0 M}{nF\rho} \frac{S_0}{\lambda T_z} \left\{ \int_0^{T_{z0}} \exp(-\lambda t)\,\mathrm{d}t + \int_{T_{z0}}^{T_z} \left[1 - \exp(-\lambda t) \right] \mathrm{d}t \right\} \tag{1-2}$$

$$T_{z0} = \frac{1}{\lambda} \ln\left[2 - \exp(-\lambda T_z) \right] \tag{1-3}$$

式中，M 为摩尔质量；n 为原子价；F 为法拉第常数；ρ 为材料的密度；T_z 为疲劳载荷作用周期；T_{z0} 为加载循环载荷周期；S_0 为裂纹新生面积。

$$S_0 = \frac{\sigma_{\max} \pi a}{E \sigma_s} \tag{1-4}$$

式中，$\sigma_{\max}$ 为疲劳交变应力最大值；σ_s 为材料屈服极限。

在一个疲劳载荷作用周期内，腐蚀溶解金属所携带的电荷表示为：

$$\Delta Q = \frac{i_1}{\rho} \frac{S_0}{\lambda^2 T_z} \left[1 + \lambda(T_z - T_{z0}) - 2\exp(-\lambda T_{z0}) + \exp(-\lambda(T_z - T_{z0})) \right] \tag{1-5}$$

依据电化学原理，腐蚀疲劳裂纹扩展过程中的电化学能可由溶解金属所携带电荷在电场中做的功表示，其表达式为[7]：

$$u_c = E_0 \Delta Q = \left(E^{\ominus} + \frac{RT}{nF} \ln a_{M^{n+}} \right) \frac{i_1 S_0}{\rho \lambda^2 T_z} \left[1 + \lambda(T_z - T_{z0}) - 2\exp(-\lambda T_{z0}) + \exp(-\lambda(T_z - T_{z0})) \right]$$

$$\tag{1-6}$$

式中，E_0 为腐蚀电池电动势；$E^{\ominus}$ 为标准电极电位；R 为气体常数；T 为热力学温度；$a_{M^{n+}}$ 为金属离子活度；i_1 为阳极溶解电流密度；S_0 为裂纹新生面积；λ 为形膜速率常数；T_z 为疲劳载荷周期。

2. 腐蚀疲劳裂纹扩展动能

在循环载荷的作用下，裂纹持续进行张开—闭合—张开的循环运动，并具有一定的动能，物理学家 Mott 提出动能模型，该模型主要针对线弹性材料。当应力水平大于屈服强度金属材料发生脆性断裂。而实际工程中多使用弹塑性材料，当应力大于屈服强度时，裂纹尖端区域会发生塑性变形。金属材料裂纹尖端部分存在应力集中的现象，当应力水平大于屈服强度时，试样产生比较明显的塑性变形现象。综上所述，在工程应用时 Mott 动能模型不能用来计算弹塑性材料裂纹的动能，需要改进和优化针对弹塑性材料的动能表达式。

针对弹塑性材料，塑性应变采用幂硬化规律表达，即

$$\sigma = A\varepsilon^{\alpha} \tag{1-7}$$

式中，σ 为有效应力；ε 为有效应变；A 为硬化系数；α 为硬化幂指数。

幂硬化规律常运用于弹塑性材料上，当材料为线弹性材料时，$A = E$、$\alpha = 1$，此时 E 为弹性模量。依据 J 积分的守恒性原理，疲劳裂纹的位移表达式如下：

$$u = c_1 A^{-1/(1+\alpha)} \sigma^{2/(1+\alpha)} a/E$$
$$v = c_2 A^{-1/(1+\alpha)} \sigma^{2/(1+\alpha)} a/E \tag{1-8}$$

式中，c_1 和 c_2 为位移分量系数。

对密度为 ρ 的金属材料，其动能表达式为：

$$E_k = \frac{1}{2}\rho\left(\frac{\mathrm{d}a}{\mathrm{d}t}\right)^2 \frac{\sigma^{4/(1+\alpha)}}{A^{2/(1+\alpha)}E} \iint_{\Omega} (c_1^2 + c_2^2)\,\mathrm{d}x\mathrm{d}y \tag{1-9}$$

式（1-9）中面积积分与 a^2 成比例关系，比例系数取 k，金属材料裂纹动能表达式为[8]：

$$E_k = \frac{1}{2}k\rho a^2\left(\frac{\mathrm{d}a}{\mathrm{d}t}\right)^2 \frac{\sigma^{4/(1+\alpha)}}{A^{2/(1+\alpha)}E} \tag{1-10}$$

3. 裂纹扩展势能

势能由表面能、弹性应变能、位错挤入裂纹所做的功及位错本身的弹性能组成。在腐蚀介质作用下，金属材料发生阳极溶解和离子化，最终导致势能降低。利用位错理论[9]，裂纹长度 a 对应的势能可表示为：

$$U = 2G_{IC}a - \frac{\pi(1-\nu^2)\sigma_a^2 a^2}{2E} - \frac{n_p b a \sigma_a}{2} - \frac{(n_p b)^2 E}{8\pi(1-\nu^2)} + \frac{nE_0 F\rho a}{M}S_0 \tag{1-11}$$

式中，G_{IC} 为临界裂纹扩展力；ν 为泊松比；σ_a 为应力幅；n_p 为位错数；b 为伯格斯矢量；a 为裂纹长度；E 为材料弹性模量；n 为原子价；F 为法拉第常数；E_0 为标准电极电位；ρ 为材料密度。

1.3.2 基于能量守恒的金属材料腐蚀疲劳裂纹扩展速率模型

腐蚀疲劳裂纹扩展过程中，各部分能量相互转换，基于能量守恒原理，上述能量总和保持不变，即

$$\frac{\mathrm{d}\Phi}{\mathrm{d}N} = \frac{\mathrm{d}(U+E_k)}{\mathrm{d}N} + u_c = 0 \tag{1-12}$$

将式（1-4）、式（1-10）和式（1-11）代入式（1-12），得

$$\frac{\mathrm{d}}{\mathrm{d}N}\left(\frac{1}{2}k\rho a^2\left(\frac{\mathrm{d}a}{\mathrm{d}t}\right)^2\frac{\sigma^{4/(1+\alpha)}}{EA^{2/(1+\alpha)}}+2G_{\mathrm{IC}}a-\frac{\pi(1-\nu^2)\sigma_a^2a^2}{2E}\right.$$

$$\left.-\frac{n_p\boldsymbol{b}a\sigma_a}{2}-\frac{(n_p\boldsymbol{b})^2E}{8\pi(1-\nu^2)}+\frac{nE_0F\rho}{M}\frac{\sigma_{\max}\pi a^2}{E\sigma_s}\right)+u_c=0 \qquad (1\text{-}13)$$

对于裂纹扩展速率的研究主要基于频域，将$\dfrac{\mathrm{d}a}{\mathrm{d}t}=f\dfrac{\mathrm{d}a}{\mathrm{d}N}$带入式（1-13），得

$$\frac{kf^2a\rho\sigma^{4/(1+\alpha)}}{EA^{2/(1+\alpha)}}\left[a\frac{\mathrm{d}a}{\mathrm{d}N}\frac{\mathrm{d}^2a}{\mathrm{d}N^2}+\left(\frac{\mathrm{d}a}{\mathrm{d}N}\right)^3\right]-\left(\frac{a\sigma_a}{2}+\frac{(n_p\boldsymbol{b})E}{4\pi(1-\nu^2)}\right)\frac{\mathrm{d}(n_p\boldsymbol{b})}{\mathrm{d}N}+$$

$$\left(2G_{\mathrm{IC}}-\frac{\pi(1-\nu^2)\sigma_a^2a}{E}-\frac{n_p\boldsymbol{b}\sigma_a}{2}+\frac{nE_0F\rho}{M}\frac{2\sigma_{\max}\pi a}{E\sigma_s}\right)\frac{\mathrm{d}a}{\mathrm{d}N}+u_c=0 \qquad (1\text{-}14)$$

式中，a 为裂纹长度；N 为循环次数。

在裂纹扩展的初期及稳定扩展阶段，$\dfrac{\mathrm{d}^2a}{\mathrm{d}N^2}$ 与 $\left(\dfrac{\mathrm{d}a}{\mathrm{d}N}\right)^3$ 数值较小，与 $\dfrac{\mathrm{d}a}{\mathrm{d}N}$ 不在一个

数量级内，故可忽略，则简化腐蚀疲劳裂纹扩展模型为：

$$\frac{\mathrm{d}a}{\mathrm{d}N}=\frac{\left(\dfrac{a\sigma_a}{2}+\dfrac{(n_p\boldsymbol{b})E}{4\pi(1-\nu^2)}\right)\dfrac{\mathrm{d}(n_p\boldsymbol{b})}{\mathrm{d}N}-u_c}{2G_{\mathrm{IC}}-\dfrac{\pi(1-\nu^2)\sigma_a^2a}{E}-\dfrac{n_p\boldsymbol{b}\sigma_a}{2}+\dfrac{nE_0F\rho}{M}\dfrac{2\sigma_{\max}\pi a}{E\sigma_s}} \qquad (1\text{-}15)$$

在一个疲劳载荷作用周期内，新增位错数可由裂纹尖端滑移表面释放的位错数表示，即

$$\frac{\mathrm{d}(n_p\boldsymbol{b})}{\mathrm{d}N}=\frac{1}{N_0L^2}\left(\frac{\sigma_a}{\sigma_0}\right)^{1/\beta} \qquad (1\text{-}16)$$

式中，β 为交变硬化指数；L 为滑移面平均长度。

临界扩展力 G_{IC} 为构件即将发生断裂失效时对应的载荷大小，与材料断裂韧度有关，其关系为：

$$G_{\mathrm{IC}}=\frac{K_{\mathrm{IC}}^2}{E} \qquad (1\text{-}17)$$

式中，K_{IC} 为材料断裂韧度；E 为材料弹性模量。

应力强度因子范围 ΔK 反映裂纹尖端应力场的大小，与裂纹长度 a 和应力水平有直接关系，即

$$\Delta K=2\sigma_a\sqrt{\pi a} \qquad (1\text{-}18)$$

将式（1-16）、式（1-17）和式（1-18）带入式（1-15），经简化得腐蚀疲劳裂纹扩展速率模型如下：

$$\frac{\mathrm{d}a}{\mathrm{d}N} = \left(\frac{E\sigma_a^{1/\beta}\Delta K^2}{8\pi N_0 L^2 \sigma_0^{1/\beta}} - \frac{Eu_c}{2} \right) \Big/ \left(K_{\mathrm{IC}}^2 - \frac{(1-\nu^2)\Delta K^2}{4} + \frac{nE_0 F\rho\sigma_{\max}\Delta K^2}{4\sigma_a^2 M\sigma_s} \right) \quad (1\text{-}19)$$

式中，E 为弹性模量；σ_a 为应力幅；ΔK 为应力强度因子范围；N_0 为单位体积位错源的平均数；L 为滑移面平均长度；u_c 为所求的电化学能；K_{IC} 为材料的断裂韧度；ν 为泊松比；n 为原子价；E_0 为标准电极电位；F 为法拉第常数；ρ 为材料密度；$\sigma_{\max}$ 为最大应力；M 为摩尔质量；σ_s 为材料屈服极限。

1.4 激光冲击调控表面残余应力相关研究与进展

1.4.1 激光冲击强化技术研究概况

首次观察到脉冲激光加载材料表面可以产生高强的冲击波现象可以追溯到 20 世纪 60 年代[10]，但当时研究热点聚焦于激光诱导产生压力的脉冲现象。1972 年，Columbus 实验室利用高功率脉冲激光冲击加载 7075 铝合金试样表面，使试样材料微观组织细化，材料的力学性能得到提升[11]，这标志激光冲击强化技术开始应用于表面改性。鉴于激光具有可控性好、可重复性高，以及高能、高压、超快等诸多特点，激光冲击强化技术从诞生之日开始就受到学界和工程界的广泛重视，成为研究固体表面改性的新工具。

激光冲击强化技术研究的国内外情况简述如下：

1972 年，Clauer 等对不同型号的铝合金材料进行了激光冲击强化的试验研究，观察到 2 系、6 系和 7 系的铝合金材料在激光冲击波作用下其硬度、强度和抗疲劳性能均得到大幅提升，具有良好的应用前景[12]，但局限于当时的激光冲击设备，使激光冲击强化技术停留在实验室阶段。

1972 年，Clauer 等对激光冲击强化试验装置进行了改进，引入了透明约束层和黑色涂层作为吸收层，大幅提升了冲击波幅值，使之达到 GPa 量级[13]。

1978 年，在美国空军飞行动力实验室（AFFDL）的资助下，Fairand、Clauer 等对铁基合金、航空铝合金进行激光冲击处理，用于提高上述材料的综合力学性能。研究表明经激光冲击强化后航空铝合金疲劳寿命提高一倍，经激光冲击强化后铁基合金［Fe-Si 合金（$w_{\mathrm{Si}} = 3\%$）］得到 0.2mm 厚的均匀硬化层。与常规表面强化技术相比，不锈钢材料经激光冲击强化后其表面硬度提高 20%，相比于基体，表面硬度提高 2 倍[14]。

1979 年，美国洛克希德-乔治亚公司（Lockheed-Georgia Company）也开始研究激光冲击强化技术，该公司的 Bates 采用激光冲击强化 7075T6 和 7475T73 铝合金，根据试验结果可知：7075T6 和 7475T73 试件的疲劳寿命分别提高 1.93 倍和 1.91 倍。

自 1987 年以来，在法国汽车与航空工业基金资助下，Fabbro 等在 LALP 实验室系统研究了激光冲击强化技术，研究内容包含：基于激光冲击的激光与材料相互作用机理并建立模型；提高材料疲劳寿命和耐磨性的方法；基于激光冲击的材料表面改性；基于约束模式对激光冲击波进行分析，并对激光冲击波的峰值压力进行估算[15]。

约束模式下激光冲击波的分析模型如下：

$$\frac{\mathrm{d}L(t)}{\mathrm{d}t} = \frac{2}{Z}p(t) \qquad (1-20)$$

$$\frac{2}{Z} = \frac{1}{Z_1} + \frac{1}{Z_2} \qquad (1-21)$$

$$I(t) = p(t)\frac{\mathrm{d}L(t)}{\mathrm{d}t} + \frac{2}{2\xi}\frac{\mathrm{d}[p(t)L(t)]}{\mathrm{d}t} \qquad (1-22)$$

式中，$p(t)$ 和 $I(t)$ 分别代表压强和宏观线度；Z 代表声阻抗；ξ 为热能与内能的比值。

激光冲击波峰值压力 p_{max}（GPa）估算式如下：

$$p_{max} = 0.01\left(\frac{\xi}{2\xi+3}\right)^{0.5} Z^{0.5} I^{0.5} \qquad (1-23)$$

Fabbro 和 Peyre 假设塑性应变 ε_p 和残余应力影响层深度 L_P 已知，μ 为拉曼系数，ν 为泊松比，a 为方形光斑边长，两位学者于 1998 年给出了激光冲击强化表面残余应力计算公式[16]：

$$\sigma_{surf} = \sigma_0 - [\mu\varepsilon_p(1+\nu)/(1-\nu) + \sigma_0][1-4\sqrt{2}(1+\nu)L_P/\pi a] \qquad (1-24)$$

1990 年，法国 Gerland、Banas 等对钢试样开展了激光冲击强化的试验研究，结果表明通过激光冲击强化使 18Ni 合金钢疲劳寿命提高了 17%，激光冲击强化后 316 不锈钢获得了与爆炸冲击表面相似的组织结构。

1995 年 2 月，世界首家基于激光冲击强化的技术服务公司在美国诞生，由参与美国"高周疲劳科学和技术计划"的 Dulaney 博士创办。Dulaney 博士注册了"LSP"作为商标，同时创建了激光冲击强化网站推广该技术，利用激光冲击强化装备向工业界提供技术和加工服务。

1998 年，Peyre 与 Berthe 等利用激光速度干涉仪实现了对 ns 量级脉冲激光诱导冲击压力的测量；2000 年 Peyre 等又采用 PVDF 压电传感器实现了对 ns 量级脉冲激光诱导冲击压力的精确测量。

2004 年，Politecnica de Madrid 大学的 Ocan 等构建激光冲击强化的数值模型，并借助数值模拟探究激光冲击后的残余应力。

2005 年，Colvin 等在 LLNL 实验室基于等离子体产生过程中的微观粒子行为，构建了激光冲击产生等离子体过程的数学模型。

2007 年，为了强化核电站压力容器焊缝，日本东芝公司采用了激光冲击强化技术，大幅提升了压力容器焊缝的抗腐蚀性能。

2008 年之后，英国 Earby 借助美国 MIC 公司（金属改性公司）建立了激光冲击强化的生产线，为罗尔斯-罗伊斯公司的 Trent500、Trent800、Trent1000 发动机叶片进行激光冲击强化处理，提高了其抗高周疲劳的性能。

2010 年，Luo 等[17] 在 Los Alamos 实验室利用激光冲击波加载双晶铜，探究冲击波对双晶铜晶界的影响。

2012 年，Cellard 等在法国特鲁瓦技术大学用脉冲激光对 TC17 钛合金试样进行激光冲击强化，试验通过变化参数探究脉宽、能量、冲击次数以及试样厚度等对 TC17 钛合金材料力学性能的影响。

2015 年，Ren 等[18] 研究了激光冲击处理（LSP）AZ91D 镁合金表面纳米化。通过扫描电子显微镜（SEM）和透射电子显微镜（TEM）研究了表面区域的微观结构。激光冲击强化后表面纳米化层的显微硬度可提高 86.2%。LSP 诱导 AZ91D 镁合金表面纳米化归因于位错滑移和机械孪生。

2018 年，Adu-Gyamfi 等[19] 研究了激光喷丸扫描方式对 AA2024 铝合金残余应力分布及疲劳寿命的影响，使用三维有限元分析来模拟残余应力分布，基于试验建立了残余应力分布和疲劳性能之间的相关性；其中，L-螺旋扫描模式产生良好的残余应力分布，并相对更有效地延长疲劳性能。

2021 年，Sun 等[20] 对 Ti6Al4V 合金进行纳秒激光冲击强化（NLSP）、飞秒激光冲击强化（FLSP）以及纳秒和飞秒激光复合冲击强化（F-NLSP），对比其表面形貌、深层组织以及纳米硬度的变化。FLSP 处理表面粗糙度值小，但残余应力影响深度限制在喷丸表面附近；NLSP 和 F-NLSP 处理试样因严重的烧蚀导致其表面粗糙度值高。与 NLSP 试样相比，F-NLSP 试样中无择优取向的小等轴晶粒更加致密；与 NLSP 试样相比，F-NLSP 试样中深层纳米硬度的影响深度和幅度更大。

2022 年，Liao 等[21] 研究了 FeCoCrNiAl HEA 涂层高熵合金经激光冲击强化处理后的耐磨性和耐蚀性。经 LSP 处理的试样具有更好的耐蚀性，LSP 诱导的压缩残余应力增强了基体与改性层的结合力，形成了致密的钝化膜抑制环境中的腐蚀离子，成功中和晶粒细化带来的副作用。

基于上述研究，激光冲击强化技术作为一种有效的金属表面强化工具，可广泛应用于各种领域，各国研究人员对激光冲击强化技术开展了大量的应用研究和机理研究。

为开展激光核聚变及强场物理等前沿研究，中国科学院上海光机所研发了神光装置、中国工程物理研究院研发了星光装置、中国科学技术大学强激光研究所研发了华光装置，以上装置都是国内大功率激光装置，并于 20 世纪 80 年代后期才进入实用阶段。由于上述激光装置系统技术复杂、体积巨大、制造成本昂贵，激光器制造技术限制了我国对激光冲击技术的研究。

我国对激光冲击强化技术的应用研究开始于 20 世纪 90 年代，虽起步较晚但发展迅速。从 20 世纪末，南京航空航天大学、江苏大学、中国科学技术大学、空军工程大学、北京航空制造研究所、华中科技大学、北京航空航天大学、航空材料研究院、中科院沈阳金属研究所等单位对激光冲击强化技术开展了大量的试验研究。南京航空航天大学和中国科学技术大学是国内最早开始激光冲击强化相关研究的单位。从 1992 年起，南京航空航天大学与中国科学技术大学进行合作，对航空结构件进行激光冲击强化进而提升了其抗疲劳断裂性能，研究人员分别以激光诱导冲击波及其对材料的强化机理、激光冲击区的表面质量等方向为切入点进行了大量研究，提出了激光冲击强化效果的直观检验与控制方法。1995 年，中国科学技术大学强激光研究所的吴鸿兴教授和郭大浩高工等学者成功研制外形尺寸为 0.6m×1.88m×0.6m 的小型实用激光冲击强化装置。华中科技大学的邹鸿承等人使用钇铝石榴石固体激光器，按照如下激光参数（193mJ、5ns 脉宽、光斑直径 1mm）对 2A12T4 铝合金进行多点钉合处理，使试样的表面硬度提高 5 倍。江苏大学和空军工程大学都与中国科学技术大学开展了合作，共同研制了用于激光冲击强化的激光器，并搭建了激光冲击强化装置试验平台。北京航空制造研究所从俄罗斯引进了激光器，并建立了激光冲击强化的试验系统。由于拥有相关试验设备，江苏大学张永康教授团队、空军工程大学李应红教授团队、北京航空制造研究所邹世坤研究员团队均开展了大量的应用研究和机理研究。

2008 年，空军工程大学与镭宝光电有限公司、西安天瑞达光电有限公司开展了合作，在西安建立了我国第一条激光冲击强化生产线，并在解放军 5713 工厂、中航 460 工厂等航空企业进行了推广，承接了多种航空发动机部件激光冲击强化处理任务。

2010 年至今，张永康教授团队和邹世坤研究员团队共同研制了具有自主知识产权的 YAG 和钕玻璃两个不同系列的航空发动机叶片和整体叶盘的激光冲击波强化成套装备；发明了六轴联动姿态控制的隐蔽面激光冲击强化技术，解决了整体叶盘大扭角、叶片间干涉和"工"字梁等典型航空复杂结构件光束可达性的技术难题，建立了我国第一条整体叶盘激光冲击波强化生产线，填补了国内空白。

综上所述，激光冲击强化技术涉及激光、材料、力学等多个学科，其研究内容主要集中在两个方面：一是基础理论研究，探究激光与材料相互作用的机理，基于激光冲击强化作用下材料超高应变率响应、材料微观组织特征与宏观力学性能；二是工程应用研究，为提高钛合金、铝合金等航空设备关键零部件常用材料的抗腐蚀、抗疲劳性能，基于激光冲击强化处理的工艺研发及激光器设备系统研制，也成为本领域国内外学者深入研究的热点方向。

1.4.2　激光冲击波传播机制与材料动态响应

激光冲击强化技术利用激光器输出高强度激光，其脉宽处于 ns 量级，导致多数测试手段很难有效测量处于瞬态变化状态的材料动态响应[22]。国内外科研工作者主要利用 VISAR（Velocity Interferometer System for Any Reflector）速度干涉仪和 PVDF（Polyvinylidene Fluoride）压电传感器，测量研究传播至铝、钛、镁等有色金属合金试样背面的激光冲击波。

1998 年，Peyre 与 Berthe 等利用激光速度干涉仪实现了对脉宽 20ns 的激光诱导下冲击波压力的测量，但未能观察到数值模拟出的弹性前驱波。He 等改进了激光速度干涉仪测试技术，改进后的 VISAR 时间分辨力达到了亚纳秒量级，成功测量了激光高速驱动金属薄片的速度。2005 年后，国内中国工程物理研究院王永刚、舒桦等采用速度干涉测试技术（图 1.1），测量和分析了纯铝、铝合金在强激光辐照下的动态力学响应，测量结果与模拟结果基本一致。但国内试验采用的 VISAR 技术由于响应速度的限制，反射条纹会发生缺失，影响测量精度。

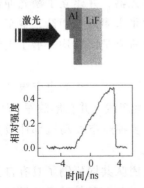
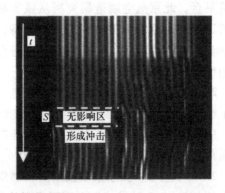

图 1.1　基于 VISAR 技术激光直接驱动无冲击压缩试验[23]

2000 年，Peyre 等采用 PVDF 压电传感器实现了对脉宽为 0.6~3ns 的激光诱导冲击波压力的准确测量，之后 Morales M 等人采用 PVDF 压电传感器对纯铝、铝合金的动态力学响应进行了试验测量。从 20 世纪 90 年代开始，国内中国科技大学郭大浩高工、江苏大学张永康教授一直利用 PVDF 压电传感器完成了对铝、钛、镁等有色金属合金试样背面强激光诱导冲击波的多点实时测量[24]。目前，利用 PVDF 压电传感器进行动态压力测试国外已进入实用化阶段，国内尚处于试制、标定阶段，仍需不断加强[25]。张永康教授采用示波器与 PVDF 压电传感器相连，激光冲击波测量装置示意图如图 1.2 所示，在镁合金中获取的激光冲击波图像如图 1.3 所示。示波器图像显示了激光诱导冲击波引起的最大峰值压力，之后的波动是由约束层表面压缩形成的多次冲击波和约束层对冲击波的多次反射所形成，相邻脉冲的时间间隔即为冲击波两次传播至试样背面的时间差。根据冲击波压电波形可获得冲击波的传播速度值为 5.83×10^3 m/s。冲击波峰压不断衰减，根据数据拟合冲击波峰压衰减规律 $p_{\max} = 1.86 \mathrm{e}^{-0.08x}$。

科研工作者利用 VISAR、PVDF 压电传感器，对传播至铝合金、钛合金、镁合金试样背面的激光冲击波进行测量研究，其研究目标主要集中于冲击波在材料中的衰减规律，很多波剖面试验测量结果中的时间分辨力较低，仍要不断补充高分辨力的试验。

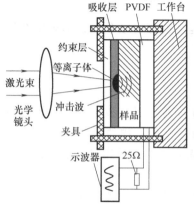

图 1.2 激光冲击波测量装置示意图

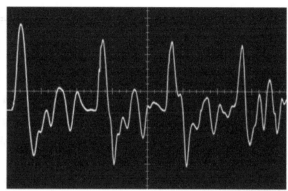

图 1.3 在镁合金中获取的激光冲击波图像

2012 年，冯爱新、聂贵锋等提出基于应变片激光冲击诱导超高应变率下金属材料的动态力学性能测试方法；对强激光在铝合金背面诱导的冲击波进行了直接测量，分析冲击波在金属中的传播和衰减过程，研究了冲击波在金属中的传播规律，针对厚度为 1.3mm 和 2.1mm 铝合金板建立了"铝合金薄板激光冲击加载模型"[26]，实现对激光冲击波传播过程预测与控制。

2012 年至今，江苏大学冯爱新教授团队和作者提出了 PVDF 压电传感器可以用于测量表面动态应变，并以铝合金为例对其可行性进行证明，图 1.4 所示为数字示波器采集激光冲击铝合金试样时表面动态应变；同时该团队还利用 PVDF 压电传感器对激光冲击诱导铝、镁等有色金属试样背面动态应变进行测试，开展了激光冲击波传播规律和作用机制的研究，根据检测结果分析了激光冲击波在金属材料中的衰减规律。

之前的相关研究主要集中于冲击波在材料中的衰减规律，较少研究基于脉冲激光冲击诱导高应变率条件下试样表面动态应力-应变特性，对激光冲击诱导

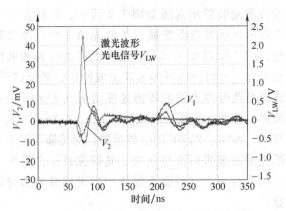

图 1.4　数字示波器采集激光冲击铝合金试样时表面动态应变[27]

材料的动态响应主要借助数值模拟进行了一定程度的探讨或预测，均未结合试验进行对比验证和分析。

1.4.3　激光冲击与表面残余应力分布

2004 年，Politecnica de Madrid 大学的 Ocana 等通过建立数学模型，预测激光冲击后的残余应力，解释激光冲击提高材料疲劳寿命的物理机制。2006 年美国华盛顿国立大学 Cheng[28] 采用强激光冲击单晶硅材料，采用多尺度位错动力学来阐述强化机制，但研究止步于模拟阶段。

2011—2016 年江苏大学冯爱新等[29] 利用 X 射线衍射应力分析仪，对激光冲击强化铝合金、弹簧钢等金属材料表面残余应力分布，对激光离散划痕区域表面残余应力分布，进行了系统的测试和分析研究。图 1.5 所示为不同激光功率密度诱导的残余应力分布。聂贵锋对不同功率密度激光冲击下 2024 铝合金表面残余应力的主应力、方向角等进行了数据比较（图 1.6），以应力场分布均匀和应力角趋于离散的原则给出了针对 2024 铝合金的激光冲击参数的推荐值，但是该研究止步于测试和数据比较，未对残余应力场分布规律进行试验性的探究。

2020 年，葛良辰、曹宇鹏等[30] 通过仿真研究获得了表面曲率对激光冲击波传播的影响规律，曲面条件下试样残余应力场分布情况与平面条件下试样残余应力分布的差异，并分析了其形成机理。激光冲击凸模型时试样表面残余压应力场分布存在偏向现象，即试样沿素线方向的残余压应力值小于圆周方向，其对应的塑性应变深度也呈相同的规律。

2022 年，曹宇鹏、王志敏等[31] 研究了激光冲击处理 E690 高强钢试样表面残余应力分布及残余应力孔洞形成机制，对相关原因进行了权重分析，并建立了 E690 高强钢试样冲击波传播模型。

研究人员通过试验研究激光冲击强化对材料力学性能的影响，主要集中于

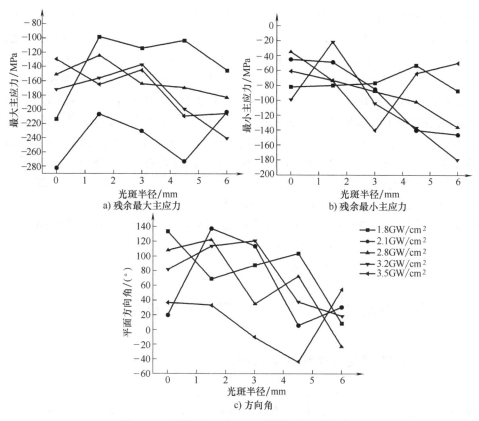

图 1.5 不同激光功率密度诱导的残余应力分布

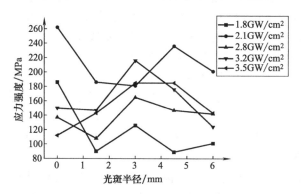

图 1.6 不同激光功率密度诱导的应力强度分布

对材料表面的残余应力分布的测量和研究,且对静态尺度下表面残余应力分布特征研究较为成熟,但对于表面静态残余应力与动态应力应变的相关性研究仍待加强。

经过多年研究,科研工作者根据大量试验结果提炼出了描述材料高应变率条件下的经验本构方程，如 EPP 模型（Elastic Pefectly Plastic）、Z-A 模型（Zorilli-Armstrong）、J-C 模型（Johnson-Cook）。其中，EPP 模型忽略了应变硬化；Z-A 模型是建立于位错动力学和材料晶体结构的变形机理基础上的一种模型，其优点是考虑了应变率和温度的相互作用，其缺点为大量序数需要试验验证；只有 J-C 模型可以较好适用于高压、高速的冲击过程。国内外学者大多使用 J-C 模型定义激光冲击时材料的本构关系进行数值仿真，2007 年，Peyre[32] 采用 J-C 模型对激光冲击不锈钢进行了研究，李小燕等[33] 采用 J-C 模型通过测试试验研究了激光冲击条件下 Al-Mg-Sc 合金的本构关系，冯爱新、曹宇鹏等[34] 也采用 J-C 模型通过测试试验研究了激光冲击条件下 2024 铝合金的本构关系，2020 年 Wu J J[35] 通过 J-C 模型确定了激光冲击处理 FGH4095 合金材料本构模型参数。但是 J-C 模型存在缺陷：只考虑应变率和温度效应，忽略了变形历史和冲击波压力；只适用应变率处于特定范围内，应变强化项是采用较简单的对数关系，不可以描述变形机制发生时的特征。

1.5 激光冲击材料表面微结构响应研究进展

1.5.1 马氏体相变与晶粒细化机理

金属材料尤其是钢铁材料马氏体相变由来已久，最初定义马氏体相变不仅采用物相的组织形态及其性质，还需要借助相变的基本过程定义：只有符合马氏体相变基本特征的相变产物才能被称为马氏体。X 射线衍射试验得到钢内马氏体为单相的体心立方（BCC）结构，从此马氏体相变的研究拥有了特定的研究手段。近期科研工作者对马氏体相变的研究主要从以下几个方面着手：

1）依据热力学原理研究马氏体相变的形核-长大的过程，参照热力学和已有试验数据进行定量计算马氏体相变的吉布斯（Gibbs）能，但因与之相关热力学公式较多为经验公式，基于学科交叉的马氏体相变研究进展缓慢。

2）马氏体相变过程中马氏体的形核速率、数量以及形核速率和长大速率相关性等因素对马氏体相变的影响，该领域的研究对工业生产有直接的指导作用，故该领域进展迅速。

3）马氏体相变的晶体学研究，构建马氏体相变与晶体结构的对应关系，形成马氏体晶体学，尤其在非钢铁材料观察到马氏体后，马氏体相变晶体学有了显著的发展。

4）马氏体相变的晶体结构、显微组织的状态和性质以及其对于宏观力学现象的影响。随着透射电子显微技术的发展，在微观尺度尤其在纳米尺度，使用透射电子显微镜观察分析材料表面的成分、组织形貌等材料特征常应用于马氏体相变的微结构研究。

5）形状记忆合金马氏体相变研究。形状记忆合金在航天领域具有举足轻重的地位，对形状记忆合金成分掺杂和马氏体相变热力学的研究是近几年炙手可热的方向之一。

典型马氏体相变指形核和长大的过程，学者通过试验现象形核、长大等过程作为依据构建典型马氏体相变理论，所得马氏体相变的特征如下：

（1）无扩散性 马氏体相变中母相（奥氏体）和新相（马氏体）中的碳的晶体位置保持一致，原有晶体结构发生面心立方-体心立方或面心立方-密排六方的变化，结合试验和晶体学特性可推知，马氏体相变的原子迁移小于一个原子间隙，故其具有无扩散性。

（2）表面浮凸 金属材料由奥氏体转化为马氏体的过程中，表面会呈现马氏体浮凸，根据马氏体相变的无扩散性，可推知表面褶皱和浮凸来源于相变过程中切向应力导致的宏观形状改变。

1.5.2 极端塑性变形与晶粒细化机理

伴随着激光冲击的过程，金属表面会发生极端的塑性变形。由于纳米尺度是指范围在 0.1~100nm 的有界物质，纳米晶则是在三维空间中至少由一个维度在纳米尺度内的晶体或者由其作为基本组元构成的材料。纳米尺度的范围处于原子簇和宏观物体过渡的区域，纳米晶介于晶体与非晶体之间，尺寸达到纳米晶材料的力学性能与粗大晶粒表现的特质迥然不同。

激光冲击强化具有"两高一快"的特点，塑性变形会导致高密度的位错、层错、孪晶等现象，晶粒内部随着位错的生长形成以位错墙或层错为边界的亚晶；随着晶粒的生长和形核，围绕着晶核形成更小的晶粒。极端的塑性变形使材料表面尺寸较为粗大的晶粒细化为尺寸较为细小的晶粒，实现晶粒细化，随着激光功率密度的进一步增大，激光冲击处理后试样表面的晶粒尺寸可达 100nm 左右，即形成纳米晶。

1.5.3 激光冲击强化不同材料微结构研究概况

2005 年，加利福尼亚大学 Huang 等采用强激光冲击单晶铜，当冲击波压力为 55~60GPa，沿 100 晶格方向形成微孪晶。2006 年美国 Los Alamos 国家实验室的 Loomis 和 Arizona 大学的 Peralta 等用激光冲击单晶 NiAl，当冲击压力为 15GPa 时，冲击区域形成大量位错结构和晶格旋转。2009 年中国工程物理研究院的崔新林与 2010 年 Los Alamos 实验室的 Luo 均采用分子动力学，分别模拟研究了强激光辐照下单晶铁的相变过程与双晶铜的激光冲击波加载过程，Luo 提出材料的晶粒和晶界特征将影响冲击波对各向异性材料中晶界的冲击效果，但两位学者的研究仍待试验验证。

　　2011 年，美国普渡大学的 Ye 等提出热激光冲击强化技术（Warm Laser Shock Processing，WLSP），利用碳原子对位错的钉扎效应产生的纳米级的沉淀碳化物，提高热激光冲击处理后 AISI 4140 钢材的位错密度和位错结构的稳定性，之后他们又研究了 AISI 304 不锈钢在 −196℃ 下的强化过程，提出温度的降低更有利于 304 不锈钢产生相变和发生孪生变形，为微观组织研究提供了新思路。

　　2010—2015 年期间，罗新民、张静文等[36-38] 借助 X 射线衍射、显微硬度、SEM 和 TEM 对激光冲击工业纯钛板、304 不锈钢以及 2A02 航空铝合金进行新相的鉴定以及晶粒之间关系的测定，分析了激光冲击材料表面位错组态，得出激光冲击不同晶体类型的金属材料表面微结构响应的特征，以及一系列[39-42] 材料表面残余应力与微观组织变化之间的结论。此后，激光冲击金属材料表面宏观力学性能与微结构的变化成为热点研究。

　　2016—2018 年，曹宇鹏、花国然等[43-45] 利用 X 射线应力分析仪测量了激光冲击后的残余应力分布，并借助三维显微系统观察激光冲击强化造成的表面微结构；同时，借助 ANSYS/LSDYNA 平台研究了激光冲击对 E690 高强钢表面残余应力，尤其是激光工艺参数对"残余应力洞"的影响[46]。2018 年至今，曹宇鹏、花国然[47-49] 等还开展了激光冲击 E690 高强钢位错组态与晶粒细化试验、E690 高强钢表面激光冲击微造型的模拟与试验等系列研究。

　　罗新民等观察了 7075 铝合金在激光冲击后的微观组织 TEM 像，如图 1.7a 所示；从 TEM 像可看出，激光冲击使基体产生了大量位错与位错缠结，基体呈现大量细小的点状组织。图 1.7b 所示为该点状组织的 HRTEM 像，HRTEM 像显示由于激光冲击强化的瞬态热过程，在超高过冷度下，材料表层晶粒合金组元的重新分配和重结晶过程中，冲击层内合金原子的混乱度大幅提高，即体系处于熵增状态。

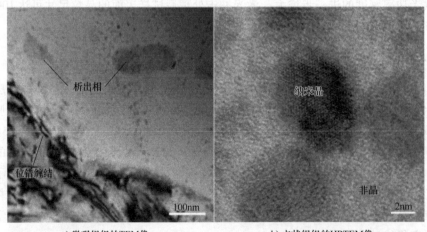

a) 微观组织的TEM像　　　　　　　　　b) 点状组织的HRTEM像

16　　图 1.7　7075-T76 铝合金单次激光冲击表面的 TEM 和 HRTEM 像

　　张青来等以 TEM 像为基础，X 射线衍射图谱为媒介，对晶粒细化现象和残余应力之间的联系进行研究，激光冲击 ЭП866 不锈钢和 AZ31 镁合金表面 TEM 形貌像如图 1.8 所示，ЭП866 不锈钢对应的 X 射线衍射图谱如图 1.9 所示，探究了激光冲击金属材料表面纳米化的现象成因，得出热处理温度与表面应力松弛间的联系，但未能建立表面残余应力微结构响应的定量联系。

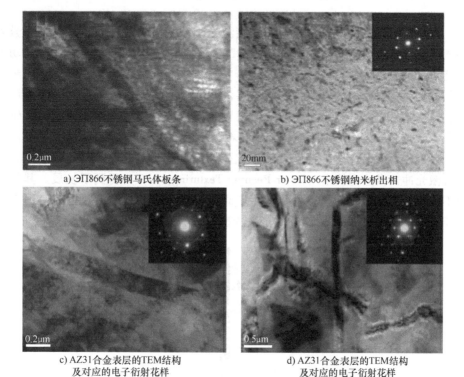

a) ЭП866不锈钢马氏体板条 　　　　b) ЭП866不锈钢纳米析出相

c) AZ31合金表层的TEM结构　　　　d) AZ31合金表层的TEM结构
及对应的电子衍射花样　　　　　　　及对应的电子衍射花样

图 1.8　激光冲击 ЭП866 不锈钢 TEM 形貌像和 AZ31 镁合金表面 TEM 形貌像

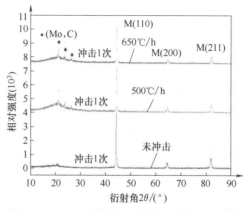

图 1.9　ЭП866 不锈钢对应的 X 射线衍射图谱

国内外学者主要通过模拟和试验研究激光冲击强化对材料力学性能的影响，通过试验探究激光冲击对材料微观组织结构的影响，但学界对于微观组织结构与宏观残余应力分布的相关性研究仍待加强。

1.6 激光冲击微造型对材料摩擦学性能影响的研究现状

为应对激光直接烧蚀微织构和直接激光干涉微织构的挑战，近年来，激光冲击强化技术（Laser Shock Peening, LSP）由于具有高应变率、短脉冲、高功率等特点，被应用于金属材料的表面强化[50]。在约束层的保护下，利用高能激光束加载金属材料表面的吸收层，吸收层汽化并形成等离子体，最终产生高压冲击波作用基材表面，利用力学效应使材料表面产生局部塑性微变形。多项研究表明，激光冲击强化可有效提高金属材料的耐磨性[51-52]，其主要机制是表面硬化和残余应力的综合作用。基于激光冲击强化技术并结合激光微织构阵列思想，使得激光冲击微造型技术（Laser Peening Texturing, LPT）得到了发展。其优点是不破坏加工材料表面完整性，适用于高压重载工况，是延长摩擦副使用寿命的新技术。图 1.10 所示为激光冲击微造型原理示意图。

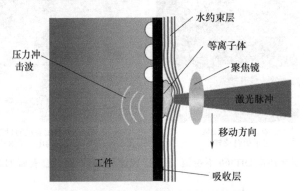

图 1.10　激光冲击微造型原理示意图

Caslaru 等[53] 将自动 XY 工作台与 LPT 工艺结合，用于制备表面完整性强且无裂纹的微凹痕阵列。研究结果表明，与未经处理的表面相比，10%密度的微凹痕阵列降低了摩擦系数。然而较高的凹痕密度并不一定会降低摩擦系数，这表明存在最佳微凹痕密度范围。Sealy 等[54] 开发了一个 3D 有限元模型来研究 LPT 过程中纳米尺度上的微造型塑性变形过程。Guo 等[55] 初步研究表明通过调节激光功率可以有效地制造尺寸可控的大规模微造型阵列。李杨等[56] 针对 20CrNiMo 钢在重型工程机械零部件中存在磨损失效等问题，利用激光冲击在材料表面进行微造型。摩擦试验结果表明，材料表层晶粒细化是抑制疲劳磨损的主要原因。周建忠等[57] 针对球墨铸铁在工程应用中存在耐磨性差等问题，在其表面进行了激光喷丸微凹痕阵列的制备，在干摩擦条件下微造型对摩擦学性能无明显提升，而油润滑条件下微造型具有优异的减摩、耐磨性能。Li 等[58-59]系统地研究了激光冲击局部微变形产生的机理，同时在黄铜、铝合金和不锈钢表面制备了微造型阵列，并研究了边界润滑和流体动压润滑下微造型阵列的存在对摩擦学性能的影响。Sheng 等[60] 通过 LPT 工艺在 ZCuSn10P1 合金表面制造微造型，分析了在干摩擦和油润滑工况下的摩擦学性能。激光冲击喷丸能够有效地制造尺寸可控的微凹痕阵列，干摩擦条件下微凹痕无法改善材料表面的耐磨性，而润滑油的加入使得微凹痕阵列发挥了储油、容屑的作用，对于磨粒磨损和黏着磨损的改善最为明显。为了进一步提高激光冲击微造型的加工效率以及缩小微造型的尺度，Dai 等[61-62] 在试样表面上放置具有几何微特征的微模具，均匀分散了激光束的冲击能量，实现了在 Ti6Al4V 表面制备微米级等距离排列的微造型。摩擦试验结果表明，激光冲击喷丸微织构工艺处理的试样具有最佳的耐磨性能。Mao 等[63] 也提出了一种与之类似的激光冲击微造型方法，称为间接激光冲击表面图案化（LSSP）。通过对 AISI 1045 钢表面进行间接激光冲击表面图案化，讨论了激光加工参数、微特征和摩擦系数之间的关系。与其他方法相比，间接激光冲击表面图案化提供了一种可扩展的方法，即通过一个激光脉冲同时产生多个微凹痕，图 1.11 所示为间接激光冲击表面微造型 SEM 像和 2-D 光学图像。

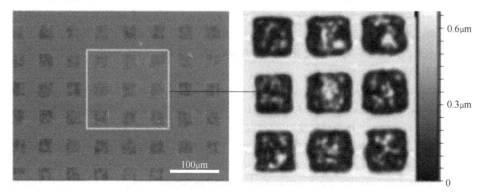

图 1.11 间接激光冲击表面微造型 SEM 像和 2-D 光学图像

1.7 本章小结

本章主要介绍了激光冲击诱导 E690 高强钢动态响应、微观结构与应力调控多尺度演变相关概念、研究进展和激光冲击微造型的拓展应用。针对海洋工程平台常用材料 E690 高强钢在目前重载、高压和易腐蚀的应用工况，分析讨论金属材料腐蚀、疲劳及裂纹扩展的原因机理，对腐蚀疲劳裂纹扩展速率模型进行了介绍；分别从激光冲击强化技术研究概况、激光冲击波传播机制与材料动态响应以及激光冲击与表面残余应力分布三个角度介绍了激光冲击调控表面残余应力相关研究与进展；又从马氏体相变研究概述、极端塑性变形与晶粒细化机理和激光冲击强化不同材料微结构研究概况介绍了激光冲击材料表面微结构响应研究进展。基于激光表面微织构阵列思想，结合激光冲击强化技术，利用激光冲击微造型技术对 E690 高强钢试样表面进行微造型，提高其减摩耐磨特性，为改善重载环境下 E690 高强钢的摩擦学性能提供理论支持。

参考文献

[1] 任旭东. 基于激光冲击机理的裂纹面闭合与疲劳性能改善特性研究 [J]. 机械工程学报，2012，48（18）：129.

[2] 高玉魁，仲政，雷力明. 激光冲击强化和喷丸强化对 FGH97 高温合金疲劳性能的影响 [J]. 稀有金属材料与工程，2016（45）：1234.

[3] 李应红，何卫锋，周留成. 激光冲击复合强化机理及在航空发动机部件上的应用研究 [J]. 中国科学：技术科学，2015，45（1）：1-8.

[4] IBARRA J, RODRÍGUEZ E, JIMÉNEZ O, et al. Effect of laser shock processing on erosive resistance of 6061-T6 aluminum [J]. Transactions of Nonferrous Metals Society of China, 2016, 26（6）：1522-1530.

[5] 狄国标，刘振宇，郝利强，等. 海洋平台用钢的生产现状及发展趋势 [J]. 机械工程材料，2008，32（8）：1-3.

[6] 黄小光，许金泉. 点蚀演化及腐蚀疲劳裂纹成核的能量原理 [J]. 固体力学学报，2013，34（1）：7-12.

[7] BLINN M P. The effects of frequency and anisotropy on the corrosion fatigue crack propagation behavior of aluminum alloy 2224-T3511 [D]. Utah：The University of Utah, 1995.

[8] 韩斌，邢修三. 二维位错裂纹的稳定性分析 [J]. 力学学报，1997，29（2）：97-103.

[9] 邢修三. 疲劳断裂非平衡统计理论——I. 疲劳微裂纹长大的位错机理和统计特性 [J]. 中国科学 A 辑，1986，29（5）：501-510.

[10] FABBRO R, FOURNIER J, FABRE E, et al. Experimental study of metallurgical evolutions in metallic alloys induced by laser generated high pressure shocks [J]. Physics（A statistical mechanics and its applications），1986, 0668：320-325.

[11] REN N F, YANG H M, YUAN S Q, et al. High temperature mechanical properties and surface fatigue behavior improving of steel alloy via laser shock peening [J]. Materials & Design, 2014, 53：452-456.

[12] VAN ORDEN J M, PETTIT D E. Corrosion Fatigue Crack Growth in 7050 Aluminum Alloy Extrusions [J]. Journal of Aircraft, 1976, 13（11）：873-879.

[13] CLAUER A H, FAIRAND B P, WILCOX B A. Pulsed laser induced deformation in an Fe-3 Wt Pct Si alloy [J]. Metallurgical Transactions A, 1977, 8（1）：119-125.

[14] PEYRE P, FABBRO R. Laser shock processing: a review of the physics and applications [J]. Optical and Quantum Electronics, 1995, 27 (12): 1213-1229.

[15] FABBRO R, FOURNIER J, BALLARD P, et al. Physical study of laser-produced plasma in confined geometry [J]. Journal of Applied Physics, 1990, 68 (2): 775-784.

[16] FABBRO R, PEYRE P, BERTHE L, et al. Physics and applications of laser-shock processing [J]. Journal of Laser Applications, 1998, 10 (6): 265.

[17] LUO S N, GERMANN T C, TONKS D L, et al. Shock wave loading and spallation of copper bicrystals with asymmetric ∑ 3 <110> tilt grain boundaries [J]. Journal of Applied Physics, 2010, 108 (9): 093526.

[18] REN X D, HUANG J J, ZHOU W F, et al. Surface nano-crystallization of AZ91D magnesium alloy induced by laser shock processing [J]. Materials & Design, 2015, 86: 421-426.

[19] ADU-GYAMFI S, REN X D, LARSON E A, et al. The effects of laser shock peening scanning patterns on residual stress distribution and fatigue life of AA2024 aluminium alloy [J]. Optics & Laser Technology, 2018, 108: 177-185.

[20] SUN R J, HE G Z, BAI H L, et al. Laser shock peening of Ti6Al4V alloy with combined nanosecond and femtosecond laser pulses [J]. Metals, 2021, 12 (1): 26.

[21] LIAO L Y, GAO R, YANG Z H, et al. A study on the wear and corrosion resistance of high-entropy alloy treated with laser shock peening and PVD coating [J]. Surface & Coatings Technology, 2022, 437: 128281.

[22] 洪昕, 王声波, 郭大浩, 等. 强激光驱动高压冲击波特性研究 [J]. 中国激光, 1998, 25 (8): 743-747.

[23] 舒桦, 傅思祖, 黄秀光, 等. 神光Ⅱ装置上速度干涉仪的研制及应用 [J]. 物理学报, 2012, 61 (11): 221-231.

[24] 叶云霞, 赵抒怡, 左慧. 冲击波在膜基结构材料中传输的研究 [J]. 中国激光, 2016, 43 (5): 45-52.

[25] 花国然, 周东呈, 曹宇鹏, 等. 激光冲击定量调控表面残余应力的研究进展 [J]. 激光与光电子学进展, 2016, 53 (10): 1-8.

[26] 冯爱新, 聂贵锋, 薛伟, 等. 2024铝合金薄板激光冲击波加载的实验研究 [J]. 金属学报, 2012, 48 (2): 205-210.

[27] 冯爱新, 施芬, 韩振春, 等. 激光诱导2024铝合金表面动态应变检测 [J]. 强激光与粒子束, 2013, 25 (4): 872-874.

[28] CHENG G J, SHEHADEH M A. Multiscale dislocation dynamics analyses of laser shock peening in silicon single crystals [J]. International Journal of Plasticity, 2006, 22 (12): 2171-2194.

[29] FENG A X, SUN H Y, CAO Y P, et al. Residual stress determination by X-Ray diffraction with stress of two directions analysis method [J]. Applied Mechanics & Materials, 2011, 43: 569-572.

[30] 葛良辰, 曹宇鹏, 花国然, 等. 表面曲率对激光冲击曲面材料表面残余应力场分布的影响 [J]. 表面技术, 2020, 49 (4): 284-291.

［31］ CAO Y, WANG Z, SHI W, et al. Formation mechanism and weights analysis of residual stress holes in E690 high-strength steel by laser shock peening ［J］. Coatings, 2022, 285 （12）：1-18.

［32］ PEYRE P, CHAIEB I, BRAHAM C. FEM calculation of residual stresses induced by laser shock processing in stainless steels ［J］. Modelling and Simulation in Materials Science and Engineering, 2007, 15 （3）：205-221.

［33］ 李小燕. 金属板料激光冲击成形实验研究及有限元模拟 ［D］. 南京：南京航空航天大学, 2007.

［34］ 曹宇鹏, 冯爱新, 花国然. 激光冲击高应变率下 2024 铝合金表面动态应力-应变实验研究 ［J］. 应用激光, 2015, 35 （3）：324-329.

［35］ WU J J, ZHAO J B, QIAO HONG C, et al. A method to determine the material constitutive model parameters of FGH4095 alloy treated by laser shock processing ［J］. Applied Surface Science Advances, 2020, 1 （1）：100029.

［36］ 罗新民, 张静文, 马辉, 等. 2A02 铝合金中强激光冲击诱导的位错组态分析 ［J］. 光学学报, 2011, 31 （7）：159-165.

［37］ 罗新民, 韩光田, 杨坤, 等. 304 奥氏体不锈钢激光冲击表面改性组织热致回归的微观机制 ［J］. 中国激光, 2013, 40 （2）：104-110.

［38］ 罗新民, 赵广志, 杨坤, 等. 工业纯钛板激光冲击形变的特征微结构 ［J］. 中国激光, 2012, 39 （6）：61-67.

［39］ 罗新民, 苑春智, 任旭东, 等. 激光冲击超高应变率对钛板形变微结构的影响 ［J］. 材料热处理学报, 2010, 31 （6）：119-124.

［40］ 张静文, 罗新民, 马辉, 等. 2A02 航空铝合金激光冲击诱导的表层纳米化 ［J］. 金属热处理, 2011, 36 （9）：22-26.

［41］ 罗新民, 张静文, 马辉, 等. 强激光冲击诱导铝合金中的空位现象分析 ［J］. 材料热处理学报, 2012, 33 （1）：8-14.

［42］ 罗新民, 王翔, 陈康敏, 等. 位错及其运动在航空铝合金激光冲击表面改性中的作用 ［J］. 材料热处理学报, 2013, 34 （9）：160-166.

［43］ 曹宇鹏, 徐影, 冯爱新, 等. 激光冲击强化 7050 铝合金薄板表面残余应力形成机制的实验研究 ［J］. 中国激光, 2016, 43 （7）：139-146.

［44］ 曹宇鹏, 周东呈, 冯爱新, 等. 激光冲击 7050 铝合金薄板试样形成残余应力洞的机制 ［J］. 中国激光, 2016, 43 （11）：84-93.

［45］ 徐影, 曹宇鹏, 花国然, 等. 激光冲击诱导 7050 铝合金残余应力状态分析 ［J］. 热加工工艺, 2016, 45 （24）：65-67.

［46］ 陈浩天, 曹宇鹏, 花国然, 等. 激光冲击 690 高强钢表面残余应力工艺优化模拟 ［J］. 金属热处理, 2018, 43 （10）：206-209.

［47］ 杨聪, 曹宇鹏, 花国然, 等. 方形光斑激光冲击 690 高强钢表面残余应力分布模拟 ［J］. 金属热处理, 2018, 43 （11）：222-225.

［48］ 曹宇鹏, 杨聪, 施卫东, 等. 激光冲击 690 高强钢位错组态与晶粒细化的实验研究 ［J］. 光子学报, 2020, 49 （4）：31-42.

［49］ 曹宇鹏，蒋苏州，施卫东，等. E690 高强钢表面激光冲击微造型的模拟与试验［J］. 中国表面工程，2019，32（5）：69-77.

［50］ LARSON E A, REN X D, ADU-GYAMFI S, et al. Effects of scanning path gradient on the residual stress distribution and fatigue life of AA2024-T351 aluminium alloy induced by LSP ［J］. Results in Physics，2019，13：102123.

［51］ SIDDAIAH A, MAO B, LIAO Y L, et al. Surface characterization and tribological performance of laser shock peened steel surfaces ［J］. Surface and Coatings Technology，2018，351：188-197.

［52］ 李金坤，王守仁，王高琦，等. 激光冲击强化对 Ti6Al4V 钛合金骨板表面改性与摩擦学性能的影响［J］. 中国激光，2022，49（2）：105-115.

［53］ CASLARU R, GUO Y B. The Effect of micro dent arrays fabricated by laser shock peening on tribology ［C］//ASME/STLE International Joint Tribology Conference. Memphis：［s. n.］，2009.

［54］ SEALY M P, GUO Y B. Fabrication and finite element simulation of micro-laser shock peening for micro dents ［J］. International Journal for Computational Methods in Engineering Science and Mechanics，2009，10（2）：134-142.

［55］ GUO Y B, CASLARU R. Fabrication and characterization of micro dent arrays produced by laser shock peening on titanium Ti-6Al-4V surfaces ［J］. Journal of Materials Processing Technology，2011，211（4）：729-736.

［56］ 李杨，裴旭. 激光冲击 20CrNiMo 钢表面微造型摩擦学性能研究 ［J］. 激光技术，2012，36（6）：814-817.

［57］ 周建忠，王建军，冯旭，等. 激光微造型球墨铸铁表面的摩擦学特性 ［J］. 中国激光，2016，43（6）：101-107.

［58］ LI K M, HU Y X, YAO Z Q. Experimental study of micro dimple fabrication based on laser shock processing ［J］. Optics & Laser Technology，2013，48：216-225.

［59］ LI K M, YAO Z Q, HU Y X, et al. Friction and wear performance of laser peen textured surface under starved lubrication ［J］. Tribology International，2014，77：97-105.

［60］ SHENG J, ZHOU J, HUANG S, et al. Characterization and tribological properties of micro-dent arrays produced by laser peening on ZCuSn10P1 alloy ［J］. The International Journal of Advanced Manufacturing Technology，2015，76（5）：1285-1295.

［61］ DAI F Z, GENG J, TAN W S, et al. Friction and wear on laser textured Ti6Al4V surface subjected to laser shock peening with contacting foil ［J］. Optics & Laser Technology，2018，103：142-150.

［62］ DAI F Z, ZHANG Z D, REN X D, et al. Effects of laser shock peening with contacting foil on micro laser texturing surface of Ti6Al4V ［J］. Optics and Lasers in Engineering，2018，101：99-105.

［63］ MAO B, SIDDAIAH A, MENEZES P L, et al. Surface texturing by indirect laser shock surface patterning for manipulated friction coefficient ［J］. Journal of Materials Processing Technology，2017，257：227-233.

第2章 E690高强钢腐蚀疲劳裂纹扩展试验及腐蚀疲劳损伤建模

2.1 引言

　　基于腐蚀原理，金属与腐蚀介质发生氧化还原反应产生金属离子与电子，其中金属离子与腐蚀介质中的负离子结合产生腐蚀产物，并在腐蚀介质中扩散。伴随氧化还原反应不断进行，金属原子不断从材料中分离出来，导致腐蚀现象逐渐加剧。综合腐蚀形式和腐蚀发生位置，金属材料腐蚀类型有全面腐蚀与局部腐蚀两种。全面腐蚀为金属与腐蚀介质接触面均发生腐蚀反应，其又可分为均匀腐蚀和非均匀腐蚀；其中均匀腐蚀指金属表面各处腐蚀强度相同，而非均匀腐蚀指各处腐蚀强度呈现明显差异化。在相同腐蚀条件下，材料局部区域出现严重腐蚀情况，而其他区域因具有氧化膜的保护，腐蚀强度较小，此腐蚀形态称为局部腐蚀。全面腐蚀一般反映金属整体腐蚀情况，具有普遍性；局部腐蚀损伤程度较小，但具有不可预测性和偶然性，更加危险。基于全面腐蚀与局部腐蚀的损伤特点，均匀腐蚀多用于量化金属材料腐蚀性能方面，此方法可降低研究难度，而局部腐蚀多用于裂纹萌生与扩展的机理研究。

　　综合材料学知识与位错理论可知，金属材料性能与元素组合形态密切相关。基于热力学原理，在腐蚀疲劳裂纹扩展过程中，金属组织形态发生转变，各形式能量大小发生变化转变成另一种形式。腐蚀疲劳裂纹扩展过程中的能量种类可分为电化学能、动能、势能以及其他形式能量，其中其他形式能量包含与氢脆现象相关的能量形式。结合腐蚀和物理学知识可知，前三种形式能量在腐蚀疲劳裂纹扩展过程中占据能量总和的绝大部分，而氢脆现象因热处理工艺的完善得到部分抑制，其所引发的能量变化呈现不确定性。为降低研究难度，可选择电化学能、动能与势能代表裂纹扩展过程中的能量。

　　依据能量守恒原理，在裂纹扩展过程中各部分能量相互转换，但能量总量不会发生变化，本章构建裂纹扩展能量方程和腐蚀疲劳裂纹扩展速率模型；基于能量守恒原理推导腐蚀疲劳裂纹扩展模型，定量研究腐蚀疲劳耦合作用下裂纹扩展速率及不同因素与腐蚀疲劳裂纹扩展之间具体关系。

2.2　E690 高强钢腐蚀疲劳裂纹扩展试验

2.2.1　E690 高强钢腐蚀疲劳裂纹扩展试验材料

本试验为测试 E690 高强钢试样腐蚀疲劳裂纹扩展速率，研究不同因素对其裂纹扩展行为的影响，E690 高强钢的化学成分及力学性能见表 2.1。

表 2.1　E690 高强钢化学成分（质量分数,%）与力学性能

w_C	w_{Si}	w_{Mn}	w_P	w_S	w_{Cr}	w_{Ni}	w_{Mo}	w_V	R_m/MPa	R_{eL}/MPa	E/GPa
≤0.18	≤0.50	≤1.6	≤0.02	≤0.01	≤1.5	≤3.5	≤0.7	≤0.08	≥690	835	72

2.2.2　E690 高强钢腐蚀疲劳裂纹扩展试样制备

依据 GB/T 6398—2017《金属材料　疲劳试验　疲劳裂纹扩展方法》本试验采用紧凑拉伸试样 C(T)。根据标准，C(T) 试样宽度推荐最小尺寸 W = 25mm，厚度 B 应该保证试样不发生屈曲和裂纹前端平直，推荐小于或等于 $W/2$ 并且大于等于 $W/20$。试样大小为 300mm×60mm×2mm，尺寸规格如图 2.1 所示。

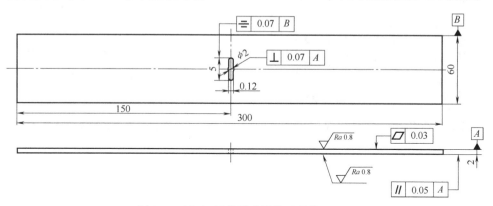

图 2.1　C(T) 试样尺寸规格（单位：mm）

本试验主要研究不同因素对裂纹扩展阶段的影响，不包含裂纹的萌生阶段，为节约试验时间，故对试样进行裂纹预制。依据标准 GB/T 6398—2017，试样缺口可通过铣切、线切割或其他方法加工而成，在试样上预制了长度为 2.5mm 的裂纹。由于残余应力的存在对试验数据准确度有较大影响，试样制备过程中须选取合理的加工方法与热处理工艺，降低残余应力[1-8]。

2.2.3　E690 高强钢腐蚀疲劳裂纹扩展试验

采用抗压疲劳试验机开展试验，试验机应能平稳起动，且试验力过零时试

样不应发生过冲。按标准 GB/T 25917.1—2019 定期进行动态力的校准，预裂纹过程中每循环之间的峰值力的变化要求小于±5%，并在试验过程中保持在要求峰值力的±2%以内。试验过程中的加载力范围要求保持在预期力范围的±2%以内。

疲劳试验机

疲劳试验机是一种在室温状态下测定金属及其合金材料拉伸、压缩或拉、压交变负荷等疲劳性能试验的机器，其特点是高负荷、高频率、低消耗，可缩短试验时间，降低试验费用。

疲劳试验机选用 SCHENCK-PC160M 型电液伺服疲劳试验机，如图 2.2 所示。其静态拉向示值相对误差为 0.40%，动态循环力范围示值相对误差为 −1.87%，试验机满足标准 HB 6626—1992 和标准 GB/T 6398—2017 的要求。

试验过程中，腐蚀介质不断流动保证腐蚀溶液浓度不变，直至试样发生断裂失效；试样在疲劳试验机内腐蚀疲劳试验过程如图 2.3 所示。

图 2.2 SCHENCK-PC160M 型电液伺服疲劳试验机

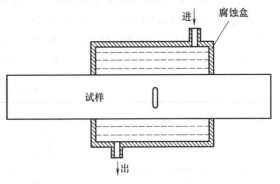

图 2.3 试样在疲劳试验机内腐蚀疲劳试验过程

注意事项：

1）若试验长时间中断，且继续试验后，裂纹扩展速率小于中断前，则试验无效。

2）若某点前后裂纹长度差值超过 0.25B（B 为试样厚度）或 0.025W（W 为试样宽度），则该点数据无效。

3）在任何情况下，应保证最小的 $\Delta a \geqslant 0.25$mm 或 10 倍于裂纹长度测量的精确度。

4）每组试样数量应不少于三个。

本试验裂纹长度测量精度精确到±1mm 或±0.002W，选择两者中较大的一个测量值，且测量时取左右两侧裂纹长度的算数平均值。本试验研究疲劳载荷参数与腐蚀环境对裂纹扩展的影响，试验分别在空气环境和模拟海水腐蚀环境下进行。依据标准 GB/T 6398—2017，腐蚀疲劳裂纹扩展试验选取 3.5%NaCl 溶液模拟腐蚀环境，并保证腐蚀溶液 NaCl 浓度稳定不变；试验频率采用固定加载频率，选取 10Hz。取三根 C（T）试样，应力比 $R = 0.1$ 恒定不变；试验过程中始终保持恒定载荷范围 P 和恒应力比 R，试验测试范围为稳态裂纹扩展阶段，具体设置如下：

　　1）N_1 试样在盐水环境中，保持扩展应力为 240MPa，$W = 60.30$mm，$B = 1.92$mm。

　　2）N_2 试样在盐水环境中，保持扩展应力为 200MPa，$W = 60.34$mm，$B = 1.93$mm。

　　3）N_4 试样在空气环境中，保持扩展应力为 200MPa，$W = 60.29$mm，$B = 1.92$mm。

2.3　E690 高强钢腐蚀疲劳裂纹扩展试验结果分析

2.3.1　试验数据分析方法

　　根据试验数据画出试样的 a-N 散点图、$\mathrm{d}a/\mathrm{d}N$-ΔK 曲线。应力循环次数 N 与疲劳腐蚀裂纹长度 a 均通过试验获得，a-N 散点图采用绘图软件绘制；而 $\mathrm{d}a/\mathrm{d}N$-ΔK 曲线和 Pairs 公式通过对裂纹扩展速率和应力强度因子的数据计算分析而获得[9-13]。

　　试验使用 C(T) 试样，其应力强度因子 ΔK 可由计算获得，即

$$\Delta K = \frac{\Delta P}{B}\sqrt{\frac{\pi\alpha}{2W}\sec\frac{\pi\alpha}{2}} \tag{2-1}$$

式中，$\alpha = 2a/W$，a 为裂纹长度；W 为试样宽度。

　　裂纹扩展速率利用割线法或七点递增多项式法计算获得，割线法计算简单，精度较差；七点递增多项式法主要用来计算局部裂纹扩展速率，精度较好。七点递增多项式的计算过程如下：

　　在 a-N 曲线上取任意连续的 7 个点 $(a_{i-3}, N_{i-3}), (a_{i-2}, N_{i-2}), \cdots, (a_{i+3}, N_{i+3})$，$a_i$ 为对应循环次数 N_i 的名义裂纹长度，采用下式进行最小二乘局部拟合：

$$a_j = b_0 + b_1\left(\frac{N_j - C_1}{C_2}\right) + b_2\left(\frac{N_j - C_1}{C_2}\right)^2 \tag{2-2}$$

式中，$-1 \leqslant \dfrac{N_j - C_1}{C_2} \leqslant +1$，$C_1 = \dfrac{1}{2}(N_{i-3} + N_{i+3})$，$C_2 = \dfrac{1}{2}(N_{i+3} + N_{i-n})$；$b_0$、$b_1$、$b_2$ 为按最小二乘法确定的回归系数。

　　对式（2-2）进行求导，得到对应 N_i 的疲劳裂纹扩展速率：

$$\left(\frac{da}{dN}\right)a_i = \frac{b_1}{C_1} + \frac{2b_2(N_i - C_1)}{C_2^2} \qquad (2\text{-}3)$$

利用 da/dN-ΔK 散点图进行 Pairs 曲线拟合，为方便计算裂纹扩展参数 C 和 m，对 Pairs 模型进行变换，所得公式为：

$$\lg(da/dN) = \lg C + m\lg(\Delta K) \qquad (2\text{-}4)$$

2.3.2 不同环境下 E690 高强钢裂纹扩展的试验结果

盐水环境中高强钢试样的 a-N 散点图如图 2.4 所示，则由图 2.4a 可知，盐水环境中试样 N_1 的裂纹长度总体随应力循环数的增加而增长，低周疲劳时增长的速率较慢，高周疲劳时增长的速率较快。

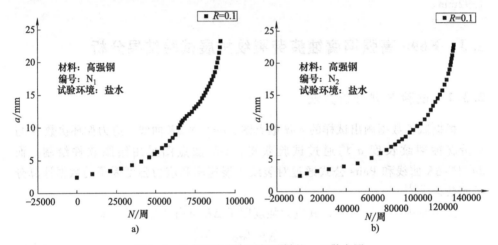

图 2.4　盐水环境中高强钢试样的 a-N 散点图

由图 2.4b 可知，盐水环境中试样 N_2 的裂纹长度总体随着应力循环数的增加而增长，低周疲劳时增长的速率较慢，高周疲劳时增长的速率较快。

ΔK 是与裂纹长度 a 线性相关的变量，图 2.5 所示为盐水环境中高强钢试样的 da/dN-ΔK 曲线，随着 ΔK 的增长，试样 N_1 的腐蚀疲劳裂纹扩展速率也迅速提高，而试样 N_2 的裂纹扩展速率虽前期后期稳定增长，但中期有波动起伏。

图 2.6 所示为空气环境中高强钢试样的 a-N 散点图，空气环境中试样 N_4 的裂纹长度总体随着应力循环数的增加而增长，低周疲劳时增长的速率较慢，高周疲劳时增长的速率较快；相较于图 2.5 所示在盐水环境中两个试样的 a-N 散点图，试样 N_4 的腐蚀疲劳寿命更长，几乎是盐水环境中的两倍。

ΔK 是与裂纹长度 a 线性相关的变量，图 2.7 所示为空气环境中高强钢试样的 da/dN-ΔK 曲线，随着 ΔK 的增长前期腐蚀疲劳裂纹扩展速率迅速提高，中期进入速率缓慢增长的平台期，后期速率又开始迅速增长。

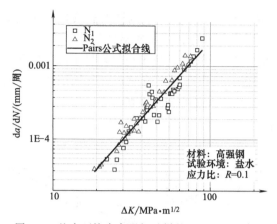

图 2.5　盐水环境中高强钢试样的 da/dN-ΔK 曲线

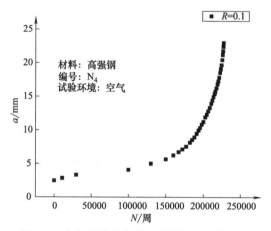

图 2.6　空气环境中高强钢试样的 a-N 散点图

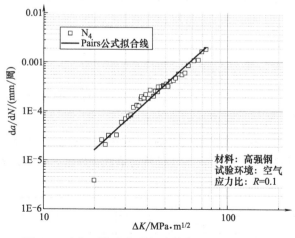

图 2.7　空气环境中高强钢试样的 da/dN-ΔK 曲线

图 2.8 所示为空气和盐水下高强钢试样的裂纹扩展曲线对比，恒定应力比下试样 N_1、N_2 均置于盐水环境中，N_1 加载的稳定扩展应力比 N_2 大，其表现为试样 N_1 的裂纹扩展速率增长更快；置于空气环境中的试样 N_4，它在低周疲劳时裂纹扩展速率增长缓慢，但在高周疲劳时，其裂纹扩展速率迅速增长；观察拟合直线，试样 N_4 的裂纹扩展速率增长最快。

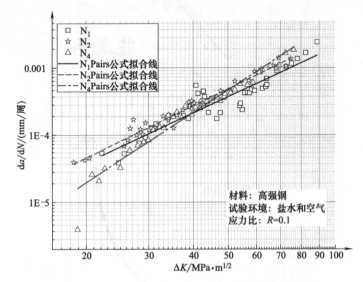

图 2.8　空气和盐水下高强钢试样的裂纹扩展曲线对比

根据拟合所得 Pairs 曲线，获得 C、m 值，高强钢在盐水与空气环境下 Pairs 曲线拟合结果见表 2.2。

表 2.2　高强钢在盐水与空气环境下 Pairs 曲线拟合结果

试验环境	R	C	m	da/dN 适用范围/(mm/周)
盐水	0.1	$4.51×10^{-8}$	2.235	$3×10^{-5} \sim 2.4×10^{-3}$
空气	0.1	$3.53×10^{-9}$	2.998	$1.1×10^{-5} \sim 1.8×10^{-3}$

Pairs 公式中斜率 C 值代表腐蚀疲劳裂纹增长的速度，C 值越大裂纹扩展越快。分析图 2.8 可知，相同应力比下盐水环境中材料的腐蚀疲劳寿命更短，此结论适用于表 2.2 所示裂纹扩展的速率范围。

试验分两部分，第一部分研究腐蚀环境对裂纹扩展的影响，试验条件见表 2.3；第二部分研究应力比的变化对腐蚀疲劳裂纹扩展的影响，试验条件见表 2.4。

表 2.3　裂纹扩展试验条件

试验组别	稳定扩展应力/MPa·m$^{1/2}$	应力比	环境
1	240	0.1	3.5%NaCl 溶液
2	240	0.1	空气

表 2.4　腐蚀疲劳裂纹扩展试验条件

试验组别	稳定扩展应力/MPa·m$^{1/2}$	应力比	环境
1	200	0.1	3.5%NaCl 溶液
2	220	0.3	3.5%NaCl 溶液
3	260	0.5	3.5%NaCl 溶液

　　为保证试验数据的可信度，在试验完成后计算裂纹前缘曲率范围，并判断是否要进行曲率修正。曲率修正条件如下：将断口测量裂纹长度计算应力强度因子的范围与裂纹长度平均值计算应力强度因子的相比，若两者范围相差在 5%以上则需要进行修正。修正时至少在两个位置测量沿厚度方向 $(1/4)B$、$(1/2)B$ 和 $(3/4)B$ 三点处的裂纹长度，其平均值与试验测量值之差即为曲率修正量。在腐蚀环境和空气中，E690 高强钢试样在盐水与空气中裂纹扩展试验 a-N 散点图如图 2.9 所示。

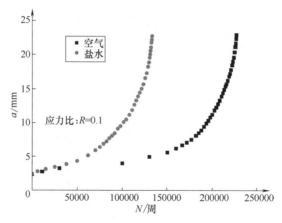

图 2.9　E690 高强钢在盐水与空气中裂纹扩展试验 a-N 散点图

　　由图 2.9 可知，当盐水环境中循环载荷作用次数达到 137500 次时，试样发生断裂失效；当空气环境中循环载荷作用次数达到 233300 次时，试样发生断裂失效。盐水环境对裂纹扩展的促进作用更明显。

2.3.3　空气与盐水中裂纹扩展试验断口分析

　　为探究 E690 高强钢试样腐蚀疲劳裂纹扩展机理，本试验利用扫描电镜对盐水和空气中试样的断口进行观察拍摄，所得 SEM 形貌像如图 2.10 和图 2.11 所示。

　　由图 2.10 可知，在腐蚀环境中，裂纹在稳定扩展阶段形成较明显的光滑断裂带；快速扩展阶段，断口表面形成河流纹形貌；断裂阶段，断口出现腐蚀坑。由图 2.11 可知，在空气中裂纹断口会在稳定扩展阶段形成较多的次级裂纹；快速扩展阶段，断口有断裂韧窝；光滑断裂带只在断裂阶段形成。

a) 稳定扩展阶段　　　　　　　　b) 快速扩展阶段

c) 断裂阶段

图 2.10　试样腐蚀疲劳断口的 SEM 形貌像（3.5% NaCl 溶液）

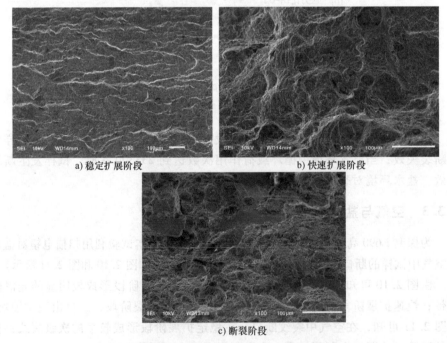

a) 稳定扩展阶段　　　　　　　　b) 快速扩展阶段

c) 断裂阶段

图 2.11　试样腐蚀疲劳断口的 SEM 形貌像（空气）

E690 高强钢试样在腐蚀疲劳裂纹扩展过程中存在脆性断裂与韧性断裂，光滑断裂带表明脆性断裂占据主要地位。对比图 2.10、图 2.11 可知：在腐蚀环境下稳定扩展阶段时试样断口形成光滑断裂带，而在空气中断裂阶段时试样断口才形成光滑断裂带，由此可推知腐蚀环境中脆性断裂占据主要部分。当脆性断裂为主要失效形式时，材料的裂纹扩展速率会很高，结合图 2.11 空气与盐水中裂纹扩展速率，可推知腐蚀环境明显促进了裂纹扩展[14-17]。

2.3.4　不同应力比下 E690 高强钢腐蚀疲劳裂纹扩展的试验结果

腐蚀环境中，E690 高强钢试样基于不同应力比的腐蚀疲劳裂纹扩展试验 a-N 散点图如图 2.12 所示。由图 2.12 可知，在盐水环境中，应力比为 0.1 时，循环载荷作用次数达到 240000 次时试样发生断裂失效；应力比为 0.3 时，循环载荷作用次数达到 175000 次时试样发生断裂失效；应力比为 0.5 时，循环载荷作用次数达到 135000 次时试样发生断裂失效。对比不同应力比的 a-N 散点图可知，随着应力比的提升，试件发生断裂失效的循环载荷作用次数减少，即应力比的提升会促进裂纹的扩展。综上所述，应力比的变化主要影响腐蚀疲劳裂纹扩展中后期，对裂纹扩展前期影响较小。

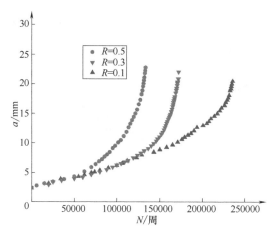

图 2.12　基于不同应力比的腐蚀疲劳裂纹扩展试验 a-N 散点图

2.3.5　E690 高强钢腐蚀疲劳裂纹扩展速率计算与分析

割线法计算简单、精度较差，Smith 法是基于整体数据进行计算，体现整体趋势，而忽略局部数据的突变；递增多项式法主要用来计算局部裂纹扩展速率，精度较好[18-22]。为提高计算准确度，本试验腐蚀疲劳裂纹扩展速率计算方法选用递增多项式法，其表达式如下：

$$\left(\frac{\mathrm{d}a}{\mathrm{d}N}\right)_{a_i} = \frac{b_1}{C_2} + \frac{2b_2(N_i - C_1)}{C_2^2} \qquad (2\text{-}5)$$

式中，b_1、b_2 为最小二乘法的回归参数；C_1 和 C_2 可依据 GB/T 6398—2000 求出。

采用恒载荷 ΔP 方式进行加载，应力强度因子范围 ΔK 是衡量裂纹尖端应力场强度的重要指标，试验采用紧凑 C（T）试样，依据 GB/T 6398—2017 标准应力强度因子范围 ΔK 的表达式如下：

$$\Delta K = \frac{\Delta P}{B} \sqrt{\frac{\pi \alpha}{2W}} \sec \frac{\pi \alpha}{2} \qquad (2\text{-}6)$$

式中，$\alpha = 2a/W$，且 $\alpha \le 0.95$ 时，式（2-4）有效。

试验过程中存在一定的不确定因素，少数试验数据突变会影响整体试验准确度，需要对试验数据进行有效性判断。试验数据有效性判断依据如下：

$$W - 2a \ge \frac{1.25P_{\max}}{BR_{\mathrm{p0.2}}} \qquad (2\text{-}7)$$

式中，$R_{\mathrm{p0.2}}$ 为条件屈服强度。

利用递增多项式方法对试验数据进行处理，结合式（2-7）对试验数据进行有效性判断，剔除无效数据，获得基于不同腐蚀环境与不同应力比的裂纹扩展速率散点图，如图 2.13 所示，同时获得 $\mathrm{d}a/\mathrm{d}N\text{-}\Delta K$ 曲线图，如图 2.14 所示。

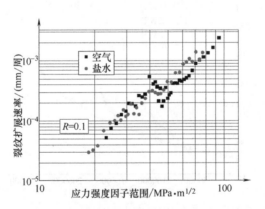

图 2.13　基于不同腐蚀环境与不同应力比的裂纹扩展速率散点图

由图 2.13 可知，在相同应力比条件下，在盐水环境中 E690 高强钢试样的裂纹扩展速率高于空气环境中试样的裂纹扩展速率。金属材料在疲劳载荷作用下裂纹尖端金相组织不断受到拉伸与挤压形成错位，宏观表现为疲劳裂纹的扩展。同时，腐蚀溶液与金属材料产生电化学反应，阳极溶解会使金属材料不断溶解，并伴随着氢脆现象的发生，在上述两种机制共同作用下导致盐水中 E690 高强钢试样中的裂纹扩展速率比空气中试样的裂纹扩展速率高。

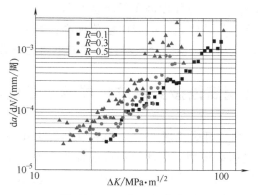

图 2.14　da/dN-ΔK 曲线图

由图 2.14 可知，在不同应力比条件下腐蚀疲劳裂纹扩展速率会发生变化。随着应力比的增大，E690 高强钢腐蚀疲劳裂纹扩展速率逐渐增大，且增幅不断扩大。在裂纹扩展初期，应力比 $R=0.5$ 对应的裂纹扩展速率是应力比 $R=0.3$ 对应裂纹扩展速率的 2 倍。根据平均应力 S_m 与应力比 R 的定义可得：

$$S_m = \frac{\Delta S}{2} \frac{1+R}{1-R} \tag{2-8}$$

式中，ΔS 扩展为应力范围；S_m 为平均应力；R 为应力比。

当扩展应力范围 ΔS 一定时，平均应力 S_m 随着应力比 R 的增加而增大，裂纹扩展速率也随之提高。同时，应力比的增大也会促使短裂纹的萌生，从而加速裂纹的扩展促使裂纹快速进入失稳扩展阶段，降低试样的寿命。

由图 2.14 可知，应力比对裂纹扩展门槛值有显著影响，疲劳裂纹扩展门槛值 ΔK_{th} 会随着应力比的提高而降低，其中裂纹闭合效应（裂纹表面在循环载荷作用过程中提前闭合）是主要原因，且闭合效应越明显裂纹扩展门槛值越高。裂纹闭合时应力强度因子的变化情况如图 2.15 所示。

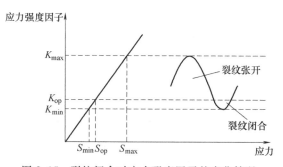

图 2.15　裂纹闭合时应力强度因子的变化情况

在一个循环载荷作用周期内，K_{op} 为裂纹闭合作用下最小应力强度因子。若

应力比 R 较小，则 K_{min}（应力强度因子最小值）较小，裂纹闭合的时间就比较长，闭合效应更显著，并导致裂纹扩展门槛值偏高；若 R 变大，则裂纹张开时间的比例也变大，相应闭合效应随之减弱，门槛值也随之降低。

2.4 E690 高强钢腐蚀疲劳裂纹扩展速率建模研究

基于阳极溶解于氢致开裂机理[23-28]，陈拓在研究 D36 高强钢腐蚀疲劳性能时提出新的裂纹扩展速率模型，由此模型可明确应力比、频率及极化电位对裂纹扩展的影响。E690 高强钢腐蚀疲劳裂纹扩展速率试验拟合模型概述如下，描述金属材料腐蚀疲劳试验数据特征的模型有很多，目前常用模型为 Paris 模型和 Walker 模型，这两种模型有不同的形式与研究方向[29-32]。本章节利用这两种模型分别对 E690 高强钢试验数据进行拟合处理，并对比结果选出最优模型作为试验模型。

（1）Paris 模型　Paris 模型是工程实践中常用的裂纹扩展速率模型，其表达式为：

$$da/dN = C(\Delta K)^m \tag{2-9}$$

式中，C 和 m 为裂纹扩展参数；ΔK 为应力强度因子范围。

对式（2-9）两侧取对数，可得 Paris 公式

$$\lg\left(\frac{da}{dN}\right) = \lg C + m\lg\Delta K \tag{2-10}$$

对试验数据进行拟合处理，可获得 Paris 公式中的 C 和 m 数值。由式（2-10）可知，在双对数坐标系中，裂纹扩展速率与应力强度因子呈线性关系。将腐蚀疲劳裂纹扩展试验中 E690 高强钢试样腐蚀疲劳裂纹扩展的试验数据代入 Paris 模型，参数拟合结果见表 2.5。

表 2.5　Paris 模型参数拟合结果

应力比	C	m
0.1	1.177×10^{-8}	2.58561
0.3	3.022×10^{-8}	2.36167
0.5	3.108×10^{-8}	2.58721

（2）Walker 模型　为了研究应力比 R 对裂纹扩展速率的影响，Walker 提出了含有应力比的裂纹扩展速率模型：

$$\frac{da}{dN} = C\left[\frac{\Delta K}{(1-R)^n}\right]^m \tag{2-11}$$

式中，R 为应力比；C 和 m 为裂纹扩展参数；n 为相关变量。

对式（2-11）两侧取对数，可得

$$\lg\left(\frac{\mathrm{d}a}{\mathrm{d}N}\right) = \lg C + m\lg(\Delta K) - mn\lg(1-R) \tag{2-12}$$

对比式（2-12）和式（2-10）可知，Walker 模型比 Paris 模型多了一个关于应力比的修正表达式。基于式（2-12）的特点，对式（2-12）按如下函数形式进行拟合。

$$y = a_0 + a_1 x_1 + a_2 x_2 \tag{2-13}$$

式中，$y = \lg(\mathrm{d}a/\mathrm{d}N)$；$a_0 = \lg C$；$a_1 = m$；$x_1 = \lg(\Delta K)$；$a_2 = mn$；$x_2 = 1-R$。

Walker 模型参数拟合结果见表 2.6。

表 2.6　Walker 模型参数拟合结果

应力比	C	m	n
0.1	1.38×10^{-8}	2.55657	1.63
0.3	7.48×10^{-9}	2.46863	2.51
0.5	6.16×10^{-8}	2.66661	1.40

（3）E690 高强钢腐蚀疲劳裂纹扩展试验模型对比　利用 Paris 模型、Walker 模型分别对 E690 高强钢试样腐蚀疲劳裂纹扩展试验数据进行拟合处理。基于不同应力比研究 E690 高强钢试样腐蚀疲劳裂纹扩展行为，应力比 R 为 0.1、0.3 和 0.5 时，不同应力比下的 E690 高强钢裂纹扩展速率模型对比结果如图 2.16 所示。

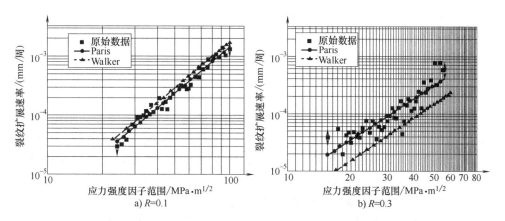

图 2.16　不同应力比下的 E690 高强钢裂纹扩展速率模型对比结果

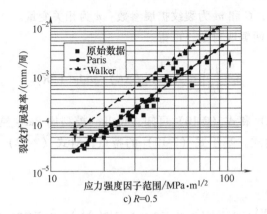

c) $R=0.5$

图 2.16   不同应力比下的 E690 高强钢裂纹扩展速率模型对比结果（续）

由图 2.16 可知，Paris 模型对 E690 高强钢裂纹扩展速率的计算结果与试验数据一致性更好；Walker 模型对裂纹扩展速率的模拟存在一定的失真，但失真程度不大。为准确地描述腐蚀疲劳裂纹扩展速率的试验数据，选择 Paris 模型作为拟合模型模拟 E690 高强钢腐蚀疲劳试验数据。

2.5   E690 高强钢断裂韧度测试

2.5.1   E690 高强钢断裂韧度测试方法

当裂纹尖端应力状态为平面应变状态且裂纹尖端塑性变形受到约束时，材料对裂纹扩展表现出的阻抗力称为断裂韧度，是衡量金属材料抵抗断裂发生的重要性能指标。断裂韧度是金属材料抗应变性能的指标，其反映了结构的承载能力与断裂趋势，在一般工作环境下，断裂韧度越大对结构安全越有利[33-34]。基于 E690 高强钢工作环境的特殊性，本文还研究了海洋工程装备材料 E690 高强钢的断裂韧度，测量了 E690 高强钢断裂韧度，进而有利于保证结构的安全性。本试验按照 GB/T 4161—2007 的相关规定，对 E690 高强钢试样的断裂韧度进行测量。

在测试 E690 高强钢断裂韧度试验过程中，同步记录了施加载荷与应变量，通过应力应变曲线确定最大裂纹扩展量对应的力，并判断试验有效性，若有效则利用该载荷计算断裂韧度 K_{IC}。K_{IC} 是试验温度下断裂韧度最小值，在利用断裂韧度进行结构设计时，需要修正该值以符合实际工作情况。

1. E690 高强钢断裂韧度测试的试样制备

依据标准 GB/T 4161—2007，断裂韧度试验试样尺寸规格如图 2.17 所示，对试样预制了裂纹，裂纹预制过程中需要保证试样平面应力均匀分布。

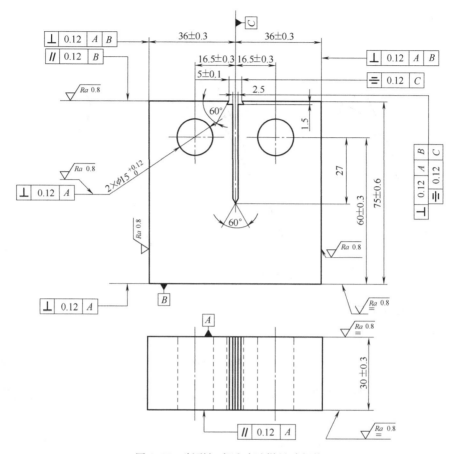

图 2.17　断裂韧度试验试样尺寸规格

2. 断裂韧度试验数据记录与试验有效性判断

金属材料断裂韧度测试标准 GB/T 4161—2007 属于动态测试方法，加载方式为动载荷；在断裂韧度试验过程中，利用试验记录仪记录力-位移曲线，保证线性部分斜率在 0.85~1.15 范围内，同时标记和记录试样受到的最大载荷 F_{max}。在确定最大载荷 F_{max} 时确定条件值 F_Q，确定方法如下：在力-位移曲线上通过原点绘制一条斜率为 $(F/V)_5 = 0.95(F/V)_0$ 的直线，并确定直线与曲线交点，其中 $(F/V)_0$ 为试验数据曲线线性部分的斜率。力-位移曲线类型可分为三种类型（Ⅰ、Ⅱ、Ⅲ），如图 2.18 所示。类型 Ⅰ 中，交点 F_5 前面没有更大值，则 $F_Q = F_5$；类型 Ⅰ 和类型 Ⅱ 中，交点 F_5 前面有更大值，则 F_Q 为该值。

断裂韧度测试试验的有效性需要满足以下两个条件：① $F_{max}/F_Q \leqslant 1.1$；② $2.5(K_Q/R_{p0.2})^2$ 小于裂纹长度、试样厚度以及韧带尺寸。满足以上条件，就可利用有效值 F_Q 计算断裂韧度，$K_{IC} = K_Q$。

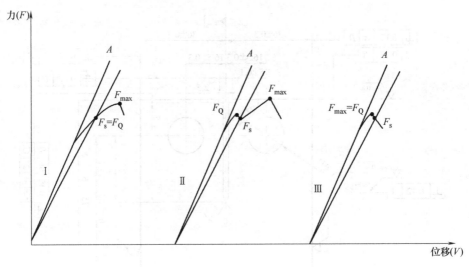

图 2.18   力-位移曲线类型

3. 断裂韧度计算

紧凑拉伸试样 K_Q 的计算公式如下：

$$K_Q = (F_Q/BW^{1/2})f(a/W) \tag{2-14}$$

式中，F_Q 为断裂韧度条件值，B 为试样厚度，a 为裂纹长度，W 为试样宽度。其中 $f(a/W)$ 表达式如下：

$$f(a/W) = (2+a/W) \times \frac{0.866+4.64(a/W)-13.32(a/W)^2+14.72(a/W)^3-5.6(a/W)^4}{(1-a/W)^{3/2}}$$

$$\tag{2-15}$$

2.5.2   E690 高强钢断裂韧度测试结果

本试验分两组，试验数据见表 2.7。

表 2.7   E690 高强钢断裂韧度试验数据

分组	温度/湿度	W/mm	B/mm	a/mm	F_{max}/kN	F_Q/kN	$f(a/W)$	K_{IC}/MPa·m$^{1/2}$
1	27℃/46%	0.19	29.87	29.88	138.69	137.95	9.55	179.9
2	27℃/46%	60.32	29.85	30.42	139.17	138.50	9.79	182.9

利用式（2-14）和式（2-15）处理两组试验数据，取平均值作为其断裂韧度数值，用于衡量 E690 高强钢断裂韧度，其中断裂韧度：$K_{IC} = 181.4$ MPa·m$^{1/2}$。

2.6　E690 高强钢理论模型与拟合模型的对比分析

2.6.1　E690 高强钢理论模型计算结果与试验结果对比

为验证推导金属材料腐蚀疲劳裂纹扩展速率模型的准确性，将 E690 高强钢试样腐蚀疲劳裂纹扩展试验数据与理论模型计算结果进行对比，对比结果如图 2.19 所示。

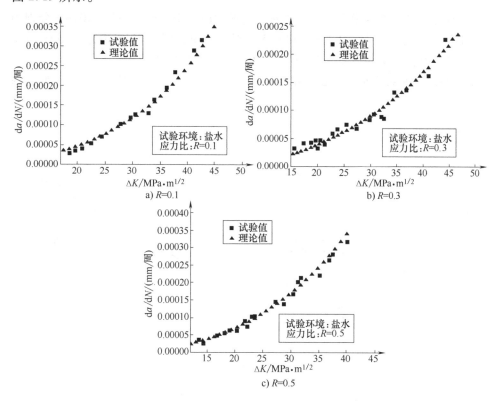

图 2.19　理论模型计算结果与腐蚀疲劳裂纹扩展试验数据对比结果

不同应力比条件下，理论模型计算结果与试验数据最大误差结果见表 2.8。

表 2.8　理论模型计算结果与试验数据最大误差结果

应力比 R	最大误差（%）
0.1	12.6
0.3	16.7
0.5	8.9

由图 2.19a~c 可知，不同应力比条件下，理论模型计算的裂纹扩展速率结果与试验获得的数据基本吻合。结合表 2.8，理论模型计算结果与试验数据误差最大值出现在应力比 R 为 0.3 的试验中，最大误差值为 16.7%，其满足工程实践中常规要求（误差小于 20%）。

综合上述情况，推导的腐蚀疲劳裂纹扩展速率模型可很好地模拟不同应力比条件下 E690 高强钢试样的腐蚀疲劳裂纹扩展速率。

2.6.2　E690 高强钢裂纹扩展速率理论模型与拟合模型对比

理论模型与拟合模型所得结果对比情况如图 2.20 所示，图 2.20a~c 分别为腐蚀环境中应力比为 0.1、0.3 和 0.5 的对比情况。图 2.20 中理论模型与 Paris 模型结果对比可推知，基于能量守恒原理推导的腐蚀疲劳裂纹扩展速率模型与基于 Paris 模型拟合处理的试验结果基本吻合，且增长趋势相同，理论模型准确度高。

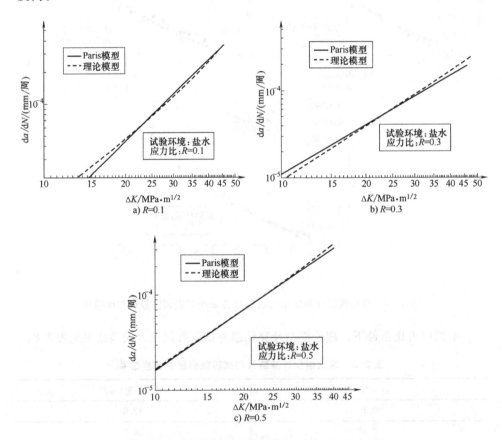

图 2.20　理论模型与拟合模型（Paris 模型）对比情况

2.7　E690 高强钢 *S-N* 曲线测试

2.7.1　试验概况

试验设备：SCHENCK-PC160M 疲劳试验机。

1. 试验内容及要求

腐蚀疲劳 *S-N* 曲线测试参照 GJB 1997—94 金属材料轴向腐蚀疲劳试验方法。按照四级以上成组法试验获得曲线，每级有效试样数不少于四根；最大循环次数定义为 5×10^5，若低应力水平数据过于分散，则采用升降法进行试验，有效配对数不少于 4 对。试验波形采用正弦波，试验频率在 10~30Hz 之间选取。试验数据应满足 90% 以上的置信度要求。

2. 腐蚀环境

腐蚀环境为盐水，试验结束后把断裂试件放入干燥器中保存。

2.7.2　E690 高强钢 *S-N* 曲线测试试样

依据 GB/T 3075—2021 的要求对 E690 高强钢试样的 *S-N* 寿命曲线进行测试，基于 GB/T 3075—2021 规定，对于板状试样，在平行部位和夹持端之间应具有切向过渡圆弧，*S-N* 曲线测试试样如图 2.21 所示。

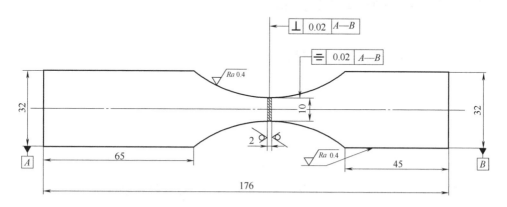

图 2.21　*S-N* 曲线测试试样

2.7.3　E690 高强钢 *S-N* 曲线测试条件及过程

针对 E690 高强钢试样进行 *S-N* 寿命曲线测试，依据试验标准规定同一批次试验使用试验频率一致，试验数据的置信度满足 90% 以上；本试验采用 3.5%

NaCl 溶液来模拟海洋腐蚀环境，寿命测试试验示意图如图 2.22 所示，其中腐蚀溶液流通是为保证腐蚀环境的稳定。

试验过程中采用升降法进行试验，每条曲线分 4 级，每级应力水平对应的试样个数为 4 个。施加的载荷波形为正弦波，其静态拉伸示值误差为 0.4%，动态循环应力示值误差为−1.87%，且试验载荷需保证准确、平稳。

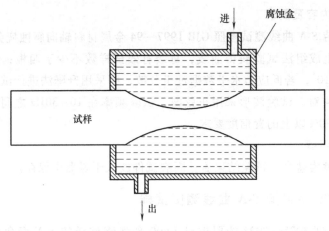

图 2.22　寿命测试试验示意图

2.8　E690 高强钢损伤分析

2.8.1　E690 高强钢 S-N 曲线测试结果

S-N 曲线数学表达式为

$$NS^m = A \tag{2-16}$$

对式（2-16）两边进行双对数处理可得

$$\log N + m \log S = \log A \tag{2-17}$$

假设疲劳寿命符合正态分布，采用极大似然法拟合得到相应 p-S-N 曲线，所得公式为

$$\log N = \log A_p - m \log S \tag{2-18}$$

由式（2-18）可知，$\log N$ 与 $\log S$ 呈线性关系。

在盐水环境中，E690 高强钢腐蚀疲劳寿命试验数据见表 2.9。

依据表 2.9 的寿命试验数据，利用式（2-18）可得 S-N 拟合曲线如图 2.23 所示。

表 2.9　在盐水环境中，E690 高强钢腐蚀疲劳寿命试验数据

材料	S_{max}/MPa	N/千周
E690 高强钢	800	14.262,11.198,21.636,12.013
	650	53.851,64.493,62.026,49.836
	500	177.436,159.729,216.405,168.94
	350	554.081,529.897,735.742,538.407

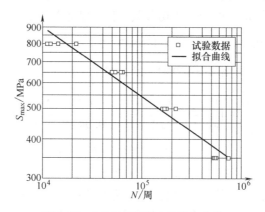

图 2.23　E690 高强钢 S-N 拟合曲线

E690 高强钢试样在盐水环境中 S-N 曲线拟合结果见表 2.10。

表 2.10　E690 高强钢试样在盐水环境中 S-N 曲线拟合结果

试验环境	应力集中系数	应力比	S-N 曲线拟合方程
3.5%NaCl 溶液	$K_t = 1$	0.1	$\lg N = 17.41 - 4.55\lg S_{max}$

2.8.2　E690 高强钢腐蚀损伤演化实例

通过对 E690 高强钢的疲劳试验，拟合获得 E690 海洋高强钢疲劳寿命拟合公式，如下所示：

$$\lg N = 17.50089 - 4.56892\lg S \tag{2-19}$$

将试验结果代入式（2-19）进行疲劳试验的结果验证，拟合值与试验结果对比见表 2.11。由表 2.11 可推知式（2-19）对 E690 高强钢的疲劳寿命预测结果是可靠的。同时，该式还可拟合只考虑应力幅值影响下试样的疲劳损伤演化参数，其疲劳损伤寿命的表达式为

$$\lg S_a = \lg M(S_0) - \frac{1}{B}\left[\lg N_f + \lg(\mu + 1)\right] \tag{2-20}$$

表 2.11　E690 高强钢疲劳寿命拟合值与试验结果对比

S/MPa	N(周期)				拟合值
800	1.42E+4	1.12E+4	2.16E+4	1.21E+4	1.73E+4
650	5.39E+4	6.45E+4	6.21E+4	4.98E+4	4.46E+4
350	5.54E+5	5.30E+5	7.35E+5	5.38E+5	7.33E+5

将计算所得应力幅值 $S_a = 800\text{MPa}$ 时试样的疲劳寿命变化，结合式（2-20）拟合出 E690 高强钢试样的疲劳损伤参数，拟合结果如下：

$$S_0 = 360\text{MPa}, \ M(S_0) = 1768.7, \ B = 2.576, \ \mu = -0.9567$$

由此可推得在应力幅 $S_a = 800\text{MPa}$ 时，基于损伤演化的腐蚀疲劳公式如下：

$$\frac{N}{N_c} = \int_0^1 \left[\frac{(1-D)^{-\psi}}{(1+\psi)} + \frac{(1-D)^{0.957} N_c}{0.043 N_f} \right] \mathrm{d}D \tag{2-21}$$

采用高斯数值方法对式（2-21）进行分段积分求解，获得了应力幅值为 800MPa 时试样的腐蚀损伤演化寿命。由此可推知，随着损伤指数的不断减少，腐蚀疲劳寿命曲线逐渐下降，当损伤指数为 0.0003 时，理论模型数据与试验数据吻合比较准确；通过对实际试验结果的拟合，可以确定模型中的疲劳损伤系数，进而完善了 E690 高强钢腐蚀疲劳损伤演化模型。同时，对其他不同材料，腐蚀疲劳损伤演化参数差距较大，必须依靠与之对应的材料系数，并结合试验才可以进一步确定。

2.8.3　E690 高强钢 S-N 曲线与裂纹扩展速率曲线转换

1. 初始裂纹长度

初始裂纹是金属材料裂纹萌生的阶段结果，是裂纹扩展的起点，是进行腐蚀疲劳裂纹扩展试验必须考虑的因素。若金属材料抗拉强度 σ_b 与断裂韧性 K_{IC} 可知，即可计算出相关材料初始裂纹长度 a_0，计算关系如下所示：

$$a_0 = \left(\frac{K_{IC}}{Y \sigma_b} \right)^{1.5} \tag{2-22}$$

将 E690 高强钢断裂韧度、抗拉强度以及形状系数带入式（2-22），计算出 E690 高强钢试样的初始疲劳裂纹长度约为 1.8mm。开展腐蚀疲劳裂纹扩展试验设计时，结合本节计算所得初始裂纹长度，满足试验标准规定与工艺要求，使预制裂纹长度接近初始裂纹长度，从而实现模拟裂纹扩展与实际情况相符。

2. E690 高强钢 S-N 曲线与裂纹扩展速率曲线相互转换

S-N 曲线与裂纹扩展速率曲线之间是双向可逆转换的模式。本节利用两者之间关系，实现了 E690 高强钢腐蚀疲劳裂纹扩展速率曲线向 S-N 曲线的转换，而 S-N 曲线向裂纹扩展速率曲线转换过程省略。

由 S-N 曲线和裂纹扩展速率曲线模型可知，描述 S-N 曲线的四个参数为：S_{∞}、S_{u}、S_{c} 和 b，S_{∞} 为疲劳极限，S_{u} 为材料抗拉强度，S_{c} 为疲劳寿命为 10^{7} 次对应的应力，b 为 S-N 曲线中等应力水平对平的斜率。描述裂纹扩展速率曲线的四个参数为：C、m、K_{th} 和 K_{IC}。S-N 曲线和裂纹扩展速率曲线参数可相互转换。例如，将 E690 高强钢腐蚀疲劳裂纹扩展速率曲线转换成 S-N 曲线，并与寿命 S-N 曲线试验结果对比，如图 2.24 所示。

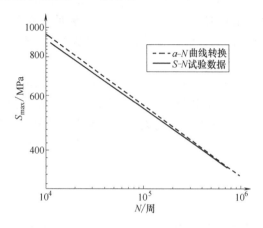

图 2.24　E690 高强钢 S-N 曲线试验结果与转换结果对比

由图 2.24 可知，E690 高强钢腐蚀疲劳裂纹扩展速率曲线转换所得 S-N 曲线与寿命 S-N 曲线试验结果总体趋势相同，应力水平接近，误差值较小。结合图 2.24 和表 2.11 可推知，当应力水平为 800MPa 时，转换结果与试验结果误差最大，即试验结果是 18800 周，转换结果是 22000 周，最大误差值为 17%，能满足工程实践要求。转换结果与试验结果产生误差的主要原因如下：

1）图 2.24 中 S-N 数据曲线为试验数据拟合结果，存在微小误差；试验结果因外界因素干扰也存在一定的误差。同时，利用最小二乘法转换所得 S-N 曲线也同样存在误差。

2）在高应力作用下裂纹进入快速扩展阶段，试样发生断裂失效较快，且裂纹扩展行为及影响因素比较复杂。

综上所述，裂纹扩展速率曲线与 S-N 曲线可以相互转换，降低了研究金属材料腐蚀疲劳性能的难度，使研究成果的工程应用价值大幅提高。

2.9　本章小结

本章利用 E690 高强钢的腐蚀疲劳裂纹扩展试验数据，通过对比分析验证了基于能量守恒定律推导的理论模型可行性；利用试验测得 E690 高强钢 *S-N* 曲线模型，并研究 *S-N* 曲线模型与裂纹扩展速率曲线模型之间关系，得到如下结论：

1）综合空气中与盐水中裂纹扩展试验结果，腐蚀环境可以显著提高 E690 高强钢腐蚀疲劳裂纹扩展速率，且腐蚀环境对裂纹扩展初期的促进作用比较明显，对裂纹扩展中后期影响较小。与空气中试样相比，腐蚀环境中 E690 高强钢试样光滑断裂带出现时间早，且脆性断裂失效更加显著。

2）本文选用 Paris 模型作为试验数据拟合模型；结合钢材料参数，获得 E690 高强钢腐蚀疲劳裂纹扩展速率模型；应力比 *R* 为 0.1、0.3 和 0.5 时，理论模型计算结果与试验结果的最大误差为 16.7%，满足一般工程实践要求。

3）基于断裂韧度测试方法的标准，利用试验获得 E690 高强钢断裂韧度数值，基值为 $181.4 \mathrm{MPa \cdot m^{1/2}}$。

4）通过 E690 高强钢进行腐蚀疲劳寿命 *S-N* 曲线试验，得到了不同应力水平下试样的寿命；通过理论分析与对比验证，证实了 *S-N* 曲线与裂纹扩展速率曲线可相互转换；同时，*S-N* 曲线与裂纹扩展速率曲线转换过程中，部分参数由数据拟合得到，仍需要进一步优化，进而有效降低试验数据的不确定性。

参考文献

［1］王荣. 金属材料的腐蚀疲劳［M］. 西安：西北工业大学出版社，2001.

［2］PANASYUK V V, RATYCH L V. Inhibitor protection of metals at the corrosion fatigue crack growth stage［J］. Corrosion, 1995, 51（4）：284-294.

［3］叶超，杜楠，田文明，等. pH 值对 304 不锈钢在 3.5%NaCl 溶液中点蚀过程的影响［J］. 中国腐蚀与防护学报，2015，35（1）：38-42.

［4］JAKUBOWSKI M. Influence of pitting corrosion on fatigue and corrosion fatigue of ship and off-shore structures, part Ⅱ：Load-Pit-Crack Interaction［J］. Polish Maritime Research, 2015, 22（3）：57-66.

［5］ALEKSEEV V I, PERKAS M M, YUSUPOV V S, et al. The mechanism of metal corrosion passivation［J］. Russian Journal of Physical Chemistry A, 2013, 87（8）：1380-1385.

［6］王安东，陈跃良，卞贵学，等. 飞机用高强度铝合金腐蚀疲劳研究进展［J］. 航空制造技术，2017（20）：95-103.

［7］丁振. 海洋平台结构钢腐蚀疲劳裂纹扩展的研究［D］. 大连：大连理工大学，2015.

［8］NGUYEN T T, BOLIVAR J, SHI Y, et al. A phase field method for modeling anodic disso-lution induced stress corrosion crack propagation［J］. Corrosion Science, 2018, 132：146-160.

［9］黄小光，王黎明. 腐蚀疲劳点蚀演化及腐蚀疲劳裂纹成核机制研究［J］. 船舶力学，2016，20（8）：992-998.

［10］MCMURTREY M D, CUI B, ROBERTSON I, et al. Mechanism of dislocation channelinduced irradiation assisted stress corrosion crack initiation in austenitic stainless steel [J]. Current Opinion in Solid State & Materials Science, 2015, 19 (5): 305-314.

[11] YUSOF F, LOPEZ-CRESPO P, WITHERS P J. Effect of overload on crack closure in thick and thin specimens via digital image correlation [J]. International Journal of Fatigue, 2013, 56: 17-24.

[12] 代娇荣, 黄一, 吴智敏. 应力比对 D36 钢腐蚀疲劳裂纹扩展的影响 [J]. 腐蚀科学与防护技术, 2016, 28 (2): 109-114.

[13] 许天旱, 冯耀荣, 宋生印, 等. 应力比对套管钻井用 J55 钢疲劳裂纹扩展行为的影响 [J]. 机械工程材料, 2009, 33 (11): 19-23.

[14] 刘继华, 李荻, 刘培英. 热处理对 7075 铝合金应力腐蚀及断口形貌的影响 [J]. 材料热处理学报, 2010, 31 (7): 109-113.

[15] 唐玮, 朱华, 王勇. 应力腐蚀断口的分形行为 [J]. 钢铁研究学报, 2007 (8): 56-58.

[16] 李光福, 吴忍, 田井雷, 等. 低合金超高强度钢的晶界性质对应力腐蚀断裂行为的影响 [J]. 宇航学报, 1996 (3): 58-63.

[17] 孔德军, 吴永忠, 龙丹. 激光冲击对 X70 管线钢焊接接头 H_2S 应力腐蚀断口的影响 [J]. 焊接学报, 2011, 32 (10): 13-16.

[18] 蔡兆克, 鲍亮, 初鲁. 预条件平方 Smith 法求解连续 Lyapunov 方程 [J]. 华东理工大学学报（自然科学版）, 2016, 42 (6): 881-886.

[19] 姜秀丹, 曹荣凯, 尹鹏飞, 等. 温度及极化电位对 10Ni5CrMo 钢氢脆敏感性的影响 [J]. 腐蚀与防护, 2020, 41 (7): 55-60.

[20] 王新虎, 邝献任, 吕拴录, 等. 材料性能对钻杆腐蚀疲劳寿命影响的试验研究 [J]. 石油学报, 2009, 30 (2): 312-316.

[21] 韩恩厚, 韩玉梅, 郑宇礼, 等. 应力比和频率对低合金钢腐蚀疲劳裂纹扩展机理的影响 [J]. 金属学报, 1993 (5): 31-36.

[22] 王荣, 路民旭, 郑修麟. 腐蚀疲劳裂纹扩展与寿命估算 [J]. 航空学报, 1993 (3): 188-192.

[23] 张颖瑞, 董超芳, 李晓刚, 等. 电化学充氢条件下 X70 管线钢及其焊缝的氢致开裂行为 [J]. 金属学报, 2006 (5): 521-527.

[24] 冯朋飞, 李春福, 龚丹梅, 等. 晶粒度对 35CrMo 钢氢致开裂行为的影响 [J]. 腐蚀与防护, 2012, 33 (1): 12-15.

[25] 程吉浩, 刘静, 黄峰, 等. 贝氏体组织管线钢的氢致开裂行为 [J]. 腐蚀与防护, 2010, 31 (11): 833-836.

[26] 李丽菲, 沈功田, 张万岭, 等. 低碳钢氢致开裂声发射信号分析与模式识别 [J]. 无损检测, 2009, 31 (10): 773-776.

[27] 富阳. 压力容器氢致开裂超声相控阵检测 [J]. 无损检测, 2013, 35 (6): 23-25; 31.

[28] 饶思贤, 万章, 宋光雄, 等. 基于规则的晶间腐蚀和氢致开裂的失效模式诊断 [J]. 中国腐蚀与防护学报, 2011, 31 (4): 260-264.

[29] 成应晋，王涛，薛钢，等. 10Ni5CrMoV 钢及其焊接接头 Paris 模型参数统计及疲劳裂纹扩展寿命预测 [J]. 材料开发与应用，2019, 34 (1)：1-6.

[30] 石凯凯，蔡力勋，黄学伟，等. 金属材料裂纹扩展 Paris 律的模拟方法与应用 [J]. 中国测试，2011, 37 (5)：9-13.

[31] 张杰，马永亮. 3 种疲劳裂纹扩展速率模型比较 [J]. 实验室研究与探索，2012, 31 (8)：35-38.

[32] 刘荣伟，雷贝贝，宋威振，等. 高强钢疲劳裂纹扩展速率的仿真模拟分析 [J]. 山东交通学院学报，2017, 25 (4)：76-81.

[33] 武旭，帅健，许葵. 低约束试件断裂韧性测试方法研究进展 [J]. 力学与实践，2020, 42 (5)：535-542.

[34] 刘明，李烁，高诚辉. 利用微米划痕研究 TiN 涂层的失效机理 [J]. 计量学报，2020, 41 (6)：696-703.

第 3 章　激光冲击诱导 E690 高强钢薄板表面动态应变特性研究

3.1　引言

脉宽 ns 量级的激光束作用在试样表面时，由等离子体爆炸在局部区域产生瞬态冲击载荷（激光冲击波），该载荷强度大、衰减快、历时短，其诱导试样产生的动态响应过程常借助于有限元软件进行仿真，但对激光冲击诱导试样动态响应的试验测量比数值模拟更具有科学指导意义。近年来，科研工作者利用 PVDF 压电传感器，对传播至铝、钛、镁等有色金属合金试样背面的激光冲击波进行了研究[1-8]，除作者课题组外，对于脉冲激光冲击诱导试样表面动态应变特性的相关研究尚鲜见报道。PVDF 压电传感器具有 ns 量级的动态响应、0 ~ 20GPa 的压力测量范围、0.1~ 几 GHz 的频响范围，是一种高分子压电的新型材料，可以应用于脉冲激光（脉宽为 ns 量级）冲击诱导表面动态应变的测量；同时，具有良好韧性的 PVDF 压电传感器能加工成任意形状、不同面积的任意结构[9-16]。

本章定义了表面动态应变测试的边界条件，首次构建了"激光冲击加载金属薄板表面动态应变模型"，并给出测试方法。以 E690 高强钢薄板为例进行试验，对激光冲击加载 E690 高强钢薄板表面动态响应进行测试，对"激光冲击波加载金属薄板表面动态应变模型"进行简化变形，构建并证明"激光冲击诱导高应变率下 E690 高强钢薄板表面动态应变模型"，进而可以证明"激光冲击波加载金属薄板表面动态应变模型"具有准确性高、适用性广等优点，可以适用于其他材料激光冲击强化行为的研究。同时，探究高应变率条件下金属薄板的动态力学响应规律。目前尚无通过调整激光参数分离表面的剪切波[17] 和表面 Rayleigh 波[18-19]，对激光冲击诱导表面动态应变特性进行理论分析和试验研究的报道，本章拟开展的基础研究，思路新颖、技术可行，可以对高应变率条件下金属材料的力学响应和损伤机理有更完善的物理认识。

3.2　激光冲击波加载金属薄板表面动态响应

3.2.1　表面动态应变测试的边界条件

根据"激光冲击波传播模型"及以 ANSYS/LSDYNA 为平台所得模拟结果可

知，当脉冲激光加载于试样表面时，先后产生了垂直于表面纵向振动的剪切波和与表面平行伸缩振动的表面 Rayleigh 波。为更清晰的分析动态应变的规律，假设通过控制激光的作用参数可以使剪切波与表面波不产生耦合，表面 Rayleigh 波到达检测点的时间为 $t_a = D/v$，其中 D 为检测点距离激发点的距离、v 为表面 Rayleigh 波在铝块中传播速度的理论值，若剪切波在金属中的衰减规律为 $P = Ae^{-\alpha t}$，通过控制激光的作用参数，调节衰减系数 A 和 α，使 $t = t_a$ 时 $P = Ae^{-\alpha t}$ 趋于 0，当时间 $t < t_a$ 时，剪切波与表面波不产生耦合。

3.2.2 表面动态应变测试原理

PVDF 压电传感器的结构如图 3.1 所示，其测量原理为冲击压力与转移的电荷量可以用函数关系式表示。

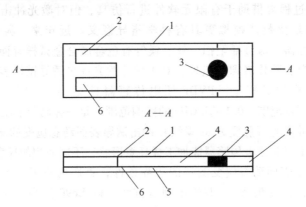

图 3.1 PVDF 压电传感器的结构[20-22]

1—上层聚酯膜 2—上电极 3—PVDF 元件
4—绝缘层 5—下层聚酯膜 6—下电极

PVDF 压电传感器所使用电流模式为常用模式，其等效电路如图 3.2 所示，电荷 $Q(t)$ 是压电传感器转移的电荷，电荷 $Q(t)$ 通过并联电阻 R 放电，电阻 R 两端的压电波形 $V(t)$ 使示波器测量获得。该方法具有频响高、高阻信号源实现低阻的转变且有利于波的输入等优点。

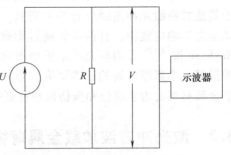

图 3.2 电流模式等效电路[20,23]

根据应力波的相关理论，激光束冲击诱导的应力波在铝合金试样中来回反射，每次冲击波传播到试样表面时，PVDF 压电传感器上就会产生一个电压脉冲，数字示波器将会记录下这一电压信号。PVDF 压电传感器的压电效应可分为压电材料与薄膜面平行伸缩振动的压电横向效应、压电材料垂直于膜面纵向振动的压电纵向效应，前者用 d_{31}，d_{32} 表示，后者用 d_{33} 表示。PVDF 压电传感器的电荷输出是[24-26]：

$$Q = \sum d_{3j} E_{PVDF} \varepsilon_j S \tag{3-1}$$

式中，S 为压电传感器电极的覆盖面积（m^2）；E_{PVDF} 为压电传感器的弹性模量（N/m^2）；ε_j 为应变，$j = 1 \sim 3$；d_{3j} 为压电应变常数（C/N），$j = 1 \sim 3$。

通过示波器采集 PVDF 压电传感器上转移的电荷量，在 t 时刻 PVDF 压电传感器上转移的电荷 $Q(t)$ 与电压信号 $V(t)$ 之间满足[27-29]：

$$Q(t) = \int_0^t \frac{V(t)}{R} dt \tag{3-2}$$

3.2.3　激光冲击波加载金属薄板表面动态应变模型

当剪切波与表面波不产生耦合即 $0 < t < t_a$ 时，可得

$$\varepsilon_1(t) = \varepsilon_2(t) = 0, \quad \varepsilon_3(t) = \frac{\int_0^{t_a} V_1(\varepsilon, t) dt}{E_{PVDF} S d_{33} R} = m \int_0^{t_a} V_1(\varepsilon, t) dt \tag{3-3}$$

式中，$m = \dfrac{1}{E_{PVDF} S d_{33} R} = $ 常数。

$$\varepsilon_1(t) = \frac{d_{31} \int_{t_a}^t V_1(\varepsilon, t) dt - d_{32} \int_{t_a}^t V_2(\varepsilon, t) dt}{(d_{31}^2 - d_{32}^2) E_{PVDF} S R} \tag{3-4}$$

当 $t > t_a$ 时，得

$$\varepsilon_2(t) = \frac{d_{31} \int_{t_a}^t V_2(\varepsilon, t) dt - d_{32} \int_{t_a}^t V_1(\varepsilon, t) dt}{(d_{31}^2 - d_{32}^2) E_{PVDF} S R} \tag{3-5}$$

$$\varepsilon_3(t) = 0 \tag{3-6}$$

分析激光冲击对表面动态应变的影响，即当 $0 < t < t_a$ 时，对式（3-4）求导，材料动态应变率

$$\dot{\varepsilon}(t) = \frac{d\varepsilon_3(t)}{dt} = m V_1(t)$$

即

$$V_1(\varepsilon, t) = \frac{1}{m} \frac{d\varepsilon_3(t)}{dt} \tag{3-7}$$

对式（3-7）求导，材料动态应变加速度

$$a = \frac{\mathrm{d}^2 \varepsilon_3(t)}{\mathrm{d}t^2} = m \frac{\mathrm{d}V_1(\varepsilon, t)}{\mathrm{d}t}$$

即
$$\frac{\mathrm{d}V_1(\varepsilon, t)}{\mathrm{d}t} = \frac{1}{m} \frac{\mathrm{d}^2 \varepsilon_3(t)}{\mathrm{d}t^2} \qquad (3\text{-}8)$$

假设金属薄板在激光冲击诱导高应变率下的动态应力-应变关系曲线与静力拉伸条件下的静态应力-应变关系曲线类似，若 $0 < t_1 < t_2 < t_3 < t_a$，可设 $0 \text{—} t_1$ 为弹性阶段、$t_1 \text{—} t_2$ 为屈服阶段、$t_2 \text{—} t_3$ 为强化阶段。

弹性阶段 $0 < t < t_1$ 时，得

$$m \frac{\mathrm{d}V_1(\varepsilon, t)}{\mathrm{d}t} = \frac{E\varepsilon_3(t)}{\rho d} = \frac{Em \int_0^{t_1} V_1(\varepsilon, t)\, \mathrm{d}t}{\rho d}$$

即
$$\frac{\mathrm{d}V_1(\varepsilon, t)}{\mathrm{d}t} = \frac{E \int_0^{t_1} V_1(\varepsilon, t)\, \mathrm{d}t}{\rho d} \qquad (3\text{-}9)$$

屈服阶段 $t_1 < t < t_2$ 时，得

$$m \frac{\mathrm{d}V_1(\varepsilon, t)}{\mathrm{d}t} = \frac{\sigma_s}{\rho d}$$

即
$$\frac{\mathrm{d}V_1(\varepsilon, t)}{\mathrm{d}t} = \frac{\sigma_s}{m\rho d} = 常数 \qquad (3\text{-}10)$$

强化阶段 $t_2 < t < t_3$ 时，得

$$m \frac{\mathrm{d}V_1(\varepsilon, t)}{\mathrm{d}t} = \frac{k\varepsilon_3^n(t)}{\rho d} = \frac{km \int_{t_2}^{t_3} V_1^n(\varepsilon, t)\, \mathrm{d}t}{\rho d}$$

即
$$\frac{\mathrm{d}V_1(\varepsilon, t)}{\mathrm{d}t} = \frac{k \int_{t_2}^{t_3} V_1^n(\varepsilon, t)\, \mathrm{d}t}{\rho d} \qquad (3\text{-}11)$$

式中，ρ 为金属试样的密度；d 为剪切波入射深度；E 为金属的弹性模量；k、n 为硬化系数。

3.2.4　表面动态应变测试方法与试验参数

表面动态应变装置（图3.3）具体结构如下：使用 $4\text{mm} \times 4\text{mm} \times 150\mu\text{m}$ 的黑胶带作为吸收层紧密贴合于试样表面，4mm 厚的 K9 玻璃作为约束层覆盖于黑胶带之上；在试样正面，沿激光光斑径向且距光斑中心 2mm 处粘贴 PVDF 压电传感器（锦州科信电子材料有限公司，中国）；使用 DL9140 数字示波器（YOK-OGAWA 横河集团，日本）对 PVDF 压电传感器的信号进行采集，采集时两端并

联一阻值为 50Ω 的电阻。在脉冲激光加载区域外粘贴 PVDF 压电传感器，从而可忽略脉冲激光冲击试样时热辐射和热对流对 PVDF 压电传感器测量结果的影响；鉴于 K9 玻璃具有较高的热导率，同时可以延长作用时间，增强冲击波压力，因此选用 K9 玻璃作为约束层可忽略激光热效应对 PVDF 压电传感器测量结果的影响。

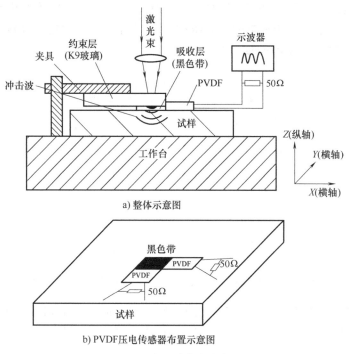

a) 整体示意图

b) PVDF 压电传感器布置示意图

图 3.3　表面动态应变装置

使用线切割将 E690 高强钢割成 50mm×50mm×1.5mm 的试样，将试样表面及背面用粒度为 P240～P1200 的砂纸依次打磨至试样厚度为 1mm，用乙醇清洗并冷风风干。试验采用 SGR 系列光电调 Q 脉冲 Nd：YAG 固体激光器，激光冲击参数如下：脉宽采用 10ns，波长 1064nm，在 K9 玻璃的约束下对试样进行单次冲击。对 E690 高强钢薄板，脉冲能量在 0.5～1J 之间选择，光斑直径分别选取 1mm、2mm、3mm。

3.3　激光冲击高应变率下 E690 高强钢表面动态应变模型及边界条件验证

激光冲击诱导的剪切波在试样内不断振荡衰减，当激光功率密度为 12.7GW/cm² 时，剪切波经 4 次振荡衰减接近于 0，采集不同时间点反映剪切波的压电波形峰值数据，对激光功率密度为 12.7GW/cm^2 数据采用指数衰减拟合（图 3.4），可得剪切波在 E690 高强钢中的衰减规律：$V = 1.99e^{-0.016t}$（V）。当 $t = 142.1$ns 时，剪切波的波幅已衰减接近于 0，即当激光功率密度为 12.7GW/cm^2 时，表面 Rayleigh 波和剪切波不产生耦合。由剪切波在 E690 高强钢中的衰减规律可知：激光功率密度越小，剪切波压电波形的峰值越小，则剪切波衰减为 0 的时间越短，而检测点 Rayleigh 波出现的时间不变，因此当激光功率密度低于 12.7GW/cm^2 时，剪切波与表面 Rayleigh 波不发生耦合，即通过调整激光参数可以分离剪切波和表面 Rayleigh 波。

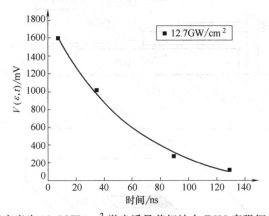

图 3.4　功率密度为 12.7GW/cm^2 激光诱导剪切波在 E690 高强钢内的衰减曲线

综上所述，当激光功率密度不大于 12.7GW/cm^2 时，剪切波与表面 Rayleigh 波不发生耦合，结合前文可知通过调整激光参数可以分离剪切波和表面 Rayleigh 波。

3.4　激光冲击高应变率下 E690 高强钢表面动态应变模型

由前文可知，通过控制激光的功率密度可以使剪切波与表面波不产生耦合，对剪切波作用部分进行分析（$\varepsilon_1 = 0$，$\varepsilon_2 = 0$），假设在脉冲激光冲击 E690 高强钢诱导高应变率条件下与静力拉伸条件下，两者应力-应变关系类似，存在弹性阶段、屈服阶段、强化阶段。假设 $0 < t_1 < t_2 < t_3 < t_a$，$t_a$ 为表面 Rayleigh 波到达 PVDF 压电传感器检测点的时间，弹性阶段为 0—t_a、屈服阶段为 t_a—t_b、强化阶段为 t_b—t_c，对"激光冲击加载金属薄板表面动态应变模型"进行简化变形可得

在弹性阶段 $0 < t < t_a$ 时，有

$$a = \frac{\mathrm{d}^2 \varepsilon_3(t)}{\mathrm{d}t^2} = \frac{\mathrm{d}V_1(\varepsilon, t)}{E_{\mathrm{PVDF}} S d_{33} R \mathrm{d}t} = \frac{E \varepsilon_3(t)}{\rho d} = \frac{E \int_0^{t_1} V_1(\varepsilon, t) \mathrm{d}t}{E_{\mathrm{PVDF}} S d_{33} R \rho d} \qquad (3\text{-}12)$$

$$\text{i. e. } a = \frac{\mathrm{d}^2 \varepsilon_3(t)}{\mathrm{d}t^2} = \frac{\mathrm{d}V_1(\varepsilon,t)}{E_{PVDF}Sd_{33}R\mathrm{d}t} = \frac{\sigma_s}{\rho d} \qquad (3\text{-}13)$$

在屈服阶段 $t_a < t < t_b$ 时，有激光诱导剪切波衰减规律和表面动态应变测试的边界条件验证：

$$a = \frac{\mathrm{d}^2 \varepsilon_3(t)}{\mathrm{d}t^2} = \frac{\mathrm{d}V_1(\varepsilon,t)}{E_{PVDF}Sd_{33}R\mathrm{d}t} = \frac{\sigma_s}{\rho d}$$

$$\text{i. e. } \frac{\mathrm{d}V_1(\varepsilon,t)}{\mathrm{d}t} = \frac{E_{PVDF}Sd_{33}R\sigma_s}{\rho d} = \mathrm{const} \qquad (3\text{-}14)$$

在强化阶段 $t_b < t < t_c$ 时，有

$$a = \frac{k\varepsilon_3^n(t)}{\rho d} = \frac{\mathrm{d}V_1(\varepsilon,t)}{E_{PVDF}Sd_{33}R\mathrm{d}t} = \frac{k\int_{t_2}^{t_3} V_1^n(\varepsilon,t)\,\mathrm{d}t}{E_{PVDF}Sd_{33}R\rho d}$$

$$\text{i. e. } \frac{\mathrm{d}V_1(\varepsilon,t)}{\mathrm{d}t} = \frac{k\int_{t_2}^{t_3} V_1^n(\varepsilon,t)\,\mathrm{d}t}{\rho d} \qquad (3\text{-}15)$$

式中，a 表示加速度；E_{PVDF} 表示压电薄膜的弹性模量；S 表示压电传感器检测点电极的面积；ε_j 表示应变（$j = 1, 2, 3$）；E 表示 E690 高强钢的弹性模量；ρ 表示 E690 高强钢的密度；d 表示剪切波入射深度；硬化系数用 k、n 表示。

图 3.5 所示为功率密度 $12.7\mathrm{GW/cm}^2$ 激光冲击板厚 1mm 试样时表面的动态应变，图 3.6 所示为功率密度 $4.6\mathrm{GW/cm}^2$ 激光冲击板厚 1mm 试样时表面的动态应变。

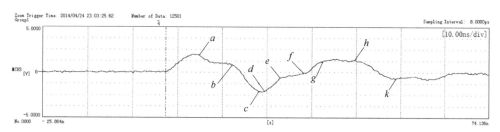

图 3.5　功率密度 $12.7\mathrm{GW/cm}^2$ 激光冲击板厚 1mm 试样时表面的动态应变

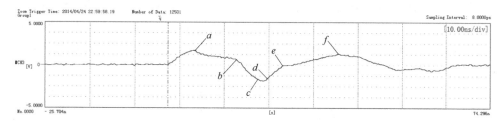

图 3.6　功率密度 $4.6\mathrm{GW/cm}^2$ 激光冲击板厚 1mm 试样时表面的动态应变

当激光功率密度为 12.7GW/cm² 时，图 3.5 压电信号 $V(\varepsilon,t)$ 的各拐点取值见表 3.1。当激光功率密度为 4.6GW/cm² 时，图 3.6 压电信号 $V(\varepsilon,t)$ 的拐点取值见表 3.2。当激光功率密度为 2.0GW/cm² 时，冲击波能量较小，试样只发生弹性形变，冲击过程未发生屈服与强化。

表 3.1 功率密度 12.7GW/cm² 激光冲击试样时压电信号 $V(\varepsilon, t)$ 的各拐点取值

T/ns	$t_a = 7.5$	$t_b = 14.4$	$t_c = 20.8$	$t_d = 21.8$	$t_e = 25.7$	$t_f = 30.9$	$t_g = 37.7$	$t_h = 44.1$	$t_k = 50.5$
$V(\varepsilon,t)$/mV	1524.19	760.50	−1645.43	−1737.14	−450.75	−24.59	1178.39	916.88	−532.60
$\mathrm{d}V(\varepsilon,t)/\mathrm{d}t$ /(mV/ns)	$V'_{1a,b} = -110.6$	$V'_{1b,c} = -375.9$		$V'_{1d,e} = 329.8$	$V'_{1e,f} = 82.0$	$V'_{1f,g} = 177.0$	$V'_{1g,h} = -226.5$	$V'_{1h,k} = -40.9$	

表 3.2 功率密度 4.6GW/cm² 激光冲击试样时压电信号 $V(\varepsilon, t)$ 的各拐点取值

T/ns	$t_a = 5.9$	$t_b = 15.1$	$t_c = 20.6$	$t_d = 21.8$	$t_e = 25.8$	$t_f = 38.3$
$V(\varepsilon,t)$/mV	1385.31	587.08	−1407.36	−1412.30	−29.92	1005.95
$\mathrm{d}V(\varepsilon,t)/\mathrm{d}t$ /(mV/ns)	$V'_{2a,b} = -86.8$		$V'_{2b,c} = -362.62$	$V'_{2d,e} = 345.6$	$V'_{2e,f} = 82.9$	

采集图 3.5、图 3.6 中弹塑性加载阶段曲线拐点数据，绘出弹塑性加载阶段示意图（图 3.7）。分析功率密度分别 12.7GW/cm²、4.6GW/cm² 时的压电波形。首先，在 d—e 段，将 d—e 段的时间差定义为 $t_{d,e}(t_{d,e} = t_e - t_d)$，其中表 3.1 中 d—e 段的时间差为 $t_{1d,e}$（$t_{1d,e} = 3.9$ns），表 3.2 中 d—e 段的时间差为 $t_{2d,e}$（$t_{2d,e} = 4.0$ns），$t_{2d,e}$ 是 $t_{1d,e}$ 的 1.025 倍。表 3.2 中 $\mathrm{d}V(\varepsilon,t)/\mathrm{d}t$ 的数值 $V'_{2d,e}$ 接近于表 3.1 中 $\mathrm{d}V(\varepsilon,t)/\mathrm{d}t$ 的数值 $V'_{1d,e}$ 的 1.05 倍。由于 $\sigma(t)$ 与 $\mathrm{d}V(\varepsilon,t)/\mathrm{d}t$、$\varepsilon(t)$ 与 t_2 线性相关，所以在两种不同功率密度下，压电波形 $V(\varepsilon,t)$ 的 d—e 段，$[\sigma_1(t)/\varepsilon_1(t)]/[\sigma_2(t)/\varepsilon_2(t)] \approx 1$，可知 $\sigma(t)/\varepsilon(t) = \mathrm{const}$，即试样的弹性模量 $E(\mathrm{GPa})$，其中 $\sigma(t)$ 为应力（GPa），因此试验结果与式（3-13）符合。其次，在 e—f 段，表 3.1 中 $\mathrm{d}V(\varepsilon,t)/\mathrm{d}t$ 的数值 $V'_{1e,f}$ 与表 3.2 中 $\mathrm{d}V(\varepsilon,t)/\mathrm{d}t$ 的数值 $V'_{2e,f}$ 极为接近，即在两种不同功率密度下压电波形 $V(\varepsilon,t)$ 的 e—f 段有着几乎相同的斜率，可知在 e—f 段两者试样动态应变加速度 $a = \mathrm{const}$，该阶段随着时间变化应变显著增加而应力基本保持不变，试验结果与式（3-14）符合。最后，f—g 段 $\mathrm{d}V(\varepsilon,t)/\mathrm{d}t$ 的值 $V'_{1f,g}$ 相较于 e—f 段 $\mathrm{d}V(\varepsilon,t)/\mathrm{d}t$ 的值 $V'_{1e,f}$ 再次增加，且 f—g 末端呈斜率逐步减小的光滑圆弧，与静力拉伸下强化阶段的应力-应变关系曲线类似，式（3-15）符合试验结果。

综上可知，在脉冲激光冲击 E690 高强钢诱导高应变率条件下与静力拉伸条件下，两者应力应变关系类似，均存在弹性阶段、屈服阶段和强化阶段，分析结果验证了 E690 高强钢的动态应力-应变模型正确可靠。

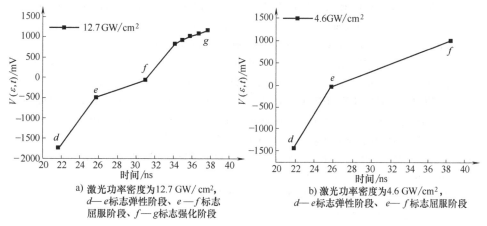

a) 激光功率密度为12.7 GW/cm²，
d—e标志弹性阶段，e—f标志
屈服阶段，f—g标志强化阶段

b) 激光功率密度为4.6 GW/cm²，
d—e标志弹性阶段，e—f标志屈服阶段

图 3.7　E690 高强钢在脉冲激光冲击下弹塑性加载阶段示意图

3.5　本章小结

1）当激光功率密度为 12.7 GW/cm² 时，E690 高强钢剪切波的波幅衰减接趋于 0 的时间为 142.1ns，根据 PVDF 压电传感器测得表面动态应变，结合剪切波在 E690 高强钢中的衰减规律，可知当激光功率密度小于等于 12.7 GW/cm² 时，剪切波与表面 Rayleigh 波不发生耦合，即通过调整激光参数可以分离剪切波和表面 Rayleigh 波，这是表面动态应变测试的边界条件。

2）首次构建了"激光冲击加载金属薄板表面动态应变模型"，通过激光冲击 E690 高强钢薄板的试验数据，证明了"激光冲击加载金属薄板表面动态应变模型"准确可靠，首次获得并证实了在高应变率下两种金属材料的动态应力-应变关系曲线均存在弹性阶段、屈服阶段、强化阶段，与静力拉伸条件下的静态应力-应变关系曲线类似。

参考文献

［1］　冯爱新，韩振春，聂贵锋，等. 激光冲击 2024 铝合金诱导动态应力应变实验研究［J］. 振动与冲击，2013，32（14）：200-203.

［2］　WANG Y C，CHEN Y W. Application of piezoelectric PVDF film to the measurement of impulsive forces generated by cavitaion bubble collapse near a solid boundary［J］. Experimental Thermal and Fluid，2007，32（2）：403-414.

［3］　于水生，姚红兵，王飞，等. 作用参数对镁合金中强激光诱导冲击波的影响［J］. 中国激光，2010，37（5）：1386-1390.

［4］ ROMAIN J P, BAUER F, ZAGOURI D, et al. Conference of the international association for research and advancement of high pressure science and technology ［C］//SCHMIDT S C, SHANER J W, SAMARA G A, et al. American Institute of Physics. New York: 2019.

［5］ COUTURIER S, HALLOUIN M, ROMAIN J P, et al. Shock profile induced by short laser pulses ［J］. Journal of Applied Physics, 1996, 79 (12): 9338-9342.

［6］ DENG Q L, WANG Y, HU D J, et al. Measurement on the peak pressure of shocking wave induced by laser and experimental researches on strengthening aviation Al-Alloy by laser shocking ［J］. Key Engineering Materials, 2004, 501 (274-276): 889-894.

［7］ 王绩勋, 高勋, 宋超, 等. 纳秒激光在铜靶材中诱导冲击波的实验研究 ［J］. 物理学报, 2015, 64 (4): 216-220.

［8］ 吴边, 王声波, 朱灵, 等. 高功率激光冲击处理装置及其驱动冲击波实验研究 ［J］. 应用激光, 2005, 25 (2): 103-105; 116.

［9］ 袁玲, 任旭东, 严刚, 等. 激光冲击硬化层中激光声表面波的实验研究 ［J］. 中国激光, 2008 (1): 120~124.

［10］ 曹宇鹏, 冯爱新, 花国然. 激光冲击高应变率下 2024 铝合金表面动态应力-应变实验研究 ［J］. 应用激光, 2015, 35 (3): 324-329.

［11］ 张永康, 张淑仪, 唐亚新, 等. 抗疲劳断裂的激光冲击强化技术研究 ［J］. 中国科学 E 辑: 技术科学, 1997 (1): 28-34.

［12］ 唐通鸣, 张永康. 激光冲击诱导应力波的机理初探 ［J］. 南通工学院学报, 1999 (1): 26-31.

［13］ 刘瑞军, 陈东林, 何卫锋, 等. 基于激光冲击强化的冲击波实验研究 ［J］. 应用激光, 2010, 30 (3): 204-206.

［14］ 段志勇. 激光冲击波及激光冲击处理技术的研究 ［D］. 合肥: 中国科学技术大学, 2000.

［15］ 舒波超, 李卫东, 黄遏, 等. 铝合金材料激光冲击喷丸力学响应有限元建模 ［J］. 航空制造技术, 2020, 63 (3): 59-66.

［16］ 王绩勋. 共线双脉冲激光诱导等离子体膨胀动力学研究 ［D］. 长春: 长春理工大学, 2015.

［17］ WANG X D, NIE X F, ZANG S L, et al. Formation mechanism of "residual stress hole" induced by laser shock peening ［J］. High Power Laser & Particle Beams, 2014, 26 (11): 306-310.

［18］ 袁玲. 近表面弹性性质连续变化材料中激光超声波的研究 ［D］. 南京: 南京理工大学, 2008.

［19］ 陈英怀. 激光诱导制造中的气—液—固耦合仿真分析 ［D］. 广州: 广东工业大学, 2018.

［20］ CHENG G J, SHEHADEH M A. Multiscale dislocation dynamics analyses of laser shock peening in silicon single crystals ［J］. International Journal of Plasticity, 2006, 22 (12): 2171-2194.

［21］ 冯爱新, 钟国旗, 薛伟, 等. 激光冲击波诱导膜-基系统动态应力应变 ［J］. 中国激

60

光，2014，41（6）：73-78.

［22］ 袁玲，任旭东，严刚，等. 激光冲击硬化层中激光表面波的实验研究［J］. 中国激光，2008（1）：120-124.

［23］ 王庆锋，吴斌，宋吟蔚，等. PVDF 压电传感器信号调理电路的设计［J］. 仪器仪表学报，2006（S2）：1653-1655.

［24］ 白石. PVDF 动态应变感知特性及其结构监测应用［D］. 哈尔滨：哈尔滨工业大学，2006.

［25］ 吴锦武，姜哲. 基于 PVDF 压电传感器测量振动结构体积位移［J］. 振动工程学报，2007（1）：73-78.

［26］ 崔村燕，洪延姬，何国强，等. 基于 PVDF 传感器的单脉冲激光推力加载过程研究［J］. 强激光与粒子束，2007（4）：553-557.

［27］ 冯爱新，施芬，韩振春，等. 激光诱导 2024 铝合金表面动态应变检测［J］. 强激光与粒子，2013，25（4）：872-874.

［28］ 闫潇敏，李芝绒，仲凯，等. 聚偏氟乙烯传感器水中爆炸压力测量研究［J］. 科学技术与工程，2015，15（9）：189-192.

［29］ 张丽宏，汪炜，高强. PVDF 传感器在液体压力激波测试中的应用［J］. 压电与声光，2009，31（4）：500-503.

第4章　激光冲击波传播机制与 E690 高强钢表面完整性研究

4.1　引言

科研工作者利用 PVDF 压电传感器对传播至铝、钛、镁等有色金属合金试样背面的激光冲击波进行测量研究，其研究目标主要集中于冲击波在材料中的衰减规律。Peyre[1]、Morales[2] 等采用 PVDF 压电传感器对纯铝、铝合金的动态力学响应进行了试验测量。郭大浩高工、张永康教授等[3-5] 利用 PVDF 压电传感器完成了对强激光在铝合金、钛合金、镁合金中诱导冲击波的多点实时测量。高功率激光与材料相互作用诱导冲击波传播机理以及残余应力形成机制一直是激光加工研究的热点，国内外研究人员对此进行了大量的研究。目前主要研究手段是采用有限元软件建立数值模型，并借助于计算机模拟仿真，对激光冲击强化过程中材料的动态响应，不同时刻应力波的位置状态、传播规律及残余应力分布等进行探索和验证[6-7]。西班牙的 Ocana 等[8] 利用有限元软件 ABAQUS 对激光冲击强化进行数值模拟，同时提出表面残余应力分布的预测模型并用试验数据进行验证。Ding等[9] 开展了 35CD4 钢激光冲击强化的数值模拟；上海交通大学的王飞[10] 开展了 45 钢激光冲击强化的数值模拟；南京工业大学的彭薇薇等[11] 对 304 不锈钢开展激光冲击强化数值模拟，并建立了表面残余应力场预测模型；江苏大学张永康、周建忠团队[12-13] 针对 2A12 铝合金、40Cr 钢、TA2 钛合金等材料构建激光冲击强化数值模型并进行模拟，探讨激光冲击强化过程中材料的动态响应，不同时刻应力波的位置状态及残余应力分布，预测试样激光冲击后变形情况。结合激光冲击波传播机制，使用有限元方法构建理论模型，研究激光冲击波传播规律，对激光冲击定量调控金属表面残余应力分布具有重要的意义。

E690 高强钢是重要的海洋工程用钢，广泛应用于钻井平台运输货轮港口机械等行业，但在海洋腐蚀环境下以 E690 高强钢为原材料制造的海洋工程平台关键零部件存在综合力学性能不足等问题[14]。激光冲击强化可以显著改善材料表面的微观结构，进而显著提高材料的硬度、强度及耐蚀性等性能[15-18]。Rozmus-Górnikowska 等[19] 观察到激光冲击奥氏体不锈钢会在表面出现明显塑性变形，且出现较大残余压应力。王峰等[20] 利用激光冲击不同吸收层涂覆的铜靶材，激光冲击处理会降低靶材的表面粗糙度。目前，国内外大量研究了激光冲击前后材料表面粗糙度、表面形貌和微观组织，而残余应力、显微硬度等影响材料表面完整性的相关研究较少。

本章改进并完善了激光冲击波特性测试的原理和方法，基于新方法改进激光诱导冲击波的测试装置，以 E690 高强钢为例，结合激光冲击波传播机制，对激光冲击加载 E690 高强钢薄板的过程进行数值建模，研究不同时刻应力波的位置状态和传播规律，探究激光冲击参数（激光功率密度、光斑尺寸、脉宽）对 E690 高强钢薄板表面残余应力分布的影响，并通过激光单点冲击试验验证仿真模型的有效性。同时，采用不同功率密度的脉冲激光对 E690 高强钢进行冲击试验，采用光学轮廓仪观测材料的三维形貌和二维轮廓，借助 X 射线应力仪、显微硬度计和场发射透射电镜分别测定材料的残余应力、硬度和微观组织，获取不同激光能量加载下 E690 高强钢表面形貌及力学性能的变化规律，为后续研究影响材料表面完整性因素提供了理论支撑，为海洋工程装备表面完整性改善与延寿提供了新方法。

4.2　激光冲击波特性测试原理、方法与装置

4.2.1　激光冲击波特性测试原理

国内外科研工作者主要利用 VISAR 速度干涉仪和 PVDF 压电传感器，通过测量传播至金属试样背面的激光冲击波，探究冲击波特性。改变先前 PVDF 压电传感器测试冲击波特性的原理和方法，提出新的基于 PVDF 压电传感器的激光诱导冲击波测试方法。江苏大学冯爱新教授团队[21-25] 和本书作者提出 PVDF 压电传感器可以用于测量表面动态应变，并以铝合金为例对其可行性进行证明。

目前除作者所在团队外，尚无综合正反两面动态应变，对激光冲击波在材料中的传播机制进行试验研究的报道。根据应力波的相关理论，首次将表面动态应变测试装置加入传统激光冲击波特性测试装置，利用 PVDF 压电传感器所得激光冲击波诱导金属材料动态响应，开展激光冲击波的传播规律研究；首次综合正反两面动态应变，构建"激光冲击金属薄板应力波传播模型"，发展基于激光冲击的弹塑性波理论。

本章结合模型中冲击波在薄板试样内的传播机制，对激光冲击加载金属（以 E690 高强钢板试样为例）薄板的过程进行数值建模，研究不同时刻应力波的位置状态和传播规律，探究激光冲击参数对金属薄板表面残余应力分布的影响，由 X 射线衍射应力分析仪检测残余应力值，对模拟结果进行验证，研究激光工艺参数对两种材料表面残余应力分布影响的异同，实现模型修正和激光工艺参数优化，其研究思路如图 4.1 所示。

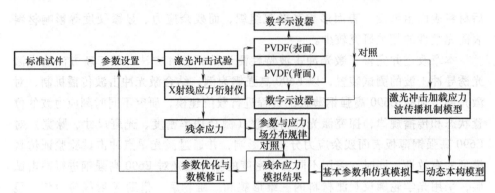

图 4.1　激光冲击波在材料中的传播机制研究思路

4.2.2　激光冲击波特性测试方法与装置

1. 冲击特性测试方法

表面动态应变检测装置（图 4.2a）由 SGR 系列光电调 Q 脉冲 Nd：YAG 固

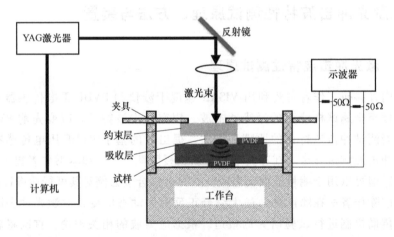

a) 表面动态应变检测装置

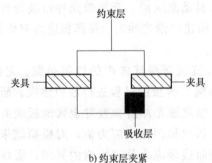

b) 约束层夹紧

图 4.2　激光冲击波诱导表面动态应变检测装置

体激光器（Beamtech 镭宝光电有限公司，加拿大）、DL9140 数字示波器（YOK-OGAWA 横河集团，日本）、光路系统、工控机、工作台及夹具组成。在试样背面对应光斑中心位置粘贴 PVDF 压电传感器（锦州科信电子材料有限公司，中国），PVDF 压电传感器尺寸为 $30\mu m \times 5mm \times 10mm$。工控机控制四轴联动的工作台，试样放置于工作台上由夹具固定夹紧；试样装夹过程如下：使用 $4mm \times 4mm \times 150\mu m$ 的黑胶带作为吸收层紧密贴合于试样表面，4mm 厚的 K9 玻璃作为约束层覆盖于黑胶带之上，夹具压紧 K9 玻璃；其中在试样正面，沿激光光斑径向且距光斑中心 2mm 处粘贴 PVDF 压电传感器。

2. 激光冲击装置

激光冲击设备采用 Gaia-R 系列高能量脉冲灯泵浦 YAG 激光器（图 4.3），其由激光器、控制单元和工作台三大系统组成。激光加载光斑直径选取 5mm，激光波长 1064nm，脉宽 10ns，加载 E690 高强钢脉冲激光能量分别选 3J、3.89J、5.43J、8J。由激光能量与功率密度的关系可知激光功率密度分别为 $1.53GW/cm^2$（3J）、$1.98GW/cm^2$（3.89J）、$2.77GW/cm^2$（5.43J）、$4.07GW/cm^2$（8J）。

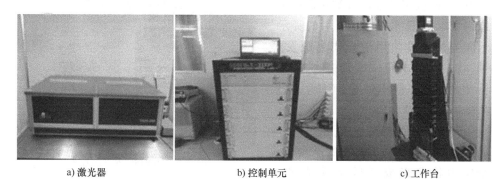

a) 激光器   b) 控制单元   c) 工作台

图 4.3 Gaia-R 系列高能量脉冲灯泵浦 YAG 激光器

3. PVDF 压电传感器

为测量激光冲击过程中由冲击波引起的表面动态应变，在试样表面粘贴一个 PVDF 压电传感器（图 4.4、图 4.5），PVDF 压电传感器（锦州科信电子材料有限公司），传感器具体尺寸为 $30\mu m \times 5mm \times 10mm$，主要性能指标见表 4.1。

表 4.1 PVDF 压电传感器主要性能指标

弹性模量 /GPa	声阻抗 /($10^5 g \cdot cm^{-2} \cdot s^{-1}$)	压电应变常数 /(pC/N)			使用温度 /℃	密度 /(kg/m³)	表面电阻 /Ω
		d_{31}	d_{32}	d_{33}			
2.5	2.5~3	17±1	5~6	21±1	40~80	1.78×10^3	≤3

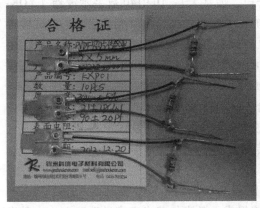 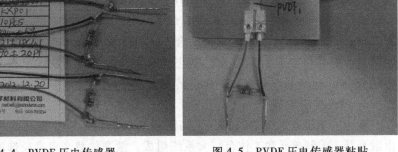

图 4.4　PVDF 压电传感器　　　　　图 4.5　PVDF 压电传感器粘贴

4. DL9140 数字示波器

PVDF 压电传感器的信号采集使用 DL9140 数字示波器（YOKOGAWA 横河集团，日本），如图 4.6 所示。示波器的触发使用激光作为触发信号，该信号由光电二极管接收，示波器参数如下：频率带宽 1GHz，最大采样率为 5GSA/s。

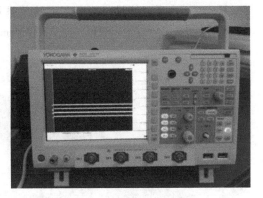

5. 残余应力检测设备

自 20 世纪 30 年代发展至今，残余应力检测形成了数十种测量方

图 4.6　DL9140 数字示波器

法[26]，应力状态与晶格应变、宏观应变具有一致性，利用 X 射线衍射技术测定晶格应变，依据弹性力学可计算出宏观应变，其测定理论基础是布拉格定律：

$$d\sin2\theta = n\lambda \tag{4-1}$$

式中，d 为晶面间距；2θ 为衍射角；n 为 X 射线数目；λ 为 X 射线波长。

对于式（4-1）中的变量 2θ 和 d，测定其中任意一个变量便可由布拉格方程推出另外一个变量。假设测试无织构、晶粒细小的多晶体，X 射线照射范围内有足够多的晶粒，且在空间存在呈均匀连续分布的晶面法线（$h\,k\,l$）。晶面法线 ON_0、ON_1、$\cdots$、ON_4 按照倾角值依次确定，对应晶面间距 d_0、d_1、$\cdots$、d_4 借助衍射对该组法线分别测定。根据布拉格定律、弹性理论可推出基于"$\sin^2\psi$ 法"的应力测定公式[27]：

$$\sigma = KM \tag{4-2}$$

$$M = \frac{\partial 2\theta}{\partial \sin^2\psi} \tag{4-3}$$

式中，σ 为应力值；K 为应力常数；2θ 为各 ψ 角的衍射角测量值；M 为 2θ 对 $\sin^2\psi$ 的变化斜率（图 4.7）。

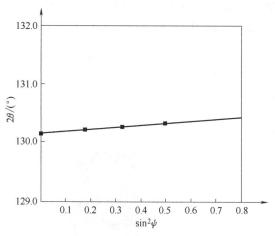

图 4.7　2θ-$\sin^2\psi$ 的变化斜率

由布拉格定律可知，晶面间距 d 随 ψ 的变化趋势和急缓程度用 M 表示；当 $\sin^2\psi$ 增大，2θ 也随之增大，而 d 却随之减小，为压应力。由此可知，选定若干个 ψ 角，测定它对应的衍射角 2θ，此为 X 射线测定残余应力的机理。利用 X 射线应力分析仪进行应力测量，5 个测点位于冲击光斑的同一条直径上，如图 4.8 所示，每个点在 0°、45° 以及 90° 三个方向各测 1 次。

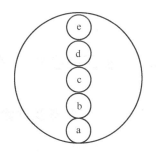

图 4.8　激光冲击区域测试点位置

应力是具有方向性的矢量，同一测点在 0°、45°、90° 三个方向的残余应力值各不相同，为研究激光冲击区域应力分布特性，该点任意方向上的力均可通过三个相互垂直的主平面的三个主应力来表示。由二向应力解析法和单元体应力应变模型，可得平面应力状态下主应力矢量的计算公式：

$$\tan 2\alpha = -\frac{(\sigma_0 + \sigma_{90} - 2\sigma_{45})}{\sigma_0 - \sigma_{90}} \tag{4-4}$$

$$\sigma_{\max} = 0.5\left[\sqrt{(\sigma_0 - \sigma_{90})^2 + (\sigma_0 + \sigma_{90} - 2\sigma_{45})^2} + \sigma_0 + \sigma_{90}\right] \tag{4-5}$$

$$\sigma_{\min} = 0.5\left[\sigma_0 + \sigma_{90} - \sqrt{(\sigma_0 - \sigma_{90})^2 + (\sigma_0 + \sigma_{90} - 2\sigma_{45})^2}\right] \tag{4-6}$$

式中，α 为主应力方向角；σ_0、σ_{45}、σ_{90} 分别为测试点 0°、45°、90° 方向上的残余应力值，$\sigma_{\max}$ 为最大主应力；$\sigma_{\min}$ 为最小主应力。

采用加拿大 Proto 公司的 XRD 应力分析仪测试 E690 高强钢试样表面的残余

应力，选用双探测器侧倾法和多次曝光技术进行自动三轴应力测试，探针步进位移 1mm。测试参数选择如下：管电压 30kV，管电流 25mA，光圈直径 1mm，材料选择铁素体钢，Cr 靶，晶面类型（211），布拉格角 156°，峰值定位选用 Gaussian 拟合，测试装置和采集的 XRD 衍射峰如图 4.9 所示。

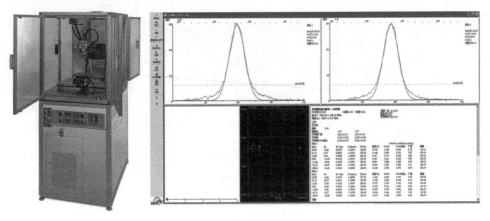

图 4.9　测试装置和采集的 XRD 衍射峰

4.3　表面完整性试验与测试

4.3.1　试样制备及试验设备

本试验所用材料为 E690 高强钢，采用线切割将块状 E690 高强钢切成尺寸为 50mm×50mm×5.5mm 试样，采用 240#～1200#防水砂纸按序研磨试样正反面，直至材料厚度达 5mm，最后利用无水乙醇冲洗并晾干。

4.3.2　激光冲击试验参数

材料的冲击改性过程中，为了获得较好的冲击效果，还须结合材料的特征属性对其所需能量进行计算。冯亚云、叶云霞等[28] 指出当冲击波压力峰值大于材料的动态屈服极限时，材料表面产生塑性变形。E690 高强钢的屈服强度为 690MPa，其动态屈服极限约为其屈服强度的 2～4 倍，其值约为 2.07GPa。激光冲击加载下冲击波压力峰值可根据 Fabbro 公式计算得出[29]：

$$p_{\max} = 0.01\sqrt{\frac{\alpha}{3+2\alpha}}\sqrt{I_0 Z} \tag{4-7}$$

$$\frac{2}{Z} = \frac{1}{Z_{\text{steel}}} + \frac{1}{Z_{\text{water}}} \tag{4-8}$$

$$I_0 = \frac{4\gamma E}{\pi \tau d^2} \tag{4-9}$$

式中，$p_{\max}$ 代表冲击波峰值压力；α 为内能至热能的转化系数，取值为 0.2；I_0 为激光功率密度；Z 为复合声阻抗；Z_{steel}、Z_{water} 分别为 E690 高强钢和水的声阻抗，其值分别约为 $4.082 \times 10^6 \mathrm{g/(cm^2 \cdot s)}$、$0.165 \times 10^6 \mathrm{g/(cm^2 \cdot s)}$；$\gamma$ 为激光吸收率，取值为 0.8；E 为激光能量；τ 为脉冲时间；d 为光斑直径。

本次吸收层选取 25mm×25mm×0.15mm 的铝箔，并于试验开始前粘贴在试样中心区域，约束层选取 2mm 厚的去离子水。激光束波长 1064nm，脉冲时间 10ns，光斑直径 5mm，能量分别设定为 3J、4J、6J、8J、10J，经能量校准器核对后实际输入能量大小为 3J、3.89J、5.43J、8J、10J，对应的功率密度分别为 $1.53\mathrm{GW/cm^2}$、$1.98\mathrm{GW/cm^2}$、$2.77\mathrm{GW/cm^2}$、$4.07\mathrm{GW/cm^2}$、$5.09\mathrm{GW/cm^2}$，采用单次冲击。此外，由于冲击波压力在空间上呈现高斯分布，会导致冲击区域不均匀变形；为提升冲击效果，设置横、纵向搭接率均为 70%，具体激光作用区域为靶材中心 20mm×20mm 的正方形区域，其位置及激光移动路径示意图如图 4.10 所示。试验结束后，撕去铝箔并用乙醇清洗试样，待风干后密封保存。

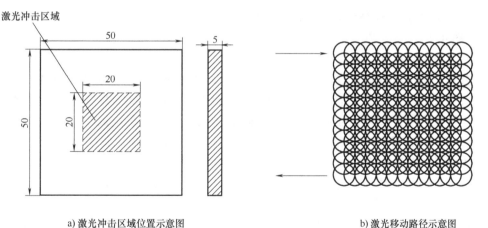

a) 激光冲击区域位置示意图　　　　　　　　　　　　b) 激光移动路径示意图

图 4.10　激光冲击区域位置及激光移动路径示意图

4.3.3　表面完整性测试

本节通过德国 NanoFocus usurf 非接触型光学轮廓仪对激光加载后 E690 高强钢试样的三维形貌、二维轮廓进行测量表征，试验装置如图 4.11 所示。该装置采用多孔共聚焦技术并结合 CCD 的影像摄取可在几秒之内获取材料表面 3D 形貌、2D 轮廓（纵深、角度、曲率）等数据，且其测量时不会和材料表面直接接触，属于典型的非接触型检测方式。该装置主要技术指标如下：

1）LED 光源：$\lambda = 505$nm，MTBF：50000h。

2）测量时间：5~10s。

3）X/Y 方向，平台移动范围：50mm×50mm，分辨力：0.3μm。

4）Z 方向测量范围：250μm，分辨力：2nm。

5）物镜：5×、20×、50×、100×（可选）。

图 4.11　NanoFocus usurf 非接触型光学轮廓仪

采用芬兰 STRESSTECH OY 公司的 Xstress 3000 G2R 型 X 射线应力分析仪（图 4.12）测定 E690 高强钢冲击前后的表层残余主应力，且每个试样测试 5 个点，每个点在 0°、45°、90°方向上各测一次，仪器测试软件集成主应力的计算公式，直接可得测量点的残余主应力值。试验开始前，用无水乙醇清洗试样，待空气中风干后置于应力分析仪内部工作台上。具体测试参数设置如下：材料选用铁素体，Cr 靶，准直管直径为 1mm，管电压 30kV，管电流 6.7mA，布拉格角 156.4°，曝光时间 15s，晶面类型（211）。测量方法采用侧倾固定 ψ 法，并用交叉相关法定峰。

采用北京时代之峰科技有限公司的 TMVS-1 型数显显微维氏硬度计测量 E690 高强钢试样冲击前后的表层硬度，仪器实物图如图 4.13 所示。该硬度计测量原理：施加一定大小的载荷，测量正四棱锥的压痕面积间接计算材料硬度大小。具体计算公式如下：

$$HV = \frac{2P\sin\dfrac{\theta}{2}}{L^2} = 1.8544\frac{P}{L^2} \tag{4-10}$$

式中，P 为施加的载荷；θ 为压头相邻两面之间的夹角；L 为压痕的对角线长度均值。

测试方法：试验开始前，通过线切割装置在 E690 高强钢冲击区域割取尺寸大小为 5mm×5mm×5mm 的试样，并通过细砂纸对冲击表面进行简单研磨，随后利用乙醇清洗试样待空气中自然风干后进行硬度测试。测试时在冲击表面每隔

0.5mm 选取一点，每点测试 3 次取平均值，共测 5 个点；选点时应注意避免试样四周切割硬化区域。测试加载载荷设置为 0.981N，加载时间 15s。

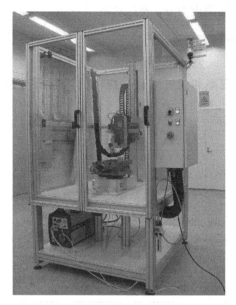

图 4.12　X 射线应力分析仪

图 4.13　TMVS-1 型数显显微维氏硬度计

4.4　数值建模

4.4.1　建立几何模型

为保证计算精度与质量，同时减少计算时间，在 ANSYS/LSDYNA 软件中建立 25mm×25mm×1.5mm 的 1/4 三维有限元模型。由于深度方向残余应力的变化幅度较大，为了更准确地研究冲击波在试样中的传播规律，深度方向上网格尺寸设置为 0.03mm，冲击区域表面网格尺寸设置为 0.05mm，其余网格尺寸统一为 0.1mm；网格数量约为 110 万，网格单元类型为 C3D8R。模型中间两对称面施加对称约束，底面采用全约束；同时在冲击区域表面径向方向设置路径，每间隔 10ns 提取一次激光冲击过程中冲击波的传递数据[30-33]。

4.4.2　材料的本构模型

为保障激光冲击强化数值模拟准确可靠，材料本构模型合理选用是关键因素。试样材料微观组织结构与温度、应变、应变率及流动应力之间的函数关系，构成了试样材料动态弹塑性的本构模型[34]。Johnson-Cook 模型对金属材料的屈服强度与加工硬化效应、应变率效应、温度软化等因素之间相关性进行了较好的描述，广泛应用于工程领域，其模型形式简单且使用方便。

基于 Johnson-Cook 模型，则 VonMises 屈服应力 σ_Y 表达式是[35]：

$$\sigma_Y = (A + B\overline{\varepsilon}^n)(1 + C\ln\overline{\varepsilon}^*)[1 - (T^*)^m] \tag{4-11}$$

式中，$\overline{\varepsilon}$ 为等效塑性应变；T^* 为相关温度；m 为温度常数。

在 Johnson-Cook 模型中假设应变、应变率和温度对流动应力的影响相对独立，其热效应在激光冲击加载试样过程中可忽略；若激光冲击强化所采用的激光功率密度为中等大小，激光诱导的温度效应同样也可忽略。根据上述假设可将 Johnson-Cook 模型简化为[36]：

$$\sigma_Y = (A + B\overline{\varepsilon}^n)(1 + C\ln\overline{\varepsilon}^*) \tag{4-12}$$

式中，σ 为流动应力；A 为初始屈服强度；B 为应变硬化系数；n 为应变硬化指数；C 为应变硬化因子；$\overline{\varepsilon}^*$ 表示无量纲塑性应变率。

E690 高强钢的力学性能参数和 J-C 模型所涉及的参数见表 4.2，其中 ρ 为密度，E 为弹性模量，ν 为泊松比。

表 4.2　E690 高强钢的力学性能参数和 J-C 模型所涉及的参数

$\rho/(\text{kg/m}^3)$	E/GPa	ν	A/MPa	B/MPa	n	C
7850	210	0.3	739	510	0.3	0.0147

4.4.3　冲击压力设置

当冲击波压力大于 Hugoniot 弹性极限 σ_{HEL} 时材料表面才会发生动态响应，E690 高强钢的 Hugoniot 弹性极限 σ_{HEL} 计算公式为：

$$\sigma_{HEL} = \left(\frac{K}{2G} + \frac{2}{3}\right)\sigma_0 \tag{4-13}$$

$$K = \lambda + \frac{2}{3}\mu = \frac{E}{3(1-2\nu)} \tag{4-14}$$

$$G = \mu = \frac{E}{2(1+\nu)} \tag{4-15}$$

式中，K 为体积模量；G 为剪切模量；σ_0 为屈服强度；ν 为泊松比；λ 和 μ 为拉曼常数。

根据式（4-14）和式（4-15）可得 $K = 175\text{GPa}$，$G = 91\text{GPa}$。式（4-13）中 $\sigma_0 = 690\text{MPa}$，计算获得 Hugoniot 弹性极限 $\sigma_{HEL} = 1123\text{MPa}$。采用 Fabbro 推导的激光冲击波峰值压力经验公式，式中内能转化系数 α 取 0.2，Z 为基体和约束层的折合声阻抗，取 $0.455 \times 10^6 \text{ g} \cdot \text{cm}^{-2} \cdot \text{s}^{-1}$，$I_0$ 为激光功率密度（GW/cm^2），P

为冲击波峰值压力。考虑激光冲击与材料相互作用机理，将分析步设为动态冲击分析和静态回弹分析。其中，动态分析步时间设置为 4000ns，远大于冲击波加载时间。激光诱导的冲击波作用时间大约为脉宽的 2~3 倍[37]，激光脉宽为 10ns，模拟设定冲击波作用时间为 30ns，激光冲击波加载的压力曲线如图 4.14 所示。

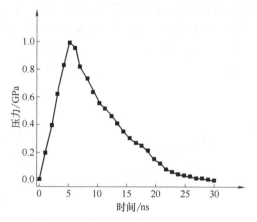

图 4.14　激光冲击波加载的压力曲线

4.5　激光单点冲击应力波传播仿真模型试验验证

激光冲击波的纵波在 E690 高强钢试样内的传播，如图 4.15 所示。当 $t = 21.1ns$ 时，材料表面受到冲击波的加载，冲击波纵波开始从材料表面向材料底面传播；当 $t = 322.3ns$ 时，冲击波纵波传播到材料底面，并在材料底面发生透射。由时间差和板厚可获得激光冲击波的纵波在 E690 高强钢中的传播速度为 $3.34 \times 10^3 \, m/s$。

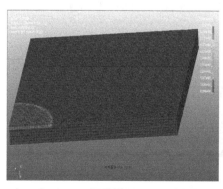

a) $t = 21.1ns$　　　　　　　　　　　b) $t = 322.3ns$

图 4.15　纵波在 E690 高强钢试样内的传播

当脉冲激光加载于试样表面时，先后产生了垂直于表面纵向振动的冲击波和与表面平行伸缩振动的表面 Rayleigh 波。表面 Rayleigh 波在 E690 高强钢试样表面的传播如图 4.16 所示，该表面应力波在光斑边缘处产生，沿着光斑径向传播，为表面 Rayleigh 波。为计算表面 Rayleigh 波的传播速度，在该波传播过程中选择任意两个时间点；当 $t = 751.4$ns 时可观察到向光斑外侧传播的表面 Rayleigh 波，在传播的过程中该应力波逐渐衰减；当 $t = 1130.7$ns 时表面 Rayleigh 波衰减接近于 0。在 751.4ns 与 1130.7ns 之间，表面 Rayleigh 波的波阵面向外侧传播了 1.25mm（0.125×10mm = 1.25mm），由此可推知表面 Rayleigh 波的传播速度为 3.30×10^3m/s。

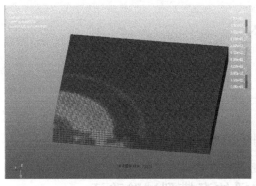 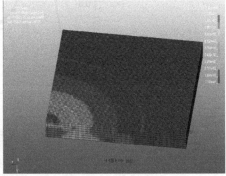

a) $t = 751.4$ns　　　　　　　　　　　　　　b) $t = 1130.7$ns

图 4.16　表面 Rayleigh 波在 E690 高强钢试样表面的传播

使用 PVDF 压电传感器测量试样表面和背面的动态应变，功率密度为 2.77GW/cm^2 时激光冲击加载 E690 高强钢的动态应变的压电波形 $V(\varepsilon, t)$ 反映了激光冲击诱导的纵向冲击波和纵向冲击波激发的表面波，如图 4.17 所示。由图 4.17 可以计算得出压缩波的传播速度为 3.73×10^3m/s，与仿真模拟计算的值 3.3×10^3m/s 近似，进一步证明该波为表面 Rayleigh 波。由此可推知模拟建立的仿真模型准确可靠。

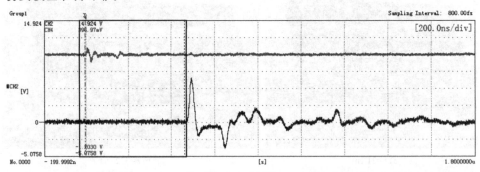

图 4.17　功率密度为 2.77GW/cm^2 时激光冲击加载 E690 高强钢的动态应变的压电波形

4.6　激光冲击 E690 高强钢残余应力形成机制

4.6.1　E690 高强钢残余应力双轴分布特性分析

对模型侧面与底面施加无反射边界条件，即忽视表面稀疏波在光斑中心的汇聚和纵波在薄板试样中来回反射对表面残余应力场的影响，激光冲击波在薄板内多次反射与叠加，在复杂的相互作用后材料表面产生稳定的残余应力场。当 t = 5000ns 时，在不同功率密度的激光加载下，E690 高强钢薄板的 Von Mises 等效应力云图如图 4.18 所示。不同功率密度激光作用下试样表面的残余应力分布模拟结果如图 4.19 所示。

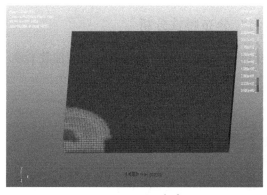 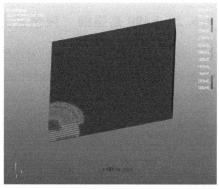

a) 1.53GW/cm² 　　　　　　　　　　　　　　　　b) 2.77GW/cm²

图 4.18　t = 5000ns 时，在不同功率密度的激光加载下，
E690 高强钢薄板的 Von Mises 等效应云图

当激光的功率密度为 1.53GW/cm² 时，激光冲击的峰值压力为 1.89GPa，为 E690 高强钢 HEL 弹性极限的 1.57 倍。此时光斑中心具有最大的残余压应力值-353MPa，残余应力场整体呈双轴压应力分布。由于等离子体的快速膨胀，会先在光斑轴向产生一个纯粹的单轴应力，在光斑径向产生一个拉应力，此后随着脉冲激光的不断卸载，激光冲击区域发生的塑性应变在周围金属材料的限制下，会使光斑平面内的残余应力场呈双轴压应力分布[38]。

由图 4.19 可知，随着激光功率密度的增加，激光加载区域的残余压应力随之增大，但其压应力均呈双轴分布，即当激光冲击加载时，若不存在表面稀疏波向中间汇聚以及纵波在试样内来回反射，激光加载区域内残余应力仍将呈双轴分布。

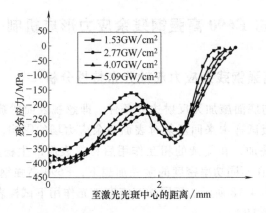

图 4.19　不同功率密度激光作用下试样表面残余应力分布模拟结果

4.6.2　E690 高强钢 "残余应力洞" 分布特性分析

在定义反射边界条件后，对功率密度为 1.98GW/cm^2 的激光冲击波加载 E690 高强钢试样进行模拟，获得试样表面径向残余应力分布，如图 4.20 所示。由图 4.20 可知，在距光斑中心 0.3mm 的范围内出现了残余压应力的剧变区域，残余压应力由光斑中心的 11.7MPa 迅速增大至 0.3mm 处的 202.4MPa。残余压应力最大值为 370.9MPa，出现在距光斑中心 2.5mm 位置，光斑中心并不是残余压应力的最大值处，试样表面产生 "残余应力洞" 现象。

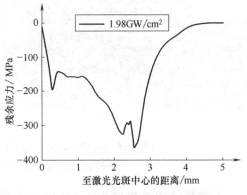

图 4.20　试样表面径向残余应力分布

1. 激光功率密度对 "残余应力洞" 的影响

图 4.21 所示为不同峰值压力下，E690 高强钢的表面残余应力分布。由图 4.21 可知，随着冲击波峰值压力的增大，试样表面的残余压应力不断增加，残余应力曲线整体向下偏移，但偏移幅度较小。在激光冲击波峰值压力为 1953MPa（1.98GW/cm^2）、2307MPa（2.77GW/cm^2）、2800MPa（4.07GW/cm^2）时，光斑中心的残余压应力值分别为 10.6MPa、11.7MPa、88.4MPa，残余压应力最大值分别为 343.3MPa、371.0MPa、394.7MPa，各自残余应力差值为 332.7MPa、359.3MPa、306.3MPa。这表明最初随着峰值压力的增大，加剧了 "残余应力洞" 现象，但随着功率密度进一步增大，其差值开始减小，这是因为随着冲击波峰值

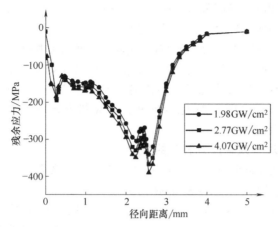

图 4.21　不同峰值压力下，E690 高强钢的表面残余应力分布

压力的增大，光斑边界处产生稀疏波的强度随之增加，稀疏波在光斑中心的汇聚引起更大的反向塑性变形，加剧了"残余应力洞"现象。随着激光加载功率密度的增大，试样内部的残余压应力随之增大，塑性变形层随之增加，稀疏波对表面残余应力分布的影响随之减小。

综上所述，当冲击波峰值压力未超过大的塑性变形阈值时，增加功率密度可加剧"残余应力洞"现象；当冲击波峰值压力大于塑性变形阈值时，增加功率密度可抑制"残余应力洞"现象。

2. 激光光斑大小对"残余应力洞"的影响

图 4.22 所示为不同光斑大小下表面残余应力分布。由图 4.22 可知，在相同的冲击压力下，随着光斑直径的不断增加，残余压应力值不断减小，"残余应力洞"现象逐渐弱化。在光斑分别为 3mm、4mm、5mm 时，光斑中心的残余压应

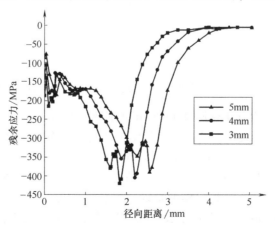

图 4.22　不同光斑大小下表面残余应力分布

力值分别为 189.2MPa、135.7MPa、88.4MPa，残余压应力最大值分别为 427.5MPa、408.0MPa、394.7MPa，各自残余应力差值为 238.3MPa、272.3MPa、306.3MPa。这说明增大圆形光斑的直径，加剧了 E690 高强钢表面"残余应力洞"现象。

大光斑会以平面波的形式传递应力波，而小光斑则是以近似球面波的形式传递应力波，虽然稀疏波从光斑边界传播至光斑中心的行程增加，但平面波传播时能量衰减较慢。由图 4.22 综合判断，增大圆形光斑的直径，加剧了 E690 高强钢表面"残余应力洞"现象。

3. 激光脉宽对"残余应力洞"的影响

图 4.23 所示为不同脉宽条件下 E690 高强钢表面残余应力分布曲线。由图 4.23 可知随着光斑脉宽的增加，试样表面的残余压应力值逐渐增加，分布曲线逐渐下移。在脉宽分别为 10ns、20ns、30ns 时，光斑中心的残余应力值分别为 88.4MPa、103.9MPa、139.9MPa，残余压应力最大值分别为 394.7MPa、406.2MPa、418.2MPa，各自残余应力差值分别为 306.3MPa、302.3MPa、309.3MPa。虽然随着激光脉宽的增加，约束层下气化物的扩散逐渐加大，提高激光压力幅值并延长冲击波对工件的作用时间[33]，产生强度更大的表面稀疏波，但从模拟结果反映 E690 高强钢表面发生"残余应力洞"现象对脉宽的变化不敏感，但采用较大的脉宽获得强化效果好于小脉宽。

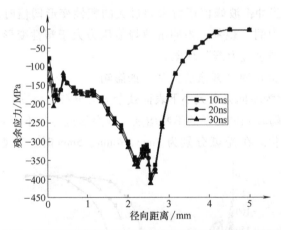

图 4.23　不同脉宽条件下 E690 高强钢表面残余应力分布曲线

采用 X 射线应力分析仪测试 E690 高强钢激光冲击区域同一直径上的 5 个测点在 3 个不同方向的表面应力，与模拟结果进行对比分析，如图 4.24 所示。当激光功率密度为 1.98GW/cm^2 时，模拟结果与试验结果存在一定的误差。这是因为建立的材料模型是各向同性的理想情况，而试样材料不可能是各向同性的介质；同时，模拟建立的数学模型是以一维应力波为基础，而波在传递过程中存在不显著的侧向传播和几何弥散效应。当激光功率密度提高至 2.77GW/cm^2 时，模拟结果与试验结果具有较好的一致性，这是因为在实际的激光加载过程中，在试样内部形成轴向传播的纵向压缩波时，冲击波的边界效应使光斑边界处产生较大的剪切变形，由剪切变形导致的剪切波在向材料内部传播时逐渐衰减，同时激光加载光斑边界成为稀疏波的波源。稀疏波在光斑边界向四周传播，其中一部分向中心汇聚，另一部分向外传播。随着激光能量的增加，稀疏波的能量也随之增加，不显著的侧向传播和几何弥散效应可以忽略。当激光功率密度进一步提高至 $4.07\mathrm{GW/cm^2}$ 时，冲击区域位错密度与硬度随之提高，光斑近表面区域塑性变形、位错密度与硬度进一步加剧，材料属性带来的误差进一步增大，模拟与试验的规律性误差来自于材料属性误差的累积[39-41]。

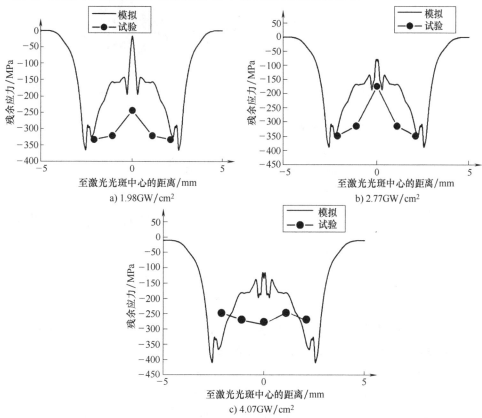

图 4.24　E690 高强钢表面主应力的模拟与试验结果对比

4.7　激光冲击 E690 高强钢表面完整性分析

4.7.1　冲击前后 E690 高强钢表面三维形貌与二维轮廓变化

图 4.25 所示为 E690 高强钢原始试样和经不同功率密度加载后的试样的

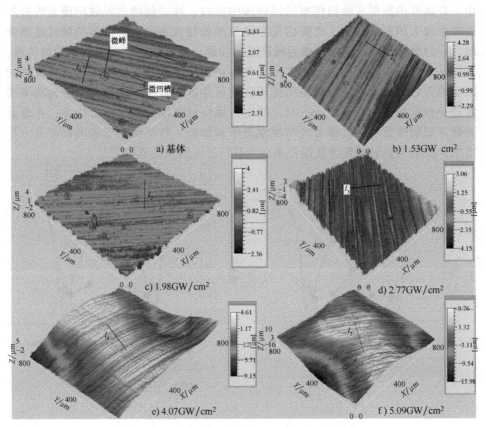

图 4.25　E690 高强钢原始试样和经不同功率密度
加载后的试样的表面三维形貌测量结果

表面三维形貌测量结果，具体的观察位置是试样上表面中心 $798\mu m\times798\mu m$ 区域。观察图 4.25a 可知，未经激光加载的 E690 高强钢基体表面较为平坦，但是存有众多平行排列的长条状微凹槽，此外基体表面还离散分布着一些微凸起的小山峰，微凹槽以及小山峰的出现是由于打磨过程中砂纸上的 SiC 颗粒对试样起到微犁耕作用以及打磨的局部不均匀导致[42]。图 4.25b~d 分别是功率密度 $1.53GW/cm^2$、$1.98GW/cm^2$、$2.77GW/cm^2$ 下 E690 高强钢试样的表面形貌，可见试样表面的微凹槽依旧存在但微小山峰逐渐消失，此时试样表面相对而言较为平整。当功率密度上升至 $4.07GW/cm^2$、$5.09GW/cm^2$ 时，观察图 4.25e~f 可知，试样表面微凹槽也基本消失但表面起伏较大，塑性变形效果明显。由图还可知，同一光斑直径内材料表面也存有峰谷起伏，这是由于激光能量呈高斯分布导致光斑中心能量大于边缘区域所致。

为了进一步表征激光冲击处理对 E690 高强钢表面形貌的影响，沿图 4.25

中线段 l_0、l_1、l_2、l_3、l_4、l_5 对 E690 高强钢试样进行二维纵深形貌分析，试样表面二维纵深形貌变化如图 4.26 所示，取样长度均为 $300\mu m$，方向均垂直于 E690 高强钢表面条纹方向。

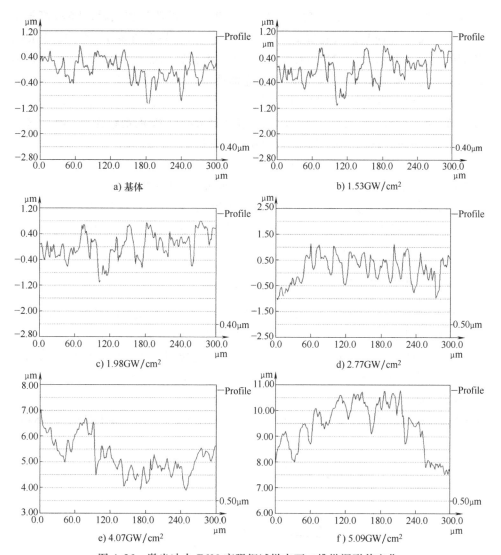

a) 基体　　b) 1.53GW/cm² 　　c) 1.98GW/cm²　　d) 2.77GW/cm²　　e) 4.07GW/cm²　　f) 5.09GW/cm²

图 4.26　激光冲击 E690 高强钢试样表面二维纵深形貌变化

按照轮廓的最大高度 Rz 对试样表面粗糙度进行评定，沿取样线段 l_0 方向 E690 高强钢基体试样表面最大轮廓峰高 Rp 为 $0.758\mu m$，最大轮廓谷深 Rv 为 $-1.056\mu m$，轮廓的最大高度 Rz 为 $1.814\mu m$；经功率密度 $1.53GW/cm^2$ 的激光加载后，E690 钢试样沿取样线段 l_1 方向其最大轮廓峰高 Rp 为 $0.805\mu m$，最大轮廓谷深 Rv 为 $-1.292\mu m$，轮廓的最大高度 Rz 为 $2.097\mu m$，与基体试样相比轮

廓的最大高度 Rz 的增幅为 15.6%；经功率密度 1.98GW/cm^2 的激光加载后，
E690 高强钢试样沿线段 l_2 方向其最大轮廓峰高 Rp 为 $-1.069\mu m$，最大轮廓谷深
Rv 为 $-1.037\mu m$，轮廓的最大高度 Rz 为 $2.106\mu m$，与基体试样相比轮廓的最大
高度 Rz 的增幅为 16.1%；经功率密度 2.77GW/cm^2 的激光加载后，E690 高强钢
试样沿线段 l_3 方向其最大轮廓 Rp 为 $1.148\mu m$，最大轮廓谷深 Rv 为 $-1.069\mu m$，
轮廓的最大高度 Rz 为 $2.217\mu m$，与基体试样相比轮廓的最大高度 Rz 的增幅为
22.2%；经功率密度 4.07GW/cm^2 的激光加载后，E690 高强钢试样沿线段 l_4 方
向其最大轮廓峰高 Rp 为 $7.022\mu m$，最大轮廓谷深 Rv 为 $3.897\mu m$，轮廓的最大
高度 Rz 为 $3.125\mu m$，与基体试样相比轮廓的最大高度 Rz 的增幅为 72.3%；经功
率密度 5.09GW/cm^2 的激光加载后，E690 高强钢试样沿线段 l_5 方向其最大轮廓
峰高 Rp 为 $10.772\mu m$，最大轮廓谷深 Rv 为 $7.525\mu m$，轮廓的最大高度 Rz 为
$3.246\mu m$，与基体试样相比，轮廓的最大高度 Rz 的增幅为 79.0%。

结果对比分析可知，经激光加工后的 E690 试样表面轮廓的最大高度 Rz 增
大且激光能量越大，试样表面轮廓的最大高度 Rz 越大，即激光冲击处理后试样
的表面粗糙度不断增大。

4.7.2 冲击前后 E690 高强钢表层残余应力变化

激光冲击前后 E690 高强钢的表层残余主应力，将其测量结果导入 Origin 软
件当中绘制成曲线图，冲击前后表层残余应力变化如图 4.27 所示。观察图 4.27
可得，未经激光冲击（Non-LSP）处理的 E690 高强钢基体试样表层存在残余压
应力，但是压应力分布不均匀，其平均值为 122MPa；分别经 1.53GW/cm^2、
1.98GW/cm^2、2.77GW/cm^2、4.07GW/cm^2 和 5.09GW/cm^2 功率密度激光冲击后，
E690 高强钢表层残余压应力均值分别为-160MPa、-192MPa、-241MPa、-278MPa

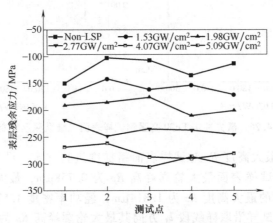

图 4.27 E690 高强钢冲击前后表层残余应力变化

和 -296MPa。由此可看出，激光冲击强化处理使 E690 高强钢表层残余压应力不断提升，且激光功率密度越大，其表层残余压应力数值越大。此外，当功率密度较大时，E690 高强钢表层残余应力分布均匀性有所提高，与强激光加载下材料表层生成众多细小且分布均匀的晶粒有关[43]。E690 高强钢表层残余压应力的提升，会减缓其表面裂纹产生与扩展的速度，延长其使用寿命。

4.7.3　冲击前后 E690 高强钢表层显微硬度变化

激光冲击前后 E690 高强钢的表层显微硬度如图 4.28 所示。由图 4.28 可知，未经激光冲击处理（Non-LSP）的 E690 高强钢基体试样表层硬度波动较大，其平均值为 277HV0.1；经 1.53GW/cm² 激光冲击作用后，E690 高强钢表层显微硬度均值增长到 292HV0.1，较基体硬度增幅为 5.4%；当功率密度增长至 1.98GW/cm² 时，E690 高强钢表层显微硬度均值增长到 300HV0.1，较基体硬度增幅达 8.2%；随着功率密度增长至 2.77GW/cm² 时，E690 高强钢表层显微硬度均值增长到 316HV0.1，较基体硬度增幅为 14.1%；当功率密度为 4.07GW/cm² 时，E690 高强钢表层显微硬度均值增长到 334HV0.1，较基体硬度增幅达 20.9%；当功率密度为 5.09GW/cm² 时，E690 高强钢表层显微硬度均值增长到 355 HV0.1，较基体硬度增幅为 28.4%。可见，经不同功率密度的激光加载后，E690 高强钢表层显微硬度均有不同程度的增长，且功率密度越高，材料表层显微硬度越大。根据 Hall-Petch 公式[43]

$$HV = HV_0 + K_{HV}d^{-1/2} \tag{4-16}$$

式中，HV 代表材料硬度；HV_0 代表材料基体硬度；K_{HV} 为常数；d 代表晶粒大小。

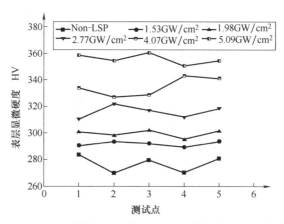

图 4.28　E690 高强钢冲击前后 E690 高强钢的表层显微硬度

由式（4-16）可知，在一定范围内，材料内部晶粒越小，其表层硬度越大。

在强激光作用下，E690 高强钢表层晶粒不断细化，导致显微硬度的增加。同时，强激光加载下 E690 高强钢表层显微硬度变化和残余应力变化趋势相似。

综上所述，经不同功率密度的激光冲击加载后 E690 高强钢表层残余压应力和显微硬度都得到了一定的提升，GW/cm^2 量级的高能激光束辐照在 E690 高强钢表层，其表面粘贴的铝箔在几十纳秒内吸收了大部分的激光能量产生剧烈等离子化并在约束层的约束下形成高压冲击波，GPa 量级的冲击波压力远大于 E690 高强钢的动态屈服极限，故作用在表面的冲击波会使试样表层加载区域产生明显塑性变形，从而 E690 高强钢的综合力学性能得以快速提升。

4.8 本章小结

1）利用 ANSYS/LSDYNA 构建了激光冲击加载 E690 高强钢薄板模型，模拟了脉冲激光诱导应力波的传播和 E690 高强钢薄板试样的残余应力场分布，通过残余应力测试和表面动态应变验证了仿真模型的准确性和可靠性。

2）改进并完善了激光冲击波特性测试的原理和方法，在测试设备中加入表面动态应变测试装置，可以用于激光冲击波在材料中传播机制的试验研究。当激光加载功率密度为 $1.98GW/cm^2$ 和 $2.77GW/cm^2$ 时，模拟与试验所得残余应力场均出现残余应力洞现象；当激光功率密度为 $4.07GW/cm^2$ 时，最大残余主应力分布均匀，主应力方向角分布变化较小。

3）激光冲击使 E690 高强钢表层发生明显塑性变形，其基体表面存有微凹槽、微山峰；经激光加载后，试样表面微山峰、微凹槽先后消失，但激光冲击也使试样表面峰谷起伏增大，其基体高低差为 $1.814\mu m$，而经功率密度 $5.09GW/cm^2$ 的激光加载后高低差上升至 $3.246\mu m$，表明激光冲击增大了材料表面粗糙度。

4）经激光加载材料表层残余应力增大，且功率密度越大，材料表层残余应力越大；当功率密度为 $5.09GW/cm^2$ 时，其表层残余应力值为 $-296MPa$。此外，当功率密度较大时，E690 高强钢表层残余应力分布均匀性有所提升。激光冲击处理也使 E690 高强钢表层显微硬度得到提升，且其变化规律与残余应力变化趋势相似；E690 高强钢基体硬度为 277HV，当功率密度增加至 $5.09GW/cm^2$ 时，材料表层硬度最大，达到 355.6HV，较 E690 高强钢基体硬度增长了 28.4%。

参考文献

[1] PEYRE P，BERTHE L，FABBRO R，et al. Experimental determination by PVDF and EMV techniques of shock-amplitudes induced by 0.6-3ns laser pulses in a confined regime with water

[J]. Journal of Physics (D Applied Physics), 2000, 33 (5): 498-503.

[2] MORALES M, PORRO J A, BLASCO M, et al. Numerical simulation of plasma dynamics in laser shock processing experiments [J]. Applied Surface Science, 2008, 255 (10): 5181-5185.

[3] 吴边, 王声波, 郭大浩, 等. 强激光冲击铝合金改性处理研究 [J]. 光学学报, 2005, 25 (10): 1352-1356.

[4] 于水生, 姚红兵, 王飞, 等. 作用参数对镁合金中强激光诱导冲击波的影响 [J]. 中国激光, 2010, 37 (5): 1386-1390.

[5] 张永康, 于水生, 姚红兵, 等. 强脉冲激光在 AZ31B 镁合金中诱导冲击波的实验研究 [J]. 物理学报, 2010, 59 (8): 5602-5605.

[6] CLAUER A H, LAHRMAN D F. Laser shock processing as a surface enhancement process [J]. Key Engineering Materials, 2001, 419 (197): 121-144.

[7] MONTROSS C S, WEI T, YE L, et al. Laser shock processing and its effects on microstructure and properties of metal alloys: a review [J]. International Journal of Fatigue, 2002, 24 (10): 1021-1036.

[8] OCANA J L, MORALES M, MOLPECERES C, et al. Numerical simulation of surface deformation and residual stresses fields in laser shock processing experiments [J]. Applied Surface Science, 2004, 238 (1-4): 242-248.

[9] DING K, YE L. Laser shock peening: Performance and process simulation [M]. Cambridge: Woodhead Pub., 2006.

[10] 王飞, 姚振强. 激光冲击强化的数值模拟研究 [J]. 应用激光, 2005, 25 (5): 309-312.

[11] 彭薇薇, 凌祥. 激光冲击残余应力场的有限元分析 [J]. 航空材料学报, 2006, 26 (6): 30-37.

[12] 张兴权, 张永康, 顾永玉, 等. 激光喷丸诱导的残余应力的有限元分析 [J]. 塑性工程学报, 2008, 15 (4): 188-193.

[13] 张永康, 高立. 钛合金板料激光冲击变形的数值模拟和实验 [J]. 中国机械工程, 2006 (17): 1813-1817.

[14] 张志芳. 海洋平台用钢的研发生产现状与发展趋势 [J]. 城市建设理论研究, 2015 (23): 4697-4698.

[15] 汪军, 李民, 汪静雪, 等. 激光冲击强化对 304 不锈钢疲劳寿命的影响 [J]. 中国激光, 2019, 46 (1): 100-107.

[16] 葛良辰, 曹宇鹏, 花国然, 等. 表面曲率对激光冲击曲面材料表面残余应力场分布的影响 [J]. 表面技术, 2020, 49 (4): 284-291.

[17] 王帅, 杨阳, 花国然, 等. 激光冲击 E690 高强钢表面应变预测模型的建立 [J]. 金属热处理, 2020, 45 (10): 225-230.

[18] 曹宇鹏, 葛良辰, 冯爱新, 等. 冲击波传播方式对激光冲击 7050 铝合金残余应力分布的影响 [J]. 表面技术, 2019, 48 (6): 195-202; 220.

[19] ROZMUS-GÓRNIKOWSKA M, KUSIŃSKI J, BLICHARSKI M. Laser shock processing of

an austenitic stainless steel [J]. Archives of Metallurgy and Materials, 2010, 55（3）：635-640.

[20] 王峰，左慧，赵雳，等. 激光冲击强化铜的表面质量和性能 [J]. 激光与光电子学进展，2017，54（4）：268-274.

[21] 冯爱新，聂贵锋，薛伟，等. 2024 铝合金薄板激光冲击波加载的实验研究 [J]. 金属学报，2012，48（2）：205-210.

[22] 冯爱新，韩振春，聂贵锋，等. 激光冲击 2024 铝合金诱导动态应力应变实验研究 [J]. 振动与冲击，2013，32（14）：200-203.

[23] 冯爱新，印成，曹宇鹏，等. 激光诱导 AZ31B 镁合金薄板动态响应实验研究 [J]. 强激光与粒子束，2014，26（10）：301-304.

[24] 印成，冯爱新，曹宇鹏，等. 激光冲击波加载 AZ31B 镁合金薄板动静态响应实验研究 [J]. 应用激光，2014，34（6）：562-566.

[25] 冯爱新，施芬，韩振春，等. 激光诱导 2024 铝合金表面动态应变检测 [J]. 强激光与粒子，2013，25（4）：872-874.

[26] 于哲夫，赵颖华，陈怀宁，等. 冲击压痕测量残余应力的方法 [J]. 沈阳建筑工程学院学报（自然科学版），2001，17（3）：200-202.

[27] 冯爱新，施芬，孙淮阳，等. 激光冲击波对 5B05 铝合金表面应力状态的调整 [J]. 强激光与粒子束，2012，24（8）：1793-1796.

[28] 冯亚云，叶云霞，连祖娟，等. 激光冲击强化对铜表面质量影响的实验研究 [J]. 激光与光电子学进展，2015，52（10）：198-204.

[29] FABBRO R, POURNIER J, BALLARD P, et al. Physical study of laser-produced plasma in confined geometry [J]. Journal of Applied Physics, 1990, 68（2）：775-784.

[30] 章君，沈阳. 有限元模拟激光冲击波作用下薄膜零件的变形特性 [J]. 应用激光，2018，38（2）：295-300.

[31] 彭薇薇，凌祥. 激光冲击残余应力场的有限元分析 [J]. 航空材料学报，2006，26（6）：30-37.

[32] 吉维民，周建忠，杨超君，等. 板料激光冲击变形的实验和有限元数值模拟 [J]. 农业机械学报，2004（6）：171-174.

[33] 王文兵，陈东林，周留成. 激光冲击强化残余应力场的数值仿真分析 [J]. 塑性工程学报，2009，16（6）：127-130.

[34] 刘建生. 金属塑性加工有限元模拟技术与应用 [M]. 北京：冶金工业出版社，2003.

[35] JOHNSON G R, COOK W H. A constitutive model and data for metals subjected to large strains, high strain rates and high temperatures ed [C]//Proceedings of the 7th International Symposium on Ballistics. The Hague：Netherlands international Ballistics committee, 1983.

[36] 胡永祥. 激光冲击处理工艺过程数值建模与冲击效应研究 [D]. 上海：上海交通大学，2008.

[37] 于水生，姚红兵，王飞，等. 作用参数对镁合金中强激光诱导冲击波的影响 [J]. 中国激光，2010，37（5）：1386-1390.

[38] 杨建风，周建忠，冯爱新. 激光冲击强化区的残余应力测试分析 [J]. 应用激光，

2006，26（3）：157-159；162.

［39］　余天宇，戴峰泽，张永康，等. 平顶光束激光冲击 2024 铝合金诱导残余应力场的模拟
　　　　 与实验［J］. 中国激光，2012，39（10）：31-37.

［40］　朱然，张永康，孙桂芳，等. 三维平顶光束激光冲击 2024 铝合金的残余应力场数值模
　　　　 拟［J］. 中国激光，2017，44（8）：139-144.

［41］　卢轶，冯爱新，薛伟，等. 激光冲击调整 5B05 铝合金残余应力状态的模拟仿真［J］.
　　　　 应用激光，2013，33（3）：272-277.

［42］　段海峰，罗开玉，鲁金忠. 激光冲击强化 H62 黄铜摩擦磨损性能研究［J］. 光学学
　　　　 报，2018，38（10）：205-214.

［43］　鲁金忠，罗开玉，冯爱新，等. 激光单次冲击 LY2 铝合金微观强化机制研究［J］. 中
　　　　 国激光，2010，37（10）：2662-2666.

第5章 激光冲击 E690 高强钢薄板表面残余应力洞形成机制及影响因素权重分析

5.1 引言

随着世界海洋油气开发向深海和极地进军，E690 高强钢作为重要的海洋工程用钢，在海洋潮差的作用下极易发生腐蚀损伤甚至腐蚀疲劳断裂，将严重威胁海洋工程平台的安全[1-3]。部分 E690 高强钢服役于抬升系统重载环境，在此极端条件下极易发生摩擦、磨损与应力腐蚀，降低抬升机构的服役寿命[4-5]。

激光冲击强化（Laser Shock Processing，LSP）采用高能量的激光束，冲击金属表面的吸收层，利用冲击波的力学效应，使材料表面发生局部塑性变形并产生残余压应力，进而改善材料表面的性能[6-9]。与喷丸、低塑性滚光、表面合金化等传统强化手段相比，激光冲击喷丸能形成深度更深的残余压应力层，可达 1~2mm，是喷丸的 5~10 倍，并能使材料表层晶粒细化甚至出现纳米晶，可提高材料的耐蚀、抗疲劳性能[10-12]。目前，激光冲击强化多数采用光斑能量呈平顶分布的圆形平顶光[13-14]，激光冲击强化后的金属试样表面残余压应力分布并不均匀，光斑中心位置常产生残余应力洞现象。Peyre 等[15]试验研究了激光冲击 7075 铝合金后存在残余应力洞现象，由于研究条件限制没有说明具体原因。Jiang[16] 等通过数值模拟，研究了材料表面残余应力场，模拟结果表明，材料表面受冲击与材料弹性力作用产生振荡过程，冲击光斑边缘产生稀疏波的反向加载，引起反向塑性变形形成了残余应力洞现象。Nie 等[17] 通过 ABAQUS 有限元软件进行了单个圆形高斯光斑的激光冲击强化数值模拟，表明当稀疏波同时传播到光斑中心，发生相遇、汇聚，使材料产生急剧的上下位移，造成冲击波加载塑性变形后的二次塑性变形是产生残余应力洞的主要原因。Cao 等[18] 通过 PVDF 压电传感器测量了脉冲激光作用下 7050 铝合金表面的动态应变，建立了脉冲激光冲击波加载 7050 铝合金表面的动态应变模型。Sun 等[19] 采用有限元法预测激光冲击后残余应力分布，提出残余应力洞是反向塑性变形的结果。目前，国内外学者对于激光冲击材料表面产生残余应力洞原因的研究很多，但结合仿真与试验，从波传播的角度对激光冲击诱导产生的表面稀疏波和纵向冲击波对于残余应力洞的影响以及权重的研究尚鲜见报道。

本章采用 $1.53\mathrm{GW/cm}^2$、$1.98\mathrm{GW/cm}^2$、$2.77\mathrm{GW/cm}^2$、$4.07\mathrm{GW/cm}^2$ 共 4 种不同功率密度的激光束单点冲击 E690 高强钢试样,利用 ABAQUS 仿真软件对激光冲击 E690 高强钢试样过程数值模拟,采用 X 射线应力分析仪测量冲击后试样表面的残余应力分布,验证模型的可靠性;采用聚偏二氟乙烯(PVDF)压电传感器测量激光冲击过程中试样的动态应变,结合仿真结果,研究冲击波传播与衰减情况,以及冲击过程中材料的动态变形;通过 ABAQUS 模拟与试验结合的方式,研究 E690 高强钢激光冲击波加载后的残余应力场形成机制,为激光冲击 E690 高强钢表面压应力分布的定量调控提供理论依据与技术支持。

5.2 数值模拟

5.2.1 有限元模型

为保证计算精度与质量,同时减少计算时间,在 ABAQUS 软件中建立 $5\mathrm{mm}\times5\mathrm{mm}\times1.5\mathrm{mm}$ 的 1/4 三维有限元模型。由于深度方向残余应力的变化幅度较大,因此,为了更准确地研究冲击波在试样中的传播规律,深度方向上网格尺寸设置为 0.03mm,冲击区域表面网格尺寸设置为 0.05mm,其余网格尺寸统一为 0.07mm,网格数量约为 268650 个,网格单元类型为 C3D8R。模型中间两对称面施加对称约束,底面采用全约束。图 5.1 所示为三维轴对称有限元模型。同时在冲击区域表面径向方向设置路径,每间隔 10ns 提取一次激光冲击过程中冲击波的传递数据。

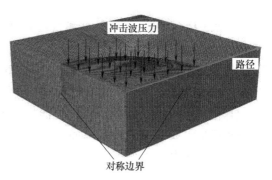

图 5.1 三维轴对称有限元模型

5.2.2 材料的本构模型

Johnson-Cook(J-C)本构模型广泛应用于高速冲击、爆炸冲击等高应变率场合的模拟。在激光冲击强化中,不考虑材料强化过程中的温度效应,采用简化后的 J-C 本构模型[20],即

$$\sigma_Y = (A + B\varepsilon^n)\left[1 + C\ln\left(\frac{\varepsilon}{\varepsilon^*}\right)\right] \tag{5-1}$$

式中,σ_Y 为流动应力;A 为初始屈服强度;B 为应变硬化系数;n 为应变硬化指数;C 为应变硬化因子;ε 为等效塑性应变;$\overline{\varepsilon}^*$ 为无量纲塑性应变率。E690

高强钢的力学性能参数和 J-C 模型涉及参数见表 5.1[21]，其中 ρ 为密度，E 为弹性模量，ν 为泊松比。

表 5.1　E690 高强钢的力学性能参数和 J-C 模型涉及参数

$\rho/(\,\mathrm{kg/m^3}\,)$	E/GPa	ν	A/MPa	B/MPa	n	C
7850	210	0.3	739	510	0.3	0.0147

5.2.3　冲击波压力模型

当冲击波压力大于 Hugoniot 弹性极限 σ_{HEL} 时材料表面才会发生动态响应，E690 高强钢的 Hugoniot 弹性极限 σ_{HEL} 计算公式[22] 为：

$$\sigma_{\mathrm{HEL}} = \left(\frac{K}{2G} + \frac{2}{3} \right) \sigma_0 \qquad (5\text{-}2)$$

$$K = \lambda + \frac{2}{3}\mu = \frac{E}{3(1-2\nu)} \qquad (5\text{-}3)$$

$$G = \frac{E}{2(1+\nu)} \qquad (5\text{-}4)$$

式中，K 为体积模量；G 为剪切模量；σ_0 为屈服强度；ν 为泊松比；λ 和 μ 为拉曼常数。

根据式（5-3）和式（5-4）可得 $K = 175\mathrm{GPa}$，$G = 91\mathrm{GPa}$。式（5-2）中 $\sigma_0 = 690\mathrm{MPa}$，计算得 Hugoniot 弹性极限 $\sigma_{\mathrm{HEL}} = 1123\mathrm{MPa}$。采用 Fabbro 推导的激光冲击波峰值压力经验公式[23]，式中内能转化系数 α 取 0.2，Z 为基体和约束层的折合声阻抗，取 $0.455 \times 10^6 \mathrm{g \cdot cm^{-2} \cdot s^{-1}}$，$I_0$ 为激光功率密度（$\mathrm{GW/cm^2}$），p 为冲击波峰值压力。

$$p = 0.01 \sqrt{\frac{\alpha}{2\alpha+3}} \sqrt{Z} \sqrt{I_0} \quad (5\text{-}5)$$

考虑激光冲击与材料相互作用机理，将分析步设为动态冲击分析和静态回弹分析。其中，动态分析步时间设置为 4000ns，远大于冲击波加载时间。激光诱导的冲击波作用时间大约为脉宽的 $2 \sim 3$ 倍[24]，激光脉宽为 10ns，模拟设定冲击波作用时间为 30ns，激光冲击波加载的压力曲线如图 5.2 所示。

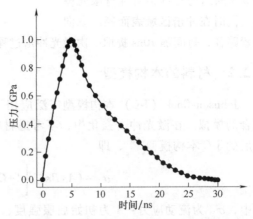

图 5.2　激光冲击波加载的压力曲线

5.3 试验方案设计

采用美制 E690 高强钢，其化学成分和部分力学性能见表 5.2。采用线切割将 E690 高强钢加工成 50mm×50mm×2mm 和 50mm×50mm×50.5mm 的试样，依次使用粒度为 P240~P1200 的砂纸对试样正反两面进行打磨，将其厚度分别打磨为 1.5mm 和 50mm，采用无水乙醇清洗并吹干。试验采用 YAG 固体脉冲激光器，脉宽为 10ns，波长为 1064nm，光斑直径为 5mm，激光能量分别选择 3J、3.89J、5.43J、8J。采用 3M 公司生产的 0.1mm 厚的铝膜作为吸收层，K9 玻璃作为约束层。

表 5.2 E690 高强钢化学成分（质量分数，%）和部分力学性能

C	Si	Mn	P	S	Cr	Ni	Mo	V	σ_b/MPa	σ_s/MPa
≤0.18	≤0.50	≤1.6	≤0.02	≤0.01	≤1.5	≤3.5	≤0.7	≤0.08	≥690	835

在 1.5mm 试样背面对应光斑中心位置和试样表面距光斑中心 3mm 处分别粘贴 PVDF 压电传感器，图 5.3 所示为激光冲击试样动态应变检测装置示意图。PVDF 压电传感器尺寸为 30μm×5mm×10mm，使用光电二极管接受激光作为示波器的触发信号，示波器实时检测 PVDF 压电传感器的压电信号，并以电压-时间曲线的形式输出。

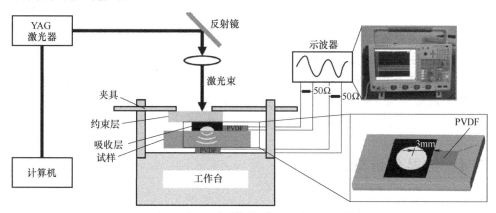

图 5.3 激光冲击试样动态应变检测装置示意图

采用 X 射线应力衍射仪（LXRD 型，Proto，加拿大）测量光斑内表面残余应力分布，五个测量点位于激光冲击光斑的同一条直径上，如图 5.4 所示，每个测点在 0°、45°、90° 三个方向上各测一次。测试参数选择：准直管直径 1mm，靶材为 Cr 靶，布拉格角 156°，晶面类型（211），管电压 30kV，管电流 25mA，曝光时间选择 15s。

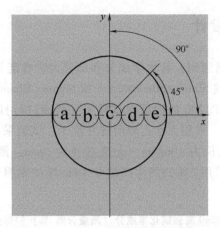

图 5.4　冲击区域测试点位置示意图

　　为研究激光冲击强化区域残余应力的分布特性，使用该点主应力空间三个相互垂直的力来表示其任意方向上的应力。根据二向应力解析法和单元体应力应变模型，可得主应力矢量的计算公式[25]

$$\sigma_{max} = 0.5\left[\sqrt{(\sigma_0 - \sigma_{90})^2 + (\sigma_0 + \sigma_{90} - 2\sigma_{45})^2} + \sigma_0 + \sigma_{90}\right] \tag{5-6}$$

$$\sigma_{min} = 0.5\left[\sigma_0 + \sigma_{90} - \sqrt{(\sigma_0 - \sigma_{90})^2 + (\sigma_0 + \sigma_{90} - 2\sigma_{45})^2}\right] \tag{5-7}$$

$$\tan 2\alpha = -\frac{(\sigma_0 + \sigma_{90} - 2\sigma_{45})}{\sigma_0 - \sigma_{90}} \tag{5-8}$$

式中，α 为主应力方向角；σ_0、σ_{45}、σ_{90} 分别为测点 0°、45°、90°方向上的残余应力值；σ_{max} 为最大主应力；σ_{min} 为最小主应力。

　　激光冲击处理后的试样通过线切割、手工打磨、凹坑珩磨及离子减薄等步骤制成 TEM 薄膜试样品，使用场发式高分辨透射电子显微镜（Tecnai G2 F20，FEI 公司，美国）观察薄膜试样的微观组织形貌。

5.4　结果分析与讨论

5.4.1　不同激光功率密度冲击后表面残余应力分布

　　应力波经过多次反射后在模型内部形成稳定的残余应力场，图 5.5 所示为不同功率密度激光加载 E690 高强钢模型等效应力云图。观察图 5.5a 可知，当激光功率密度为 $1.53\mathrm{GW/cm^2}$ 时，激光冲击的峰值压力约为 2000MPa，为 E690 高强钢 Hugoniot 弹性极限的 1.78 倍，此时冲击表面未出现残余应力洞现象。观察图 5.5b 可知，当激光功率密度增大为 $1.98\mathrm{GW/cm^2}$ 时，峰值压力约为 E690

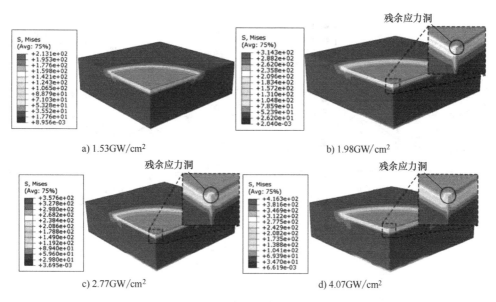

图 5.5　不同功率密度激光加载 E690 高强钢模型等效应力云图

高强钢 Hugoniot 弹性极限的 2.2 倍，此时，光斑中心出现残余应力洞现象。观察图 5.5c 和图 5.5d 可知，当激光功率密度增大为 2.77GW/cm² 和 4.07GW/cm² 时，激光冲击峰值压力远超 E690 高强钢 Hugoniot 弹性极限，光斑中心均出现残余应力洞现象。

采用 X 射线应力分析仪测量激光冲击区域同一直径上的 5 个测点在 0°、45°、90° 方向的表面残余应力，根据测试结果并结合式（5-6）、式（5-7）、式（5-8），可得不同功率密度激光作用下的残余主应力值和方向角，即 σ_{max}、σ_{min}、α。不同功率密度激光作用下冲击区域同一直径上的残余主应力分布和方向角如图 5.6 所示。当激光功率密度为 1.53GW/cm² 时，表面最大残余主应力曲线变化不大，而主应力方向角曲线变化大，表明主应力方向角分布较分散，不易形成应力集中；当激光功率密度为 1.98GW/cm² 时，冲击区域的表面残余应力为压应力，最大残余压应力未出现在光斑中心，产生了残余应力洞，其主应力方向角曲线变化大，不易产生应力集中现象；当激光功率密度增大至 2.77GW/cm² 时，光斑中心位置的残余压应力进一步减小，残余应力洞现象更加明显，其主应力方向角曲线变化大，不易产生应力集中现象；当激光功率密度为 4.07GW/cm² 时，最大残余主应力为压应力且分布均匀，主应力方向角变化较大。

图 5.7 所示为不同功率密度激光冲击后试样表面残余应力的试验与模拟结果对比。观察图 5.7a 可知，当激光功率密度为 1.53GW/cm² 时，模拟所得的残余应力最大值为 −227.97MPa，试验测得的残余应力最大值为 −219.01MPa，且两者均出

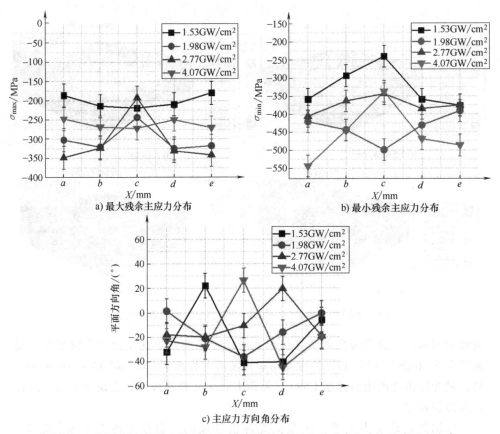

a) 最大残余主应力分布

b) 最小残余主应力分布

c) 主应力方向角分布

图 5.6　不同功率密度激光作用下冲击区域同一直径上的残余主应力分布和方向角

现在光斑中心处；试验测得在距光斑中心 1mm 处残余应力值为 -209.51MPa，距光斑中心 2mm 处残余应力值为 -198.29MPa，试验测试所得残余应力值与模拟值近似；激光冲击强化后模拟结果与试验数据具有较好的一致性。

观察图 5.7b 可知，当激光加载的功率密度为 1.98GW/cm² 时，模拟所得的光斑中心残余应力值下降为 -257.273MPa，残余应力场整体呈对称分布，光斑中心产生残余压应力洞；试验测得光斑中心和距光斑中心 1mm、2mm 处测得的残余应力值分别为 -243.795MPa、-320MPa、-332.46MPa，光斑中心残余压应力值低于两侧，即出现了残余应力洞现象；试验测试所得残余应力值与模拟值近似，模拟结果与试验数据有较好的一致性。观察图 5.7c 可知，当激光功率密度为 2.77GW/cm² 时，模拟与试验所得光斑中心残余压应力值进一步下降，但光斑两侧残余压应力值相较于功率密度为 1.98GW/cm² 激光冲击后光斑两侧的残余应力值有所提高，试验测试所得残余应力值与模拟值近似，模拟结果与试验数据有较好的一致性。当激光功率密度达到 4.07GW/cm² 时，模拟结果与试

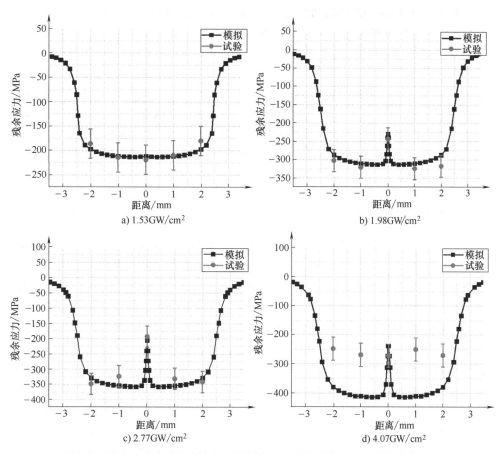

图 5.7　不同功率密度激光冲击后试样表面残余应力的试验与模拟结果对比

验存在一定误差，如图 5.7d 所示。建立的材料模型是各向同性的理想情况，而试样材料不可能是各向同性的介质[26]；同时，随着激光功率密度增大，光斑表面区域塑性变形、位错密度进一步加剧，硬度进一步提高，材料属性误差的累积引发了模拟与试验的误差[27]。

5.4.2　表面 Rayleigh 传播与模型验证

由图 5.7 可知，当激光功率密度为 2.77GW/cm^2 时光斑中心产生较大残余应力洞，且模拟与试验结果具有较好的一致性，因此提取功率密度为 2.77GW/cm^2 时激光冲击 1.5mm 试样的动态应力波云图，如图 5.8 所示。由图 5.8a 可知，试样在 130ns 时已完成冲击波加载，纵向压缩波继续向试样底面传播。同时，可观察到由纵向冲击波诱发材料表面产生横向变形而激发的表面 Rayleigh 波。由图 5.8b 可知，220ns 时纵向冲击波仍未到达底面，表面 Rayleigh 波影响范围进一步向外扩大。在 130ns 和 220ns 时刻，向外扩展的 Rayleigh 波波阵面 R 向前传播了 0.4mm，由计算可得表面 Rayleigh 波的波速为 4.4×10^3 m/s。

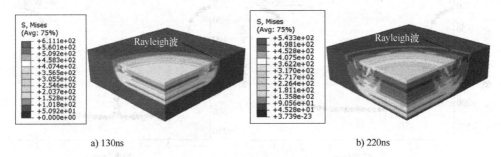

a) 130ns   b) 220ns

图 5.8　功率密度为 2.77GW/cm^2 时激光冲击 1.5mm 试样的动态应力波云图

　　使用 PVDF 压电传感器测量试样表面和背面的动态应变，PVDF 压电传感器测得的压电波形 $V(\varepsilon, t)$ 反映了激光冲击诱导的纵向冲击波和纵向冲击波激发的表面波，如图 5.9 所示。CH2、CH4 代表示波器的测量通道，利用 CH2 采集粘贴在试样背面的 PVDF 压电传感器的动态应变，CH4 用于采集粘贴在试样表面的 PVDF 压电传感器的动态应变。观察图 5.9 可知，通道 CH4 采集试样表面的动态应变，从时间点 S 开始，压电传感器可检测到剪切波，纵向传播的剪切波在材料内部逐步衰减，当趋近于时间点 R 时波形幅值已经衰减为 0。由于材料表面受到冲击波的作用，冲击区域发生轴向压缩，造成冲击区域的横向变形，导致表面 Rayleigh 波的产生，时间点 R 后，$V(\varepsilon, t)$ 曲线出现了幅值明显增大、波形下凹的压缩波，即表面 Rayleigh 波，此时时间为 134ns，PVDF 压电传感器与光斑边缘的间距为 0.5mm，由此可知该压缩波波速为 3.73×10^3 m/s，与仿真模拟计算的值 4.4×10^3 m/s 近似，进一步证明该波为表面 Rayleigh 波。

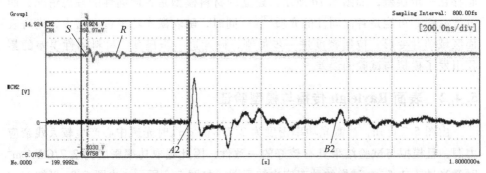

图 5.9　功率密度为 2.77GW/cm^2 时激光冲击加载 E690 高强钢的动态应变的压电波形

　　模拟结果与试验的误差主要来源于两方面：①模拟中材料模型使用各向同性的理想材料，实际上材料由于处理方式的不同以及材料成分的不均匀，多呈现一定程度的各向异性[27]；②模拟中也未考虑材料阻尼特性，即材料在振动时由于材料的晶粒相互摩擦等内部原因引起的机械振动能量损耗[28]。由此可知当激光功率密度为 2.77GW/cm² 时，表面 Rayleigh 波和剪切波不产生耦合，模拟值与试验值具有较好的一致性，进一步证明仿真模型准确可靠。综合对比有限元仿真结果与表面残余应力、动态应变的试验结果，可知模拟值与试验值具有较好的一致性，仿真模型准确可靠，仿真模型予以采信。

5.4.3   冲击波传播与残余应力洞的形成机制

由仿真模型验证可知，仿真可较好的反应激光冲击的实际过程。以功率密度为 2.77GW/cm² 激光冲击 1.5mm 试样为例进行分析，提取其动态应力波云图，不同时刻激光冲击波在试样内传播的应力波云图如图 5.10 所示。由图 5.10 可知，试样在 30ns 时已基本完成冲击波加载，试样内部沿厚度方向产生了纵向压缩波，开始向试样底面传播。70ns 时，纵向压缩波继续向试样底面传播，光斑

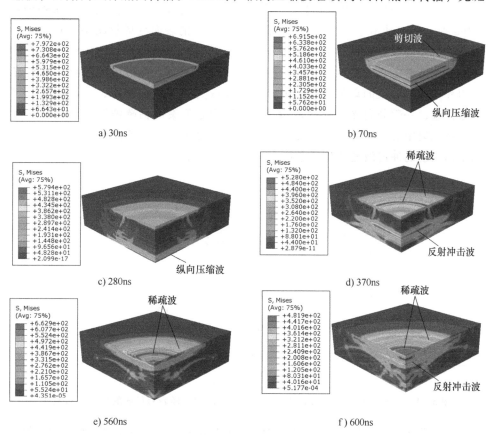

图 5.10   不同时刻激光冲击波在试样内传播的应力波云图

边缘处由于剪切作用产生了剪切波,剪切波在试样内传播。280ns时,纵向压缩波到达试样底面且出现反射。370ns时,纵向冲击波第一次经过试样底面反射后开始向试样冲击加载面传播,表面稀疏波向光斑中心传播。560ns时,纵向冲击波第一次经过试样底面反射回到试样表面,表面稀疏波进一步向光斑中心汇聚。600ns时,纵向冲击波经过试样冲击加载面反射后,向试样底面进行第二次传播,同时,可以明显看到表面稀疏波向光斑中心传播,接近中心汇聚点。

提取仿真所得激光功率密度为 $2.77GW/cm^2$ 时不同时刻试样表面径向的变形分布曲线,如图 5.11 所示。30ns 时,冲击压力加载基本完成,此时光斑中心变形量为 $-0.78\mu m$。280ns 时,纵向冲击波第一次到达试样底面,光斑中心的变形量达到最大为 $-0.8\mu m$。560ns 时,冲击波从试样底面反射后,进一步传播至试样冲击加载面,此时光斑中心出现了反向拉伸,出现了正向最大变形量为 $0.5\mu m$。600ns 时,纵向冲击波经试样表面反射后再次向试样底面传播,表面稀疏波向中心传播且接近中心汇聚点,光斑中心表面正向变形量减小至 $0.3\mu m$。620ns 时,表面稀疏波在光斑中心汇聚,光斑中心的表面变形量增大至 $0.41\mu m$。650ns 时,纵向冲击波向试样底面传播,光斑中心的表面变形量减小至 $0.26\mu m$。激光冲击波加载阶段试样表面产生了轴向和径向的塑性变形,之后来回反射的冲击波使试样中心塑性区域表面产生上下位移。同时,冲击波的边界效应使光斑边界处产生较大的剪切变形,使光斑边界成为稀疏波的波源,一部分向光斑中心汇聚,一部分向光斑外侧传播,向光斑中心汇聚的稀疏波同时到达光斑中心,在光斑中心塑性区域产生二次变形。由此可推知,稀疏波的汇聚和在试样内来回反射的冲击波是产生残余应力洞的主要原因。

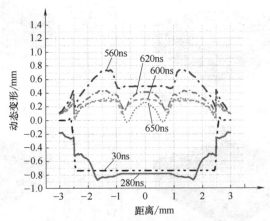

图 5.11　激光功率密度为 $2.77GW/cm^2$ 时不同时刻试样表面径向的变形分布曲线

采用 PVDF 压电传感器测量 4 种功率密度激光冲击试样表面的动态应变,验证表面稀疏波和来回反射的冲击波对于残余应力洞的影响。功率密度为 $1.53GW/cm^2$

和 4.07GW/cm^2 激光冲击试样表面的动态应变的压电波形 $V(\varepsilon,t)$ 如图 5.12 所示。1.98GW/cm^2 与 2.77GW/cm^2 功率密度检测的波形类似，以 2.77GW/cm^2 为例进行分析，其动态应变的压电波形 $V(\varepsilon,t)$ 如图 5.9 所示。由图 5.12a 背面动态应变（通道 CH2）可知，当功率密度为 1.53GW/cm^2 时，在时间点 A1，激光冲击诱导的弹塑性应力波到达试样背面引起第一个应变压电峰值；由于检测到剪切波与纵波的幅值均较小，根据时间推算，时间点 B1 为第二次反射至试样背面引起第二个应变压电峰值；这表明激光冲击能量较小，可以忽略薄板内冲击波来回反射对表面塑性变形的影响。由图 5.9 可知，当激光功率密度为 2.77GW/cm^2 时，检测所得剪切波与纵波的幅值均有大幅增加，在时间点 A2，压电传感器首次检测到传播到试样背面的纵向压缩波，纵向压缩波在试样界面处发生反射形成弹塑性拉伸波并继续在试样中传播；在时间点 B2，压电传感器第二次在背面检测到在试样内部来回反射了一个行程的冲击波。由图 5.12b 背面动态应变（通道 CH4）可知，当功率密度为 4.07GW/cm^2 时，光斑边界再次检测到冲击波在薄板试样中来回反射而诱导的动态应变，该动态应变出现的时间点 C 与通道 CH2 中时间点 A3 的时间间隔恰好为通道 CH2 时间点 A3 与时间点 B3 之间时间间隔的一半。同时，试样背面粘贴的压电传感器两次检测到传播至背面的冲击波，即时间点 A3、时间点 B3。

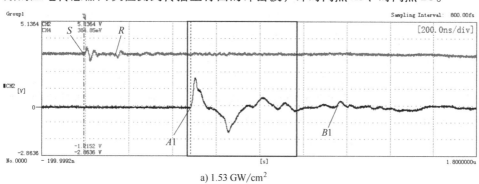

a) 1.53 GW/cm^2

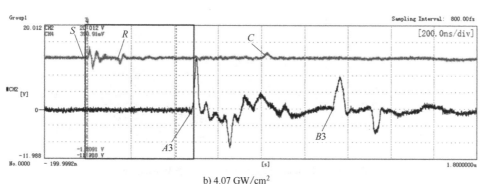

b) 4.07 GW/cm^2

图 5.12　不同功率密度下激光冲击试样表面的动态应变的压电波形

　　将图 5.9 与图 5.12 进行对比可知，在激光冲击作用下光斑区域的近表面产生塑性变形，试样内来回反射的冲击波与稀疏波先后传播到光斑中心，使得试样中心塑性区域的表面产生了上下位移。由于二次塑性变形卸载了冲击波与稀疏波，图 5.9、图 5.12a 表面动态应变（通道 CH4）中 Rayleigh 波衰减之后未测得任何动态应变；随着激光能量的增强，冲击区域的近表面区域塑性变形加剧，冲击区域位错密度与硬度增加，从而导致粘贴于光斑边缘附近的 PVDF 压电传感器再次检测到动态应变，如图 5.12b（通道 CH4）所示。该动态应变出现的时间点为背面检测到的冲击波在试样中来回反射半个周期的时间点。综上所述，在 E690 高强钢中，稀疏波的汇聚和在试样内来回反射的冲击波对残余应力洞的形成有着不可忽视的作用。

5.4.4　E690 高强钢冲击波传播模型的建立

　　图 5.13 所示为 E690 高强钢薄板冲击波传播模型示意图。激光冲击加载 E690 高强钢薄板表面时，激光诱导的冲击波在试样内发生透射和反射。透射的纵波使试样发生轴向变形从而形成轴向传播的纵向压缩波，冲击波的反射波在约束层的作用下形成轴向传播的多次反射波[29]。同时，等离子体汽化物在约束层约束下也会形成多次冲击波，纵向压缩波、多次反射波、多次冲击波先后向材料内部传递，其中纵向压缩波具有较大的能量[30]。纵向压缩波先于多次反射波和多次冲击波到达试样背面，使试样背面的应变量达到最大峰值，并在试样界面处发生反射和透射，其中反射的波为反向拉伸波并继续在试样中传播，透射波进入空气介质。之后多次反射波与多次冲击波向试样背面传播，与反向拉伸波发生迎面卸载，导致背面应变量在最大峰值之后产生波动。卸载后的拉伸应力波仍具有较大的动量剩余，可继续传播至试样表面，而后再由表面反射至试样背面，应力波在试样表面和背面来回反射中逐渐衰减为零。

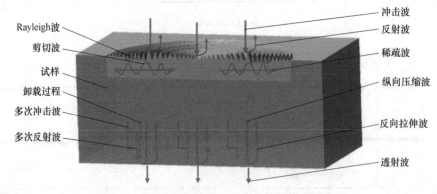

图 5.13　E690 高强钢薄板冲击波传播模型示意图

　　在试样内部形成轴向传播的纵向压缩波时，冲击波的边界效应使光斑边界处产生较大的剪切变形，由剪切变形导致的剪切波在向材料内部传播时逐渐衰减。稀疏波的波源是光斑的边界，从光斑边界向四周传播的稀疏波可分为两部分：一部分向中心汇聚，另一部分向外传播。试样受到冲击波作用会造成冲击区域的横向变形，导致光斑边界处产生表面 Rayleigh 波。

5.4.5　表面稀疏波汇聚和纵向冲击波反射对残余应力洞影响权重

稀疏波的汇聚和在试样内来回反射的冲击波是残余应力洞产生的主要原因。方形光斑加载下冲击载荷边界不具有圆心对称的特性，弱化了稀疏波向光斑中心汇聚的条件。由 Cao 等人的研究结果可知[31]，在相同冲击参数下，圆形光斑和方形光斑所产生的残余应力分布相似，光斑中心均产生残余应力洞，但光斑中心处的残余压应力大小不同，方形光斑从中心到表层残余应力变化梯度较小，在一定程度上改善了残余应力洞现象。

为研究激光冲击波在试样内来回反射对 E690 高强钢表面残余应力洞的影响，通过增加板厚弱化在试样内来回反射的冲击波对表面残余应力洞的影响。采用激光功率密度 $2.77GW/cm^2$ 对 50mm 厚板试样进行冲击，利用 X 射线应力分析仪测试激光光斑同一直径上的 5 个测点在 3 个不同方向的表面应力。相同激光功率密度加载条件下，不同板厚试样冲击区域同一直径上的残余主应力分布和方向角如图 5.14 所示。由图 5.14 可知，通过增加板厚弱化了来回反射的冲击波对试样表面残余应力洞的影响，厚板未出现残余应力洞现象。

综上所述，通过分别弱化残余应力洞产生的条件，表面稀疏波汇聚和冲击纵波在薄板试样内地来回反射对表面残余应力洞的影响均不可忽视，且冲击纵波在薄板试样内地来回反射对材料表面残余应力洞的影响略大于表面稀疏波汇聚。

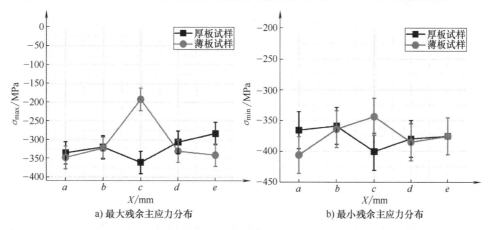

a) 最大残余主应力分布　　　　　　　b) 最小残余主应力分布

图 5.14　相同激光功率密度加载条件下，不同板厚试样冲击区域
同一直径上的残余主应力分布和方向角

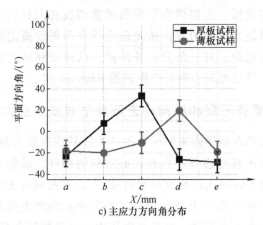

c) 主应力方向角分布

图 5.14　相同激光功率密度加载条件下，不同板厚试样冲击区域
同一直径上的残余主应力分布和方向角（续）

5.5　本章小结

1）利用 ABAQUS 模拟了脉冲激光诱导应力波的传播和 E690 高强钢薄板试样的残余应力场分布，通过残余应力测试和表面动态应变验证了仿真结果，仿真模型准确可靠。

2）当激光加载功率密度为 1.98GW/cm² 和 2.77GW/cm² 时，模拟与试验所得残余应力场均出现残余应力洞现象。通过分别弱化残余应力洞产生的条件，可得冲击纵波在薄板试样内地来回反射对材料表面残余应力洞的影响略大于表面稀疏波汇聚。

3）通过 PVDF 压电传感器测量激光冲击过程中试样的动态应变，建立了 E690 高强度钢激光冲击波传播模型，该描述了激光冲击波在 E690 高强钢薄板中的传播规律。

4）当激光功率密度为 4.07GW/cm² 时，最大残余主应力分布均匀，主应力方向角分布变化较小，但其塑性变形程度、冲击区域位错密度与硬度的变化，需要借助透射电镜与显微硬度仪对其进行进一步的检测。

参考文献

［1］　ZHAO T L, LIU Z Y, DU C W, et al. Effects of cathodic polarization on corrosion fatigue life of E690 steel in simulated seawater ［J］. International Journal of Fatigue, 2018, 110: 105-114.

［2］　TURNBULL A, WRIGHT L. Modelling the electrochemical crack size effect on stress corro-sion crack growth rate ［J］. Corrosion Science, 2017, 126: 69-77.

[3]　MA H C, FAN Y, LIU Z Y, et al. Effect of pre-strain on the electrochemical and stress corrosion cracking behavior of E690 steel in simulated marine atmosphere [J]. Ocean Engineering, 2019, 182: 188-195.

[4]　MOHD M H, PAIK J K. Investigation of the corrosion progress characteristics of offshore subsea oil well tubes [J]. Corrosion Science, 2013, 67: 130-141.

[5]　ZHAO T L, LIU Z Y, DU C W, et al. Corrosion fatigue crack initiation and initial propagation mechanism of E690 steel in simulated seawater [J]. Materials Science and Engineering (A), 2017, 708: 181-192.

[6]　DAI F Z, LU J Z, ZHANG Y K, et al. Effect of laser spot size on the residual stress field of pure Al treated by laser shock processing: Simulations [J]. Applied Surface Science, 2014, 316: 477-483.

[7]　SALIMIANRIZI A, FOROOZMEHR E, BADROSSAMAY M, et al. Effect of laser shock peening on surface properties and residual stress of Al6061-T6 [J]. Optics and Lasers in Engineering, 2016, 77: 112-117.

[8]　CARALAPATTI V K, NARAYANSWAMY S. Analyzing the effect of high repetition laser shock peening on dynamic corrosion rate of magnesium [J]. Optics & Laser Technology, 2017, 93: 165-174.

[9]　KALAINATHAN S, PRABHAKARAN S. Recent development and future perspectives of low energy laser shock peening [J]. Optics & Laser Technology, 2016, 81: 137-144.

[10]　JAMES M N, NEWBY M, HATTINGH D G, et al. Shot-peening of steam turbine blades: residual stresses and their modification by fatigue cycling [J]. Procedia Engineering, 2010, 2 (1): 441-451.

[11]　ZHANG Y K, LU J Z, REN X D, et al. Effect of laser shock processing on the mechanical properties and fatigue lives of the turbojet engine blades manufactured by LY2 aluminum alloy [J]. Materials & Design, 2008, 30 (5): 1697-1703.

[12]　GUJBA A, MEDRAJ M. Laser peening process and its impact on materials properties in comparison with shot peening and ultrasonic impact peening [J]. Materials, 2014, 7 (12): 7925-7974.

[13]　GANESH P, SUNDAR R, KUMAR H, et al. Studies on laser peening of spring steel for automotive applications [J]. Optics and Lasers in Engineering. 2012, 50 (5): 678-686.

[14]　SHEN X J, SHUKLA P, NATH S, et al. Improvement in mechanical properties of titanium alloy (Ti-6Al-7Nb) subject to multiple laser shock peening [J]. Surface and Coatings Technology, 2017, 327: 101-109.

[15]　PEYRE P, FABBRO R, MERRIEN P, et al. Laser shock processing of aluminium alloys: application to high cycle fatigue behavior [J]. Materials Science and Engineering (A), 1996, 210 (1): 102-113.

[16]　JIANG Y F, LAI Y L, ZHANG L, et al. Investigation of residual stress hole on a metal surface by laser shock [J]. Chinese Journal of Laser, 2010, 37 (8): 2073-2079.

[17]　NIE X F, ZANG S L, HE W F, et al. Sensitivity analysis and restraining method of "Re-

sidual Stress Hole" induced by laser shock peening [J]. High Voltage Engineering, 2014, 40 (7): 2017-2112.

[18] CAO Y P, FENG A X, HUA G R. Influence of interaction parameters on laser shock wave induced dynamic strain on 7050 aluminum alloy surface [J]. Journal of Applied Physics, 2014, 116 (15): 153105.

[19] SUN R J, LI L H, ZHU Y, et al. Dynamic response and residual stress fields of Ti6Al4V alloy under shock wave induced by laser shock peening [J]. Modelling and Simulation in Materials Science and Engineering, 2017, 25 (6): 065016.

[20] JOHNSON G R, COOK W H. A constitutive model and data for metals subjected to large strains, high strain rates and high temperatures [C] //Proceedings of the 7th International Symposium Ballistics. The Hague: Netherlands International Ballistics Committee, 1983: 541-547.

[21] SUN G F, WANG Z D, LU Y, et al. Numberical and experimental inv-estigation of thermal field and residual stress in laser-MIG hybrid welded NV E690 steel plates [J]. Journal of Manufacturing Processes, 2018, 34: 106-120.

[22] LI Y H. Theory and technology of laser shock peening [M]. Beijing: Science Press, 2013.

[23] FABBRO R, FOURNIER J, BALLARD P. Physical study of laser-produced plasma in con-fined geometry [J]. Journal of Applied Physics, 1990, 68 (2): 775-784.

[24] PEYRE P, FABBRO R. Laser shock processing: a review of the Physics and applications [J]. Optical and Quantum Electronics, 1995, 27 (12): 1213-1229.

[25] FENG A X, SUN H Y, CAO Y P, et al. Residual stress determination by X-Ray diffraction with stress of two directions analysis method [J]. Applied Mechanics and Materials, 2010, 43: 569-572.

[26] QIAO H C. Experimental investigation of laser peening on Ti17 titanium alloy for rotor blade applications [J]. Applied Surface Science, 2015, 351: 524-530.

[27] REN X D, ZHOU W F, REN Y P, et al. Dislocation ev-olution and properties enhance-ment of GH2036 by laser shock processing: Dislocation dynamics simulation and experiment [J]. Materals Science and Engineering (A), 2016, 654: 184-192.

[28] DING K, YE L. Laser shock peening: Performance and process simulation [M]. Boca Ra-ton: CRC Press, 2006.

[29] CELLARD C, RETRAINT D, FRANÇOIS M, et al. Laser shock peening of Ti-17 titanium alloy: Influence of process parameters [J]. Materals Science and Engineering (A), 2011, 532: 362-372.

[30] JIANG Y F, LI X, JIANG W F, et al. Thickness effect in laser shock processing for test specimens with a small hole under smaller laser power density [J]. Opt & Laser Technol, 2019, 114: 127-134.

[31] CAO Z W, XU H Y, ZOU S K, et al. Investigation of surface integrity on TC17 titanium al-loy treated by square-spot laser shock peening [J]. Chinese Journal of Aeronautics, 2012, 25 (4): 650-656.

第6章 激光冲击 E690 高强钢表面微结构响应与 X 射线衍射图谱的相关性研究

6.1 引言

马氏体的概念源于 1895 年法国科学家 Osmond 为纪念德国金相学家 Martens，将淬火钢相变的产物称为马氏体。马氏体相变已不再局限于钢铁材料，在铜合金（Cu-Al，Cu-Sn，Cu-Zn）、钛合金（Ti-Ni）、镍基合金（Ni-Mn-Ga）等金属材料中，均观察到马氏体相变现象。激光冲击强化（Laser Shocking Processing，LSP）是一种可以提高金属材料的硬度、强度、耐磨性、耐蚀性等性能的技术[1-3]。由于激光加载材料表面形成的等离子体爆轰波强度大、冲击压力在材料表面作用历时极短，材料表面微结构的动态变化过程无法通过直接观察获得，只能借助透射电子显微镜（TEM）对激光冲击强化后材料的微结构进行观察验证。近年来，科研工作者通过 TEM 对激光冲击铝合金、镁合金以及钛合金的表面微结构和性能进行分析[4-6]。Ren 等通过模拟和试验相结合的方式探究了激光冲击对 GH2036 合金位错演化、组织形态以及显微硬度的影响，结果表明位错分割和孪晶交叉引起了 GH2036 合金晶粒细化，晶粒细化以及复杂的微观组织结构共同作用使 GH2036 合金显微硬度提高 16%[7]。孙汝剑等[8]研究了不同激光能量加载下 TC17 钛合金的微观组织演变、残余应力以及室温拉伸性能变化，结果表明 TC17 钛合金经冲击波加载后近表层晶粒尺寸下降、位错密度增加，进而使其表面残余应力增大、屈服强度提升。X 射线衍射（X-Ray Diffraction，XRD）作为物相检测和材料宏观力学性能分析的重要手段也广泛应用于金属材料的研究[9-10]，但对激光冲击强化金属材料表面的 XRD 分析与 TEM 相关性进行研究，探索微结构响应的研究尚未见报道。

本章开展激光冲击强化材料表面相变现象研究，以具有较高强度的海洋工程平台用 E690 高强钢为研究对象，采用能谱扫描（EDS）的手段对激光冲击 E690 高强钢表面成分进行标定，借助透射电子显微镜对表面和截面微观组织结构变化进行观察，并通过对 TEM 形貌像相应的选区电子衍射斑点进行定性分析和定量标定，确定具体的衍射晶面和晶带轴，辅助进行物相判定；针对马氏体相变形貌和特征，得出激光冲击 E690 高强钢表面马氏体相变的发展过程以及表面晶粒细化现象，获取激光加载下 E690 高强钢的表、截面微观组织演变和晶粒尺寸变化等规律。同时，本文采用脉冲激光对 E690 高强钢试样表面进行冲击，利用 X 射线衍射仪和场发式透射电镜对材料表面进行检测，获得 X 射线衍射图谱和微观组织结构，通过金属材料表面的 XRD 分析与 TEM 相关性进行研究，探索激光冲击强化金属材料表面微结构响应，并建立激光冲击强化 E690 高强钢表面微结构响应模型，为激光冲击强化金属材料的工艺优化提供了理论和技术支持。

6.2　试验准备

6.2.1　激光冲击试样制备

试样采用 E690 高强钢，该特种钢具有高强度、高韧性、抗疲劳、抗层状撕裂等优异性能，以及良好的焊接性能和冷加工性能，是海洋工程平台桩腿用的重要钢种[11-12]。利用线切割按照 50mm×50mm×5.5mm 的尺寸将材料进行切割，使用粒度为 P240~P1200 的砂纸对试样表面及背面依次打磨，将其厚度打磨为 1mm，用乙醇清洗并冷风风干。使用 50mm×50mm×150μm 的铝箔作为吸收层紧密贴合于试样表面，以去离子水作为约束层。

6.2.2　激光冲击试验装置及参数

激光冲击强化试验使用江苏大学 YAG 固体激光器（Gaia-R 系列，THALES 公司，法国），选用去离子水作为约束层，采用 3M 公司的铝箔作为吸收层，其尺寸为 50mm×50mm×150μm。对试样表面进行激光冲击的条件为：光斑直径 5mm，波长 1064nm，脉宽 10ns，分别采用 3J、3.89J、5.43J、8J、10J 的能量，对应激光功率密度分别为 $1.53GW/cm^2$、$1.98GW/cm^2$、$2.77GW/cm^2$、$4.07GW/cm^2$、$5.09GW/cm^2$，搭接率为 70%，冲击次数为 1 次，冲击区域范围是以光斑中心构成的 20mm×20mm 的正方形，冲击试样和冲击路径如图 6.1 所示。

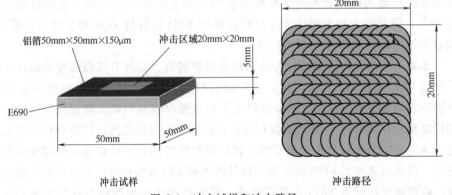

铝箔50mm×50mm×150μm　　冲击区域20mm×20mm

E690

50mm　　50mm　　5mm

20mm

20mm

冲击试样　　　　　　　　　　冲击路径

图 6.1　冲击试样和冲击路径

6.2.3　激光冲击区域透射电镜观测试样制备及装置

1. 试验装置

采用 Tecnai G2 F20 场发射透射电子显微镜（FEI 公司，美国）对 E690 高强钢试样激光冲击 E690 高强钢表面的微观结构进行观察，Tecnai G2 F20 场发射透射电子显微镜（图 6.2）加速电压为 200kV，能实现多功能、多用户环境操作。

利用 Tecnai G2 F20 透射电子显微镜可进行如下工作：

1）形貌分析，可获得试样的形貌、粒径、分散性等相关信息，同时还可通过明场像、暗场像对试样进行进一步的表征。

2）结构分析，可以在微米、纳米尺度对试样材料结构进行观察研究，也可对试样进行纳米尺度的微分析。

3）成分分析：可对试样进行能谱点测、能谱线扫、能谱面分布，获得试样中的元素在一个点、一条线、一个面上的分布情况。

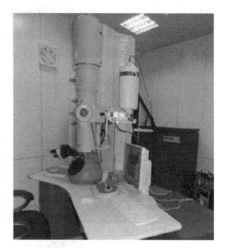

图 6.2　Tecnai G2 F20 场发射透射电子显微镜

2. 试样制备

Tecnai G2 F20 透射电子显微镜配备的相关制样设备如下：圆片打孔机（型号 659，Gatan，美国）；试样固定加热台（型号 653.40002，Gatan，美国）；手动研磨盘（型号 623，Gatan，美国）；高精度凹坑仪（型号 656，Gatan，美国）；离子减薄仪（型号 695.C，Gatan，美国）。E690 高强钢 TEM 薄膜试样品具体的制备过程为：

1）采用线切割机床从 E690 高强钢冲击区域割取大小为 10mm×10mm×0.6mm 的试样，利用 200#~1500#的水砂纸按序打磨试样背面，直至试样厚度为 0.1mm 左右。

2）把待处理试样置于 Gatan 659 圆片打孔机中，利用打孔机冲裁出 $\varphi = 3$mm 的圆形薄片试样。随后利用树脂胶把圆片试样粘在玻璃片上，此时冲击表面与玻璃片贴合，再把玻璃片粘在试样托上，放好后轻微指压使胶均匀。由于树脂胶遇热熔化、遇冷凝固，此操作应在 Gatan 653.40002 样品固定加热台上进行，待自然冷却后，将试样置于研磨盘上，用 1500#砂纸打磨，直至试样厚度为 0.06mm 左右。

3）使用 Gatan 656 高精度凹坑仪对 E690 高强钢试样进行钉薄：在显微镜下

定好中心后，抹上 1μm 的研磨膏并滴一滴水，放下转轮开始凹坑；凹坑过程中，试样透射光的变化顺序为暗红、鲜红、粉红、黄色、明黄，待观测到试样透射光为明黄时表明试样厚度已符合要求，此时厚度为 15μm 左右。

4）采用无水丙酮溶解试样上的树脂胶，风干后利用 ab 胶将试样粘于钼环上，待 ab 胶自然凝固后放入 Gatan 695.C 离子减薄仪试样室内减薄。减薄过程中先采用高能量、大角度的方式在试样中打出一个微孔，再用低能量、小角度的方式扩展微孔薄区，最终制备出适于 TEM 观测的 E690 高强钢薄膜试样。TEM 制样所用仪器如图 6.3 所示。

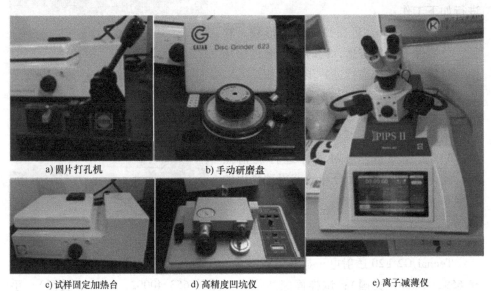

a) 圆片打孔机　　　　　　b) 手动研磨盘

c) 试样固定加热台　　　　d) 高精度凹坑仪　　　　e) 离子减薄仪

图 6.3　TEM 制样所用仪器

6.2.4　能谱点测试样制备及装置

1. 试样制备步骤

用线切割将 E690 高强钢基体材料分割成 10mm×10mm×5mm 的正方形块状试样，将试样表面用分析纯乙醇浸泡 5min 后冷风风干，将装夹好的试样放置在观测台上利用扫描电子显微镜进行能谱电测（EDS）试验。

2. 试验装置

试验在电子场发式扫描电子显微镜下进行，其型号为 JSM-6510，如图 6.4 所示。

6.2.5　XRD 分析及装置

为观测经激光冲击强化处理的材料晶粒变化、微观应力（应变）的效果，利用衍射原理观测所对应 Bragg 衍射峰的宽化现象，本节采用 Ultima Ⅳ 型 X 射线衍射仪（图 6.5）对激光冲击加载表面进行检测。将激光冲击后的试样用分析纯乙醇浸泡约五分钟，而后超声清洗 1.5min，试样冷风风干，放入置样台进行 X 射线衍射的测定。该装置配备了聚焦光路系统、X 射线反射光路系统和高速探测器，其最大输出功率为 3kW，电压为 20～60kV，电流为 2～60mA，稳定性为 ±0.005%，侧角仪半径为 185mm。

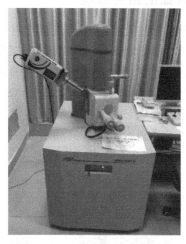

图 6.4　JSM-6510 电子场发式扫描电子显微镜

图 6.5　Ultima Ⅳ 型 X 射线衍射仪

6.3　激光冲击 E690 高强钢表层微观组织演变

6.3.1　E690 高强钢原始组织

图 6.6 所示为激光加载前 E690 高强钢基体表层组织 TEM 像。由图 6.6 可

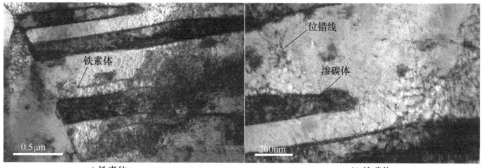

a) 铁素体　　　　　　　　　　　　　　b) 渗碳体

图 6.6　激光加载前 E690 高强钢基体表层组织 TEM 像

知，E690 高强钢基体是由黑色细长条状渗碳体与银白色片状铁素体彼此平行排列而成的非均相结构，且两相间距介于 150~450nm，该组织为片状珠光体。由于 E690 高强钢属于钢铁材料，其中碳含量远低于铁含量，故渗碳体层较薄，其厚度分布在 150~250nm 之间，且部分块状渗碳体析出于铁素体之上，明显增强 E690 高强钢强度、硬度等性能。此外，位错线在珠光体中少量分布且隐约可见。

6.3.2 激光冲击强化后 E690 高强钢表面的结构形貌

激光与材料相互作用过程历时极短，现有科技无法对冲击过程中材料的微观组织变化进行实时监测，故只能通过分析冲击后材料的组织形貌来探究高能激光和材料的相互作用过程。图 6.7 所示是功率密度为 $1.53GW/cm^2$ 的激光加载下 E690 高强钢表层 TEM 像。由图 6.7 可知，激光能量较小未造成 E690 高强钢表层组织大幅度改变，渗碳体未能融进奥氏体内，表层仍表现为铁素体与渗碳体相互叠加而成的非均相结构，但部分区域观测到透镜状并带有明显的中脊线的马氏体生成，且其附近奥氏体内部因马氏体相变有众多位错线形成。

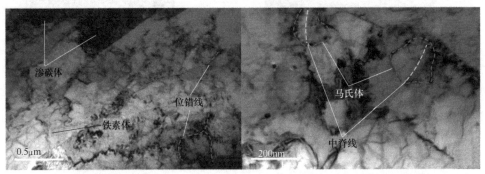

a) 未产生马氏体相变区域　　　　　　　　b) 马氏体相变区域

图 6.7　功率密度为 $1.53GW/cm^2$ 的激光加载下 E690 高强钢表层 TEM 像

图 6.8 所示是功率密度为 $1.98GW/cm^2$ 的激光加载下 E690 高强钢表层 TEM 像。由图 6.8 可知，观测区域内 E690 高强钢表层原有的铁素体与渗碳体叠加而成的珠光体形貌消失不见，表层开始呈现为众多的透镜状并带有中脊线的马氏体，且马氏体规则排布，位错线在其内部分布近乎均匀。此外，许多形状各异的渗碳体聚集在马氏体交界处。

图 6.9 所示分别是功率密度为 $2.77GW/cm^2$、$4.07GW/cm^2$ 的激光加载下 E690 高强钢表层 TEM 像。由图 6.9a 可知，经功率密度 $2.77GW/cm^2$ 的强激光作用后更多的渗碳体融进残留奥氏体内生成晶界圆润的马氏体，且马氏体外形不再属于常规的板条状、片状。此外，新产生的马氏体内也很少具有中脊线。随着功率密度提高到 $4.07GW/cm^2$，观察图 6.9b 可知 E690 高强钢表层渗碳体近

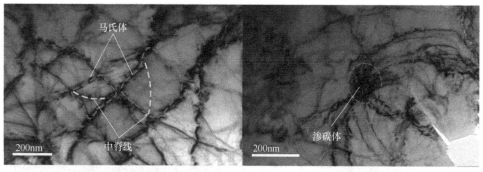

a) 马氏体相变区域　　　　　　　　　　　　　　b) 渗碳体区域

图 6.8　功率密度为 1.98GW/cm² 的激光加载下 E690 高强钢表层 TEM 像

乎消失，观测区域内呈现众多圆润的马氏体，且其内部中脊线已完全不可见。
这些马氏体部分由残留奥氏体发生马氏体相变生成，另一部分由其内部的位错
线逐渐演变成位错墙、位错缠结等自组织分解、形成。此外，钢铁材料层错能
较高，位错难于扩展；同时，E690 高强钢属于体心立方晶系同滑移方向的滑移
系较多，容易产生交滑移现象，从而部分晶粒间分布着胞状和缠结的位错，故
晶粒间位错呈现胞状和缠结状。

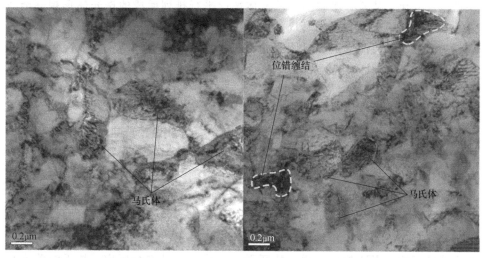

a) 2.77GW/cm²　　　　　　　　　　　　　　　b) 4.07GW/cm²

图 6.9　不同功率密度激光加载下 E690 高强钢表层 TEM 像

　　图 6.10 所示是功率密度为 5.09GW/cm² 的激光加载下 E690 高强钢表层
TEM 像。由图 6.10 可知，观测区域内层片状渗碳体完全不可见，E690 高强钢
表层依旧为晶界圆润的马氏体，其内部中脊线全部消失，且随激光能量的提升

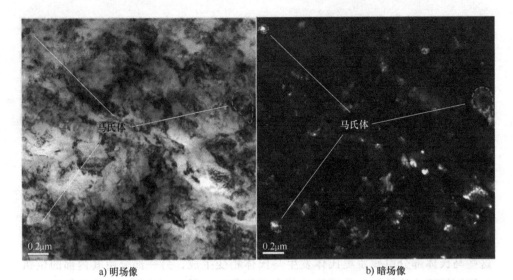

a) 明场像   b) 暗场像

图 6.10   功率密度为 5.09GW/cm^2 的激光加载下 E690 高强钢表层 TEM 像

观测区域内马氏体数量增多。

综上所述，E690 高强钢在功率密度不断增大的激光冲击加载下表层微观组织产生了变化，从原有渗碳体与铁素体彼此平行排列而成的珠光体形貌逐渐演变为透镜状并带有中脊线的马氏体，后伴随功率密度的持续增加，马氏体中脊线消失，材料表层演变成晶界圆润的马氏体组织，材料的强度、韧性等性能得以加强。

6.3.3   激光冲击强化后 E690 高强钢电子衍射花样标定

电子衍射花样标定可以辅助进行物相判定，对激光冲击前后 E690 高强钢选区电子衍射花样的定性分析与定量标定，不仅可以了解激光加载下材料的晶粒尺寸变化规律，更可以获取材料具体的衍射晶面与晶带轴方向，辅助强激光作用下 E690 高强钢微观组织变化分析。图 6.11 所示是激光加载前 E690 高强钢基体 TEM 像与对应选区电子衍射花样。由图可知，材料基体为渗碳体与铁素体彼此平行排列而成的非均相结构，其相应的选区电子衍射花样为一系列点连续排列而成的直线，无法找出花样的特征平行四边形对其进行标定，故无法确定材料具体的衍射晶面指数，但可判定图像外围的衍射斑点属于一阶劳厄带，这是由垂直于电子束的倒易平面间距太小导致材料对应的厄瓦尔德球与一层倒易平面相交所致。

图 6.12 所示为 E690 高强钢经过功率密度为 1.53GW/cm^2 的激光冲击后的 TEM 像和对应的电子衍射花样。由图 6.12a 可知，经过 1.53GW/cm^2 的激光冲

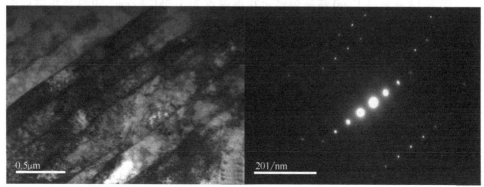

a) 激光加载前E690高强钢基体TEM像　　　　　　b) 对应的选区电子衍射花样

图 6.11　激光加载前 E690 高强钢基体 TEM 像
与对应选区电子衍射花样

击加载后，材料的渗碳体区域明显减少，铁素体和渗碳体两相边界逐渐模糊，但整体依旧呈现基体中类似的两相相互叠加而成的层状混合物，并且局部区域的晶粒开始出现细化现象。对该位置进行选区电子衍射，然后利用特征平行四边形法则对电子衍射花样标定，如图 6.12b 所示。对标定的结果对比分析可知，该区域呈现出珠光体与微量奥氏体的复相叠加，其发生衍射的晶面中晶带轴指数为［111］方向，衍射花样标定后可知晶粒呈现出体心立方晶格，结合 TEM 像可以判断该衍射区域存在铁素体；对另一套衍射花样标定分析可以确定衍射晶面中晶带轴指数为［125］方向，表明此处晶粒呈现面心立方晶格，结合图 6.12a 和冲击相变的相关理论可推知该衍射区域存在残留奥氏体。此外，图 6.12b 中仅有少数衍射斑向圆弧状变化，说明在 $1.53GW/cm^2$ 的激光加载下，E690 高强钢晶粒细化不明显。

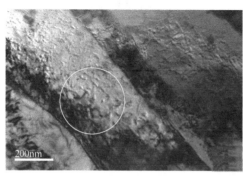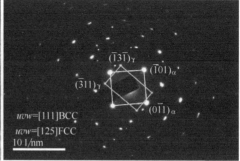

a) TEM像　　　　　　　　　　　　　b) 对应选区电子衍射花样

图 6.12　功率密度为 $1.53GW/cm^2$ 的激光冲击后的 E690
高强钢的 TEM 像和对应的电子衍射花样

113

图 6.13 所示是 E690 高强钢经过功率密度为 1.98GW/cm^2 的激光冲击后的 TEM 像和对应的电子衍射花样。由图 6.13a 可知，在功率密度为 1.98GW/cm^2 的激光作用下，激光冲击诱导高应变率作用形成的马氏体组织相互挤压导致原本形态改变，区域内位错分布均匀，原先的渗碳体薄层基本消失，剩下的渗碳体聚集在马氏体晶界处。

图 6.13b 为图 6.13a 中选取的电子衍射花样，标定分析该选区为两种相的叠加，其中晶带轴指数为［011］方向的衍射斑点表明此处晶粒为体心立方晶格，可以判断出该区域铁素体经激光冲击形成了 BCC（体心立方）结构位错型马氏体。马氏体的晶体结构常为 BCC 结构、BCT（体心四方）结构，在塑性变形的过程中 FCC 结构的奥氏体既可以转变成 BCC 结构的马氏体，也可以转变成 BCT 结构的马氏体，并且它们之间可以相互转化和共存。晶带轴指数为［125］的衍射斑点表明此处晶粒为面心立方晶格，且衍射斑亮度较暗，可推知此选区仍然存在微量的残余奥氏体。与功率密度 1.53GW/cm^2 激光冲击处理后试样的 TEM 像相比，1.98GW/cm^2 激光冲击处理后试样表面的珠光体形貌基本消失，渗碳体聚集在马氏体晶界处，位错明显增殖。

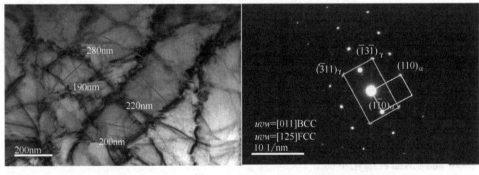

a) TEM 像 　　　　　　　　　　　　　b) 对应的电子衍射花样

图 6.13　功率密度为 1.98GW/cm^2 的激光冲击后的
E690 高强钢的 TEM 像及对应的电子衍射花样

图 6.14 所示是 E690 高强钢经过功率密度为 2.77GW/cm^2 的激光冲击后的 TEM 像和对应选区电子衍射花样。观察图 6.14a 可知，位错分布明显增殖，E690 高强钢表层晶粒继续保持细化趋势，此时有更多的渗碳体组织融进晶体内部，此时晶粒尺寸分布在 200nm 以内。图 6.14b 为图 6.14a 的电子衍射花样，标定分析该选区为两个体心立方的衍射斑点，且晶带轴指数为［100］方向，可以判断这是由两个马氏体晶粒组成，两套电子衍射花样的角度为 6.4°，表明这两个晶粒经过剧烈塑性应变后形成了取向差。此外，通过图 6.14b 可以看出衍射斑有不断向圆环状演化的趋势。与功率密度 1.98GW/cm^2 激光冲击处理后试

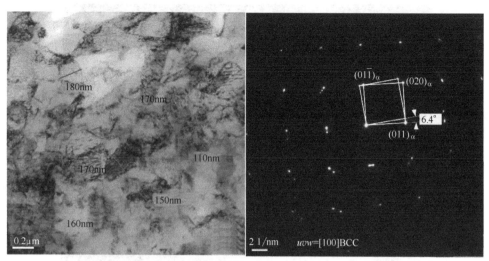

a) TEM像　　　　　　　　　　　　　　　b) 对应的电子衍射花样

图 6.14　功率密度为 2.77GW/cm² 的激光冲击后 E690 高强钢的
TEM 像及对应选区电子衍射花样

样的 TEM 像相比，2.77GW/cm² 激光冲击处理后 E690 高强钢试样表层的晶粒进一步细化。

图 6.15 所示是 E690 高强钢经过功率密度为 4.07GW/cm² 激光冲击后的 TEM 像和对应的电子衍射花样。从图 6.15a 可以观察到，经过此次冲击波加载后，材料中的第二相颗粒增多，一些渗碳体在晶粒内形成偏聚，晶粒尺寸分布在 200～300nm 之间，没有持续细化。图 6.15b 所示为对应的选区电子衍射花样，根据标定可以看出该区域仍然为两套标准的体心立方晶格，晶带轴指数为 [111] 方向，判断此处仍然是两个马氏体晶粒组成。与功率密度 2.77GW/cm² 激光冲击处理后试样的 TEM 像相比，4.07GW/cm² 激光冲击处理后试样表面的晶粒呈小角度晶界向大角度转化的趋势，两个晶粒的取向角差增大到 7.4°。在此功率密度下进一步观察 TEM 像，失稳分解组织发展成为均匀分散的两相结构，典型的明暗相间的波纹组织消失如图 6.15c 所示；该形貌像特征表明该区域发生调幅分解。对该选区进行电子衍射分析图如 6.15d 所示，由图 6.15d 可知，选区内出现了卫星斑，由形貌像和选取电子衍射表明在功率密度为 4.07GW/cm² 激光作用下调幅分解长大[13-14]。

图 6.16 所示是 E690 高强钢经过功率密度 5.09GW/cm² 激光冲击后的 TEM 像和对应的电子衍射花样。观察图 6.16 可知晶粒尺寸都在 100nm 以内，表明 E690 高强钢晶粒细化至纳米级；根据图 6.16b 可以看出，其衍射花样为连续的同心环，说明晶粒在经受 5.09GW/cm² 的强激光加载后形成了分布均匀，取向随机的纳米晶[15]。

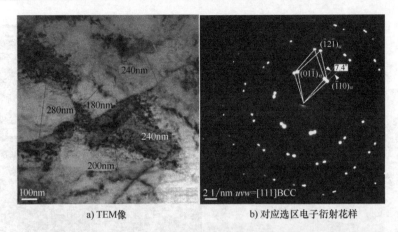

a) TEM像　　　　　　　b) 对应选区电子衍射花样

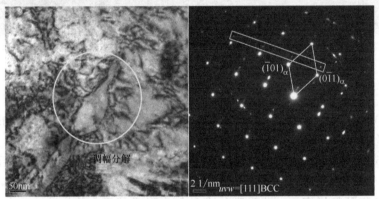

c) 调幅分解　　　　　　d) 卫星斑点

图 6.15　功率密度为 4.07GW/cm² 的激光冲击后 E690 高强钢的
TEM 像及对应选区电子衍射花样

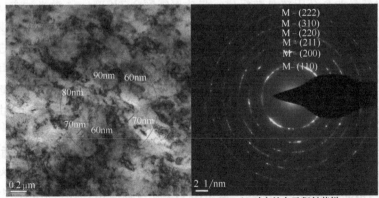

a) TEM像　　　　　　　b) 对应的电子衍射花样

图 6.16　功率密度为 5.09GW/cm² 的激光冲击后 E690 高强钢的
TEM 像及对应选区电子衍射花样

6.4　激光冲击 E690 高强钢表面成分分析

借助场发式扫描电子显微镜对三组未冲击的 E690 高强钢表面成分进行 EDS 分析，结果如图 6.17 所示。从其成分分布可以看出 E690 高强钢属于 Fe-C-Mn 钢。

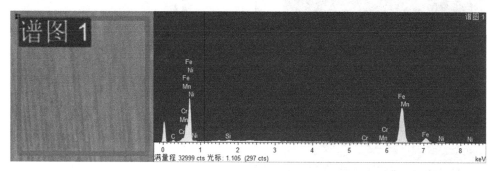

图 6.17　未做处理的 E690 高强钢表面成分 EDS

将所测三组基体试样 EDS 结果进行定量标定后，通过最小二乘法处理数据，得出各元素在基体中的质量分数和原子分数，见表 6.1。由表 6.1 可知，碳元素的质量分数为 1.7%，是一种典型的高碳钢。由于碳元素在 E690 高强钢中占比较高，故其具有高强度、低韧性的特征。

表 6.1　基体中各元素占比

元素	质量分数（%）	原子分数（%）
C	1.7	7.41
Si	0.45	0.85
Cr	0.76	0.77
Mn	1.23	1.17
Fe	95.86	89.81
总量	100	100

选取功率密度为 2.77GW/cm^2 和 4.07GW/cm^2 的激光冲击加载后，对 E690 高强钢表面渗碳体进行透射电镜的能谱点测 （EDS），所得结果如图 6.18 和图 6.19 所示。

由图 6.18 和图 6.19 可知，析出相中 Mn 含量较高，与基体试样的表面 EDS 类似，Cr 成分占比下降严重，这是由于在激光冲击的过程中，Cr 将 Fe 置换成碳化物。同时，Cr 可以增加 E690 高强钢的耐蚀性和淬透性，较容易形成马氏体。Mn 含量与基体保持一致，可见激光冲击功率密度对表面析出相成分影响不大。

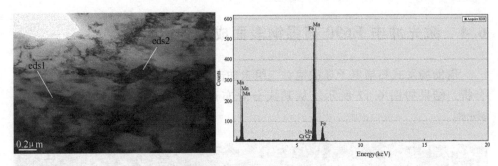

图 6.18　功率密度为 2.77GW/cm² 的激光冲击 E690 高强钢表面析出相的 EDS

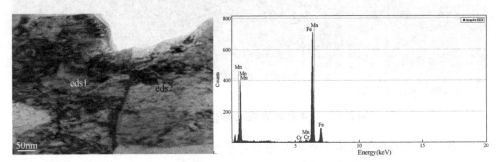

图 6.19　功率密度为 4.07GW/cm² 的激光冲击 E690 高强钢表面析出相的 EDS

6.5　激光冲击微观结构演变与 XRD 衍射图谱相关性

6.5.1　微观结构与表面残余应力相关性

在 X 射线衍射谱中，每个衍射都表现为一个尖锐的衍射峰，当结构中的原子呈某种无序排列时将出现弥散散射，这类原子中的电子在 X 射线的作用下不遵从 Bragg 方程，产生与入射光波长一致的散射光。

在衍射图上，高出背景线的强度峰可用衍射线的强度剖面表现，任一峰都有一定的宽度，且呈不完全对称或不对称。半高宽位置通常在背景线以上，峰宽中点位置常处于衍射峰高度的一半处，通常使用半高宽位置确定衍射峰 2θ 的位置（峰位）。不同的衍射峰，不对称的程度并不相同，其所对应的衍射峰形可以近似用对称性的 Voigt 函数表示。Voigt 函数是由 m 个 Cauchy 函数和 n 个 Gauss 函数卷积而成，其函数式为[16]：

$$Y(x) = \int_{-\infty}^{+\infty} Y_C(u) Y_G(x - u) \mathrm{d}u \tag{6-1}$$

Voigt 函数的半高宽以 2ω 表示，β 为积分宽，2ω/β 称为形状因子。

$$k = \beta_C / \pi^{1/2} \beta_G \tag{6-2}$$

晶粒大小相关函数为 Cauchy 形式，积分宽 β_C 为 Cauchy 组元，晶格畸变为 Gauss 形式，X 射线衍射试验获得的强度分布函数以 Voigt 函数表示其关系[16]。

晶粒宽化效应：

$$\beta_C = \lambda / (D_{hkl} \theta_0) \tag{6-3}$$

晶格畸变宽化效应：

$$\beta_G = 2(2\pi)^{1/2} \langle \varepsilon_{hkl}^2 \rangle^{1/2} \tan\theta_0 \tag{6-4}$$

式中，θ_0 为 Bragg 角；β 为积分宽；D_{hkl} 为晶面（hkl）垂直方向的晶体平均厚度；$\langle \varepsilon_{hkl}^2 \rangle^{1/2}$ 为晶面（hkl）垂直方向的均方根晶格畸变率。

将式（6-3）、式（6-4）代入式（6-2），得[16]

$$(2\omega)^2 \cos^2\theta_0 = \frac{4}{\pi^2}\left(\frac{\lambda}{D_{hkl}}\right)^2 + 32\langle \varepsilon_{hkl}^2 \rangle \sin^2\theta_0 \tag{6-5}$$

因此，对于待测试样，当试验获得某一个衍射一级、二级或者多级衍射强度分布曲线，量出相关的半高宽后，代入式（6-5），两个或多个方程联立，即可解出平均晶粒度 D_{hkl} 和方均畸变率 ε_{hkl}^2。

由 williamson 公式可知位错密度为[17]：

$$\rho = \frac{2\sqrt{3}}{b} \frac{\langle \varepsilon_{hkl}^2 \rangle^{\frac{1}{2}}}{D_{hkl}} \tag{6-6}$$

式中，ρ 为位错密度；b 为柏氏矢量。

综上所述，由式（6-5）建立了半高宽和平均晶粒度、晶格畸变的对应关系，式（6-6）建立了半高宽与位错密度的对应关系。X 射线应力分析仪的准直管直径 1mm，在 X 射线照射范围内有足够多的晶粒，其晶粒阵列对应晶面衍射，不同晶粒对应干涉级数不同。X 射线应力分析仪所测为 E690 高强钢试样内有干涉能力的 <211> 面垂直方向的晶格应变，其测得的衍射强度分布曲线和半高宽为均值，无法应用于式（6-5）。一般材料各晶粒内的微观应力符合正态分布，各晶粒晶面间距的变化也符合正态分布，只要晶粒足够小且呈无规则分布，X 射线照射范围内也会有足够多的晶粒参与衍射，晶粒的衍射晶面面间距平均值是宏观应力和微观应力的平均值共同作用的结果，衍射晶面面间距分布的方差反映在衍射谱线是线形的宽化效应。

6.5.2　激光冲击强化 E690 高强钢的 XRD 分析

运用 Jade 软件对 X 射线衍射曲线进行处理。首先，对实测峰形进行去除背景、扣除 $K_{\alpha 2}$（从 LZ 子能级跳入 K 层空位时产生的杂射线）和平滑处理，得到不同功率密度激光冲击区域 X 射线衍射图谱，如图 6.20 所示。

对图 6.20 中的特征衍射晶面（110）和（200）的半高宽（FWHM）进行提取，分别沿功率密度绘制成曲线，如图 6.21a、c 所示。由图 6.21a、c 可知，随着激光功率密度的增加，XRD 衍射图谱的半高宽（FWHM）基本呈现增大趋势，但当功率密度为 4.07GW/cm² 时，半高宽（FWHM）增长曲线出现拐点；当功率密度达到 5.09GW/cm² 时，半高宽再次随着功率密度的增大发生宽化。

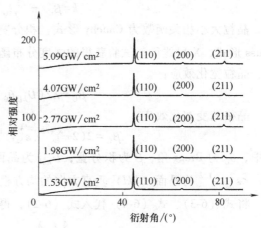

图 6.20　E690 高强钢不同功率密度激光冲击区域 X 射线衍射图谱

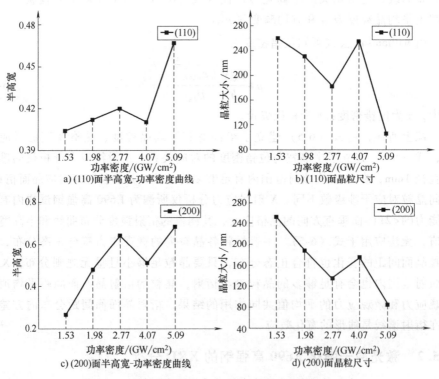

a) (110)面半高宽-功率密度曲线

b) (110)面晶粒尺寸

c) (200)面半高宽-功率密度曲线

d) (200)面晶粒尺寸

图 6.21　X 射线衍射半高宽-功率密度关系和晶粒尺寸

根据谢乐（Scherrer）公式：

$$D = (0.89\lambda) / [\beta_{(2\theta)} \cos\theta] \tag{6-7}$$

式中，D 为晶粒尺寸；λ 为入射线波长；$\beta_{(2\theta)}$ 为对应衍射晶面的半高宽；θ 为入射角。

由式（6-7）得出不同衍射晶面半高宽对应的晶粒尺寸，如图 6.21b、d 所示。取各衍射晶面晶粒尺寸的平均值作为统计值，可见随着功率密度的增加，晶粒尺寸逐步减小。但当激光功率密度为 2.77GW/cm² 时，晶粒尺寸开始呈现增大的趋势；当激光功率密度增加至 4.07GW/cm² 时，晶粒尺寸达到最大，而后再次随着功率密度的增大而减小；当激光功率密度为 5.09GW/cm² 时，相干衍射平均晶粒尺寸在衍射方向上达到 100nm 以下，表面出现纳米晶。

6.5.3 XRD 图谱所得晶粒尺寸与 TEM 下晶粒尺寸的对比

通过谢乐公式对激光冲击 E690 高强钢 XRD 图谱进行分析，E690 高强钢为面心立方结构，得出的晶粒尺寸如图 6.21b、d 所示，E690 高强钢晶粒尺寸分布在 80~200nm 之间。观察 TEM 像可知：当激光功率密度较小时，晶粒尺寸在 300~800nm 之间，XRD 所得晶粒尺寸在 200nm 以下，两者尺寸不一致；由于在 X 射线衍射的过程中，XRD 测得的相干衍射平均晶粒尺寸中包括由于位错、滑移、攀移，形成的多边形结构的位错胞尺寸，而 TEM 观察到的是亚晶的尺寸结构，所以 TEM 观察尺寸大于 XRD。随着激光功率密度的增大，XRD 测得的晶粒尺寸和 TEM 像观察的尺寸呈现一致性；由于在极端的塑性变形下 E690 高强钢产生了晶粒细化现象，在外来载荷的作用下亚晶粒动态再结晶演变成大角晶界，新晶粒形成[18]。

6.5.4 E690 高强钢的失稳分解过程

E690 高强钢析出相为盘状 ε，完成脱溶后，平衡析出相为 $\varepsilon(Fe_3C)$。由于激光冲击强化具有高压、超快、超高应变率等特征，在高压作用下，塑性应变能转化为热能；同时在激光冲击过程中，E690 高强钢材料本身处于亚稳定状态，极易发生失稳分解，在固溶体中产生浓度梯度。此时，固溶体的点阵常数和化学键发生变化，其 Gibbs 能的变化 ΔG 为[19]：

$$\Delta G = \frac{1}{2}\left[G(C_0+\Delta C) + G(C_0-\Delta C) \right] - G(C_0) \tag{6-8}$$

将 $G(C_0+\Delta C)$ 和 $G(C_0-\Delta C)$ 用三阶泰勒公式展开，可得

$$G(C_0+\Delta C) = G(C_0) + \Delta C G'(C_0) + \frac{\Delta C^{(2)}}{2}G^{(2)}(C_0) + \frac{\Delta C^{(3)}}{6}G^{(3)}(C_0) + L \tag{6-9}$$

$$G(C_0-\Delta C) = G(C_0) - \Delta C G'(C_0) + \frac{\Delta C^{(2)}}{2}G^{(2)}(C_0) - \frac{\Delta C^{(3)}}{6}G^{(3)}(C_0) + L$$

$$\tag{6-10}$$

即

$$\Delta G = \frac{1}{2!}\Delta C^{(2)}\,G^{(2)}(C_0) + \frac{1}{4!}\Delta C^{(4)}\,G^{(4)}(C_0) + L \tag{6-11}$$

式中，C_0 为母相中的平均成分；$G(C_0)$ 为摩尔 Gibbs 能。

由式（6-11）可得，当 $G^{(2)}(C_0)>0$ 时，成分变化时系统的 Gibbs 能上升；当 $G^{(2)}(C_0)<0$ 时，成分变化导致系统的 Gibbs 能降低。

失稳分解后，原相分解成为结构相同而晶格常数各异的新相，导致选区衍射电子花样上出现卫星斑点。图 6.22 所示是激光功率密度为 4.07GW/cm^2 时试样表面的典型 TEM 像和相应的选区电子衍射（SAED）花样。图 6.22 中可以观察到具有周期性明暗交替的条纹结构，这是典型的失稳分解形貌[20-21]。衍射斑点呈现椭圆形，卫星斑点隐约可见。由于失稳分解的两相具有相近的晶格常数，衍射斑点重叠后呈椭圆形。根据 TEM 像和 SAED 花样可以推断在激光功率密度为 4.07GW/cm^2 时，E690 高强钢发生了失稳分解。

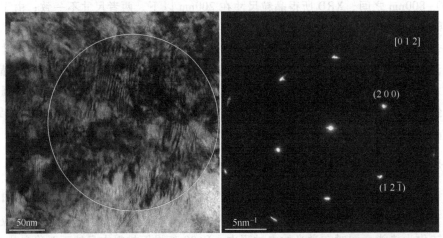

a) 典型TEM像　　　　　　　　　　　　　b) 相应的选区电子衍射花样

图 6.22　激光功率密度为 4.07GW/cm^2 时的典型 TEM 像和相应的选区电子衍射花样

由于激光冲击强化具有高压、超快、超高应变率等特点，在高压作用下，塑性应变能转化为热，使材料温度上升导致各相的 Gibbs 能上升，故在激光冲击强化导致晶粒失稳分解的后期，E690 高强钢处于亚平衡状态，但分散的颗粒使系统获得较高的界面能，同时保持着较高的 Gibbs 能。为了降低界面能和 Gibbs 能，细小的脱溶物沿浓度梯度融入较为粗大的颗粒中，即发生了晶粒粗化现象，这种晶粒粗化现象被称为奥斯特瓦尔德熟化（Ostwald Ripening）[22-23]。

通过 XRD 的分析可知，当功率密度为 2.77GW/cm^2 时，半高宽增大趋势终止，曲线到达拐点；当功率密度为 4.07GW/cm^2 时，试样表面发生了晶粒粗化现象；当功率密度为 $4.07GW/cm^2$ 时，TEM 像中观察到典型的 Ostwald 熟化现象，如图 6.23 所示，其中图 6.23b 为图 6.23a 的暗场像：晶粒 B 是尺寸较为粗大的晶粒，在发生失稳分解的后期，片状 ε 相逐渐分解为细小晶粒 a1、b1、c1、d1、e1、f1、g1、h1、i1，沿浓度梯度逐渐向 B 移动，细小的晶粒融入粗大晶粒 B，导致晶粒 B 的尺寸进一步增大。这与通过 X 射线衍射所得相干衍射平均晶粒尺寸变化一致。由此可知，在该功率密度下激光冲击材料表面，会使其发生失稳分解，进而产生 Ostwald 熟化现象。

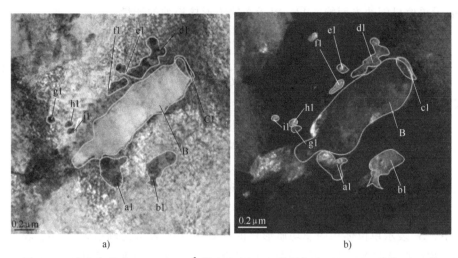

图 6.23　功率密度为 $4.07GW/cm^2$ 激光冲击 E690 高强钢表面 Ostwald 熟化 TEM 像

当功率密度不大于 $2.77GW/cm^2$ 时，由图 6.21 可知 XRD 衍射图谱的半高宽（FWHM）呈现宽化趋势，晶粒尺寸逐步减小；由图 6.12~图 6.14TEM 像可知，形核晶粒本身较为粗大，其晶粒尺寸虽然随着激光功率密度的增大不断减小，且存在一定的细小尺寸晶粒（图 6.10），但试样 TEM 像未观察到 Ostwald 熟化现象，由此推知界面能不足以支撑细小晶粒完成迁移。当功率密度达到 $5.09GW/cm^2$，由 XRD 分析可知，相干衍射平均晶粒尺寸达到 100nm 以下，试样 TEM 像也观察到纳米晶，如图 6.16 所示；极高功率密度的激光冲击材料表面，E690 高强钢在极端的塑性变形下产生了剧烈的位错生长和晶粒细化现象，材料表面出现纳米晶，其结晶时形成较为细小且均匀的晶粒；细小的脱溶物沿浓度梯度融入较为粗大的颗粒是产生 Ostwald 熟化现象的前提。因此，细小且均匀的纳米晶不满足 Ostwald 熟化的条件，故晶粒尺寸保持稳定，激光冲击 E690 高强钢表面 XRD 与 TEM 像具有较好的一致性。

6.5.5　E690 高强钢的形核—长大过程

激光冲击 E690 高强钢的过程中发生相变经历 Gibbs 能的涨落，由于 E690 高强钢在相变过程中伴随位错生长、存在原始晶界和空位、夹杂等非平衡缺陷[24]，故相变属于小范围内原子激烈的重排，随着 Gibbs 能的涨落，新相核心逐渐形成，然后向周围母相长大形成新的相。此类相变在热力学中属于连续型相变，相变驱动力为新、旧两相的 Gibbs 能的差，Gibbs 能变化如下[24]：

$$\Delta G = -V_{\beta}(\Delta G_V - \Delta E_{\varepsilon}) + Av - \Delta E_d \tag{6-12}$$

式中，ΔG 表示形核时总 Gibbs 能变化；V_{β} 表示新相形成的体积；ΔG_V 表示相变前后单位体积 Gibbs 能涨落；ΔE_{ε} 表示新相单位体积应变能；A 表示界面面积；v 表示单位界面的界面能；ΔE_d 表示在缺陷形核松弛的能量。

单位晶核的形核功 ΔG_c 为[24]：

$$\Delta G_c = \frac{\eta v^3}{(\Delta G_V - \Delta E_{\varepsilon})^2} \tag{6-13}$$

式中，η 表示晶核形状修正系数。

式（6-12）中 ΔE_{ε} 按照该顺序递增，ΔG_c 按照该顺序递减：①均匀形核部位；②空位；③位错；④层错；⑤晶界及相界；⑥表面。

由式（6-12）可知，晶核优先在序号较大的部位形核，但对于系统的形核速率由相对数量决定，故非均质形核的速率 R_i 为[24]：

$$R_i = \dot{N}_i = \omega_i N_i \exp\left[-(\Delta G_{ic} + E_a)/KT\right] \tag{6-14}$$

式中，N_i 表示单位体积内非均质形核的位置数；ω_i 表示比例系数；ΔG_{ic} 表示材料非均质形核的形核功；E_a 是所需的激活能；KT 表示温度的变化。

由于激光冲击强化具有高压、超快、超高应变率的特征，E690 高强钢表面受冲击时的温度变化无法测量，但极高的压强（GPa）导致材料过冷度下降，对应热力学的相变驱动力的上升，由温度引起的相变，在一定条件下可以由应力等效诱发。

式（6-14）中形核功 ΔG_{ic} 与 ΔG_c 在几何学上具有对应关系：

$$\Delta G_{ic} = \Delta G_c (2 + \cos\theta)(1 - \cos\theta)^2 / 2 \tag{6-15}$$

式中，θ 表示新相的晶粒与母相晶粒的几何学关系。

晶界面上的形核原理示意图如图 6.24 所示。

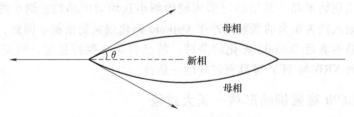

图 6.24　晶界面上的形核原理示意图

均质形核速率 R_h 为：

$$R_h = \dot{N}_h = \omega_h N_h \exp\left[-(\Delta G_c + E_a)/KT\right] \qquad (6\text{-}16)$$

式中，N_h 表示单位体积内均质形核的位置数；ω_h 表示比例系数。

故可得总的形核速度 R 为：

$$R = R_h\left[1 + \frac{N_i}{N_h}\exp\left(\frac{\Delta G_c - \Delta G_{ic}}{KT}\right)\right] \qquad (6\text{-}17)$$

令 $I = \exp\left(\dfrac{\Delta G_c - \Delta G_{ic}}{KT}\right)$，由式（6-17）可知，形核速率是由 N_i/N_h 以及 I 决定，但当驱动力较小时，由于 $\Delta G_c > \Delta G_{ic}$，所以 I 在理论上远大于 1，非均质形核占主导地位；驱动力较大时，ΔG_c 与 ΔG_{ic} 同步降低，导致材料趋向均质形核。故只有大的相变驱动力和大的晶粒度有利于均质形核。

综上所述，在激光冲击 E690 高强钢的过程中，系统具备由过冷度转化而成的相变驱动力，但 E690 高强钢基体是由铁素体和渗碳体交叠的珠光体复相组织，晶粒厚度 200~400nm，晶粒度较小；按照形核优先级考虑，在 E690 高强钢的表面，小角度晶界和位错缺陷处更易于形核。非均质形核速率较高，结合上述分析可推断激光冲击 E690 高强钢表面发生了非均质形核，这与马氏体相变晶粒形核的方式是一致的[25]。

6.6　激光冲击强化 E690 高强钢表面微结构响应模型

鲁金忠提出了激光冲击强化 2A02 铝合金晶粒的细化模型[26]，罗新民分析了激光冲击 304 奥氏体不锈钢位错的种类和特征[27]，建立了激光冲击表面改性层内微结构示意图，激光冲击强化过程中，随着等离子体气化物形成的冲击波在金属表面作用，位错在其上重排并生长，部分原始晶格界线消失[28]，由于部分弹性位错能被新相在位错上形核抵消，使晶体缺陷上形核功降低，与均质形核相比晶核更易形成，故在冲击后快速生长形成的位错和原有晶界易于形核[29]。根据上述学者的相关研究，结合前文 E690 高强钢表面结构形貌和失稳分解过程的分析，本节建立了激光冲击强化 E690 高强钢表面微结构响应模型。

不同功率密度下激光冲击强化 E690 高强钢表面微结构响应模型示意图如图 6.25 所示，在试样初步形核完成后，过于分散且尺寸粗大的晶粒形成相对平衡态的物相分布，但系统具有较高的界面能。为降低系统的界面能，一部分细小晶粒沿浓度梯度向较大的晶粒移动并相互融合成新的颗粒，该现象由材料在激光冲击后形核的晶粒大小差距决定，形核过程分为三种状态。状态 A，材料表面会形成较为稀疏的位错，且形核晶粒本身较为粗大，随着激光能量的增大其晶粒尺寸不断减小，虽然存在一定的细小尺寸的晶粒，但界面能不足以支撑细小晶粒完成迁移，当功率密度不大于 $2.77\mathrm{GW/cm^2}$ 时满足状态 A 条件。随着功率密度的增长，在功率密度增大到 $4.07\mathrm{GW/cm^2}$ 时，系统处于状态 B，相邻晶粒尺寸差异较大，界面能处于高位，细小晶粒 1、2、3 失稳分解向相邻的粗大晶粒 M 移动，随后细小晶粒 1、2、3 逐渐分解形成 1_n、2_n、3_n 三组更加细小的晶粒，三组更加细小的晶粒逐渐融入粗大晶粒 M，细小晶粒消失，晶粒 M 尺寸进一步增大；在状态 B 时，细小晶粒逐渐分解消失，粗大晶粒的尺寸进一步增大，该现象表明材料表面产生了 Ostwald 熟化现象。当功率密度继续增大，激光功率密度为 $5.09\mathrm{GW/cm^2}$ 时，系统会处于状态 C，材料表面受到强激光冲击后，极端塑性变形导致剧烈的位错生长和晶粒细化，产生细小且均匀的纳米晶，不满足迁移条件。

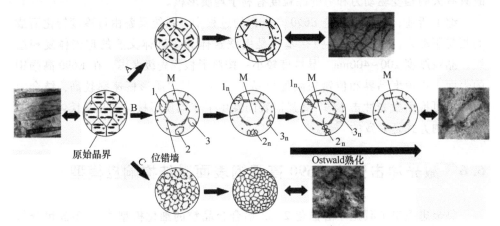

图 6.25　不同功率密度下激光冲击强化 E690 高强钢表面微结构响应模型示意图
路径 A—功率密度范围在（$1.98\mathrm{GW/cm^2}$，$2.77\mathrm{GW/cm^2}$）；路径 B—功率密度范围在
（$2.77\mathrm{GW/cm^2}$，$5.09\mathrm{W/cm^2}$）；路径 C—功率密度范围超过 $5.09\mathrm{W/cm^2}$

6.7　本章小结

本章针对激光冲击 E690 高强钢表面马氏体相变进行形貌和理论分析，得出激光冲击 E690 高强钢马氏体相变的过程，分析了马氏体相变的具体类型；研究了不同激光功率密度下 E690 高强钢试样表面 XRD 与微结构之间的关系，得出以下结论：

1）E690 高强钢原始组织形貌为片状渗碳体和板条状铁素体交叠的片状珠光体形貌，在激光冲击的高应变率下产生了更多的微结构缺陷，有利于马氏体形核；随着功率密度的提升，E690 高强钢选区电子衍射斑点不断拉长，向圆环状转变趋势增大，材料表层晶粒不断细化，且当功率密度为 5.09GW/cm² 时，E690 高强钢表层形成了取向各异、分布均匀的纳米晶；E690 高强钢表层晶粒越小，其表层残余应力、硬度越大。此外，当功率密度由 2.77GW/cm² 上升至 4.07GW/cm² 或 5.09GW/cm² 时，相应的选区电子衍射斑点标定结果表明，增大激光能量、提升应变率有利于提高材料表层相邻晶粒间的晶体学取向差。

2）功率密度 5.09GW/cm² 激光冲击处理后 E690 高强钢试样的截面可划分为晶粒显著细化层、晶粒细化过渡层和原始组织，其最表层截面晶粒大小分布在 80~200nm 之间，且沿着深度方向不断增大，直至达到原始组织中的晶粒尺寸。

3）XRD 曲线表明，同一衍射晶面的半高宽随功率密度的增大而发生宽化效应，当功率密度达到 4.07GW/cm² 时，半高宽的宽化效应减弱，材料表面发生 Ostwald 熟化现象。通过对 E690 高强钢的 TEM 像分析，E690 高强钢经过不同功率密度的激光冲击强化产生了晶粒细化现象；功率密度达到 4.07GW/cm² 时，E690 高强钢试样表面发生 Ostwald 熟化现象，细小晶粒进一步分解，向粗大的晶粒移动，并融入组成新的稳定的粗大晶粒；功率密度为 5.09GW/cm² 时，在材料表面产生纳米晶。

4）XRD 和 TEM 像对比分析可知：在激光功率密度较小时，XRD 分析所得晶粒尺寸为多边形结构的位错胞尺寸，TEM 像观测所得为亚晶尺寸，故 TEM 观察尺寸大于 XRD；随着激光功率密度的增大，TEM 观测晶粒尺寸与 XRD 分析所得晶粒尺寸具有较好的一致性。

5）建立了激光冲击强化 E690 高强钢微结构响应模型，分三种状态描述了对激光冲击强化 E690 高强钢微观组织的演变机制，但其中关于发生 Ostwald 熟化现象的阈值还需要进一步的试验研究，对于马氏体相变形核功的定量测试以及形核所需的激光能量仍需要深入研究。

参考文献

[1] CAO Y P, FENG A X, HUA G R. Influence of interaction parameters on laser shock wave induced dynamic strain on 7050 aluminum alloy surface [J]. Journal of Applied Physics, 2014, 116 (15): 1531105-1-1531105-8.

[2] GRANADOS-ALEJO V, RUBIO-GONZÁLEZ C, VÁZQUEZ-JIMÉNEZ C A, et al. Influence of specimen thickness on the fatigue behavior of notched steel plates subjected to laser shock peening [J]. Optics & Laser Technology, 2018, 101: 531-544.

[3] SCHULTZE M, RAMASESHA K, PEMMARAJU C D, et al. Attosecond band-gap dynamics in silicon [J]. Science, 2014, 346 (6215): 1348-1352.

[4] LU J Z, WU L J, SUN G F, et al. Microstructural response and grain refinement mechanism

of commercially pure titanium subjected to multiple laser shock peening impacts [J]. Acta Materialia, 2017, 127: 252-266.

[5] LU J Z, LUO K Y, ZHANG Y K, et al. Grain refinement mechanism of multiple laser shock processing impacts on ANSI 304 stainless steel [J]. Acta Materialia, 2010, 58 (16): 5354-5362.

[6] HUANG S, ZHU Y, GUO W, et al. Impact toughness and microstructural response of Ti-17 titanium alloy subjected to laser shock peening [J]. Surface & Coatings Technology, 2017, 327: 32-41.

[7] 徐士东，任旭东，周王凡，等. GH2036 合金激光冲击胞-晶细化与位错强化机理研究 [J]. 中国激光, 2016, 43 (1): 46-51.

[8] 孙汝剑，李刘合，朱颖，等. 激光冲击强化对 TC17 钛合金微观组织及拉伸性能的影响 [J]. 稀有金属材料与工程, 2019, 48 (2): 491-499.

[9] RAJESH N P, ANANTHI V J, VINITHA G, et al. Investigations on structural, optical and electrical properties of phenyl benzoate single crysta [J]. Optics and Laser Technology, 2018, 104: 43-48.

[10] RAMANDI H L, MOSTAGHIMI P, ARMSTRONG R T, et al. Porosity and permeability characterization of coal: a micro-computed tomography study [J]. International Journal of Coal Geology, 2016, 154-155: 57-68.

[11] SHI Y H, SUN K, CUI S, et al. Microstructure evolution and mechanical properties of underwater dry and local dry cavity welded joints of 690MPa grade high strength steel [J]. Materials, 2018, 11 (1): 167.

[12] AASHISH R, AYOUB S, ELIZABETH V S, et al. An investigation of enhanced formability in AA5182-O Al during high-rate free-forming at room-temperature: Quantification of deformation history [J]. Journal of Materials Processing Technology, 2014, 214 (3): 722-732.

[13] TIMOTHY G L, DAVID A C, THAK S B, Evolution of the role of molybdenum in duplex stainless steels during thermal aging: From enhancing spinodal decomposition to forming heterogeneous precipitates [J]. Journal of nuclear materials, 2021, 557: 153268.

[14] SUN L Y, VASIN R N, ISLAMOV A K, et al. Influence of spinodal decomposition on structure and thermoelastic martensitic transition in MnCuAlNi alloy [J]. Materials letters, 2020, 275: 128069.

[15] 曹宇鹏，杨聪，施卫东，等. 激光冲击 690 高强钢位错组态与晶粒细化的实验研究 [J]. 光子学报, 2020, 49 (4): 31-42.

[16] 张婉静. 固体催化剂的研究方法第十章多晶 X 射线衍射（中）[J]. 石油化工, 2001, 30 (8): 650-659.

[17] 杨传铮，姜传海. 衍射线宽化的线形分析和微结构表征（续）[J]. 理化检验（物理分册）, 2014, 50 (10): 708-713; 726.

[18] Lu J Z, Luo K Y, Zhang Y K, et al. Grain refinement of LY2 aluminum alloy induced by ultra-high plastic strain during multiple laser shock processing impacts [J]. Acta Materialia, 2010, 58 (11): 3984-3994.

［19］　孙振岩，刘春明. 合金中的扩散与相变［M］. 沈阳：东北大学出版社，2002.

［20］　SHEN K，YIN Z M，WANG T. On spinodal decomposition in ageing 7055 aluminum alloys ［J］. Materials Science and Engineering（A），2007，477（1-2）：395-398.

［21］　WANG J，ZOU H，LI C，et al. The spinodal decomposition in 17-4PH stainless steel subjected to long-term aging at 350 deg C ［J］. Materials Characterization，2008，59（5）：587-591.

［22］　XU K，BONNECAZE R，BALHOFF M. Egalitarianism among bubbles in porous media：an ostwald ripening derived anticoarsening phenomenon ［J］. Physical Review B：Condensed Matter & Materials Physics，2017，119（26）：264502.

［23］　Wang X，VAN Bokhoven J A，PALAGIN D. Ostwald ripening versus single atom trapping：towards understanding platinum particle sintering ［J］. Physical Chemistry Chemical Physics，2017，19（45）：30513-30519.

［24］　唐志平. 冲击相变［M］. 北京：科学出版社，2008.

［25］　徐祖耀. 马氏体相变与马氏体［M］. 2 版. 北京：科学出版社，1999.

［26］　LU J Z，LUO K Y，ZHANG Y K，et al. Grain refinement of LY2 aluminum alloy induced by ultra-high plastic strain during multiple laser shock processing impacts ［J］. Acta Materialia，2010，58（11）：3984-3994.

［27］　LUO X M，WANG X，CHEN K M，et al. Surface layer high-entropy structure and anti-corrosion performance of aero-aluminum alloy induced by laser shock processing ［J］. Acta Metallurgica Sinica，2015，51（1）：57-66.

［28］　PICOZZI A，GARNIER J，HANSSON T，et al. Optical wave turbulence：towards a unified nonequilibrium thermodynamic formulation of statistical nonlinear optics ［J］. Physics Reports，2014，542（1）：1-132.

［29］　LUO X M，WANG X，CHEN K M et al. Surface layer high-entropy structure and anti-corrosion performance of aero-aluminum alloy induced by laser shock processing ［J］. ActaMetallurgicaSinica，2015，51（1）：57-66.

第7章　激光冲击诱导 E690 高强钢表面自纳米化中调幅分解的试验研究

7.1　引言

E690 高强钢具有强度高，低温冲击韧度、抗层状撕裂能力和焊接性能好等优点[1-3]，是海洋工程平台桩腿制造的常用钢种。在高压、重载、腐蚀性等复杂工况下，E690 高强钢工件常因表面失效导致工件失效，因此，通过强化材料表面有效地提高材料的服役性能具有重要工程应用价值。激光冲击强化（LSP）是一种先进的表面改性技术，在激光冲击波的力学作用下，材料表面发生塑性变形，可形成纳米梯度变形层[4]和梯度残余压应力[5-6]，而表面纳米晶层可以有效地防止表面裂纹的萌生，内部较粗的晶粒能有效抑制疲劳裂纹的扩展，进而材料表面的抗疲劳、耐磨、耐蚀等性能[7-9]大幅提高。激光冲击具有峰值压力大（GPa 级）、作用时间短（ns 级）的特点，调幅分解引起无须形核的快速转变极有可能存在于激光冲击过程中。调幅分解是一种无须形核的脱溶转变，史佳庆、马涛等研究了材料在热处理过程中调幅分解的演化过程，调幅分解诱发了多种强化机制，提高了材料的力学性能[10-11]；目前激光冲击表面改性主要从表面微观组织结构如梯度晶粒细化层等领域开展研究[12-13]，而对于表面微观组织演变中调幅分解的研究尚鲜见报道。

本文使用优选工艺参数对 E690 高强钢试样进行激光冲击强化处理，借助 XRD、TEM、EDS 研究激光冲击后 E690 高强钢试样表面自纳米化中的调幅分解机制，建立激光冲击下基于调幅分解的 E690 高强钢微观响应模型，为准确阐述激光冲击诱导 E690 高强钢表面残余应力形成机制提供证据，具有重要理论意义和工程价值。

7.2　试验材料与方法

7.2.1　试验材料

试样材料使用 E690 高强钢，其化学组成与力学性能见表 7.1。通过线切割从 E690 高强钢中割出尺寸为 50mm×50mm×5mm 的两块试样，在金相磨抛机上依次使用粒度为 P400~P2000 的砂纸对试样打磨抛光，置于无水乙醇中超声清洗 5min，吹干后备用。试样 1 为不作任何处理用于对比的试样，试样 2 则进行激光冲击处理。

表 7.1 E690 高强钢的化学组成（质量分数，%）与力学性能

w_C	w_S	w_P	w_{Mn}	w_{Si}	w_{Cr}	w_{Ni}	w_{Mo}	w_V	σ_b/MPa	σ_s/MPa
≤0.18	≤0.01	≤0.02	≤1.6	≤0.50	≤1.5	≤3.5	≤0.7	≤0.08	≥690	835

7.2.2 试验过程

激光冲击试验采用 YS100-R200A 激光冲击强化成套设备（天瑞达光电技术股份有限公司，西安），根据课题组以往的研究结果，使用优选后的工艺参数对试样进行处理，具体参数如下：激光波长为 1064nm，激光能量为 7J，激光脉宽为 20ns，光斑直径为 2mm，搭接率为 70%，冲击区域为 10mm×10mm 的正方形；吸收层使用黑胶带，约束层使用去离子水。第一次冲击完成后回到原点，保持激光参数不变，再重复冲击两次，激光冲击试验及光斑搭接方案示意图如图 7.1 所示。

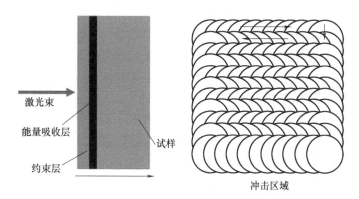

激光束
能量吸收层
约束层
试样
冲击区域

图 7.1 激光冲击试验及光斑搭接方案示意图

7.2.3 分析与检测

试样使用 X 射线衍射仪（Ultima IV，Rigaku 公司，日本）进行 XRD 衍射图谱测定，测定时采用连续扫描模式，2θ 角范围选用 30°~90°，扫描速度采用 4°/min。使用场发射式高分辨透射电子显微镜（Tecnai G2 F20，FEI 公司，美国）对比观察激光冲击处理前后试样表面的微观组织结构，其 TEM 试样制备过程如下：先用线切割在试样冲击区域割出 5mm×5mm×2mm 的试样，对试样背面用粒度为 P400~P2000 的砂纸将其减薄至 0.5mm；采用圆片打孔机（Gatan 659）

沿试样表面取下直径为 3mm 的试样薄片，采用试样固定加热台（Gatan 653.40002）和热熔胶将试样薄片固定在手工研磨盘（Gatan 623）上并将试样薄片沿背面进行研磨至 60μm，利用高精度凹坑仪（Gatan 656）对试样薄片的背面进行凹坑珩磨，最后利用精密离子减薄仪（Gatan 695.C）对珩磨好的薄片进行离子减薄。

7.3 结果与分析

7.3.1 E690 高强钢表面 XRD 衍射图谱分析

试样 1 和激光冲击处理后的试样 2 分别使用 X 射线衍射仪采集其表面的 XRD 衍射图谱，并使用 Jade6.5 软件处理 XRD 衍射图谱，即对实测峰形进行去除背景、扣除 $K_{\alpha 2}$ 和平滑处理，激光冲击前后 E690 高强钢表面的 XRD 衍射图谱如图 7.2 所示。观察图 7.2 可知，衍射图谱中存在三个主要的衍射峰，各衍射峰分别对应（110）、（200）和（211）；其中试样 1 表面晶面（110）的衍射强度最高，半高宽最小，这表明冲击前基体的结晶度较好。激光冲击引起的晶格畸变使得各个衍射晶面粗糙不平，发生布拉格衍射时，X 衍射被严重散射，从而使得衍射峰的强度降低[14]。激光冲击处理后，试样 2 衍射峰的衍射强度降低，半高宽出现宽化现象。

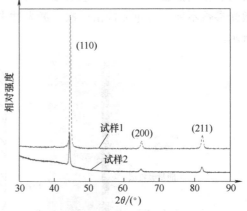

图 7.2　激光冲击前后 E690 高强钢
表面的 XRD 衍射图谱

将各晶面对应衍射峰的半高宽和 2θ 角代入 Scherrer 公式[15]［见式（7-1）］算出激光冲击后 E690 高强钢试样表面的晶粒尺寸大小，详细数据见表 7.2。由表 7.2 可知，E690 高强钢试样表面的晶粒尺寸在 30nm 左右，试样表面可能产生了纳米晶。

$$D = \frac{K\lambda}{\beta \cos\theta} \tag{7-1}$$

式中，D 为晶粒尺寸（nm）；K 为常数，取为 1；λ 为 X 射线波长（0.1541nm）；β 为半高宽（rad）；θ 为入射角。

表 7.2　冲击后试样表面 XRD 衍射图谱中晶面指数、2θ、半高宽及推算的晶粒大小

晶面指数	$2\theta/(°)$	半高宽/rad	晶粒大小/nm
（110）	44.319	0.004835	34.41
（200）	64.740	0.006231	29.27
（211）	81.961	0.006894	29.60

　　通常激光冲击处理后试样表面晶格常数减小，衍射峰向高角度移动，同时表面残余压应力增大[16-17]。观察图 7.2 可知，激光冲击处理后试样 2 表面的衍射峰向低角度移动，与之前学者的研究成果不同，经多次测定其衍射峰变化规律保持不变。为探究本次试验与前人研究成果不同的原因，以衍射强度最高的衍射峰（110）为研究对象，对该衍射峰进行放大并使用 Voigt 函数对其进行分峰拟合处理，所得结果如图 7.3 所示。

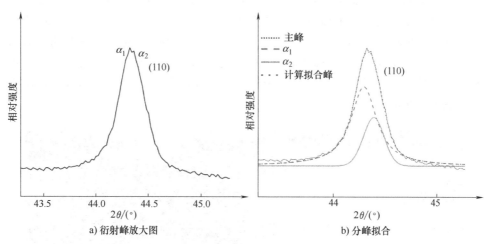

a) 衍射峰放大图　　　　　　　　b) 分峰拟合

图 7.3　激光冲击后试样 2 表面的 XRD 图谱中（110）晶面的衍射峰放大图及分峰拟合

　　观察图 7.3a 可知，激光冲击后试样 2 表面衍射峰（110）分裂形成两个小峰（边带峰），即原相分解为 α_1 和 α_2 两个新相。调幅分解是溶质原子的上坡扩散形成了结构相同而成分呈周期性波动的纳米尺度共格微畴，其结构特征为溶质富集区与贫化区彼此连续地交替均匀分布[18]。调幅分解后，晶体结构保持不变，而成分周期性波动，其形成的两相的晶格常数不同，试验结果表现为 XRD 图谱上出现边带峰现象[19]。根据对调幅分解的研究结论，结合本次试验结果，可以推断激光冲击诱导试样表面产生了调幅分解。由布拉格方程（式 7-2）及晶面间距方程（式 7-3）可以推算出两相的晶格常数，其分别为 $a(\alpha_1) = 0.2889nm$，$a(\alpha_2) = 0.2886nm$，两相的晶格常数极其接近，符合调幅分解组织的共格微畴特征。调幅分解生成两相的固溶度增大使晶格畸变增加，导致晶格常数扩大，其衍射图谱表现为衍射峰位向低角度移动，理论分析与试验结论相吻合。综上可推知，激光冲击可能使试样表面产生了调幅分解，导致晶格常数扩大，X 射线的衍射峰发生了左移。

$$2d\sin\theta = \lambda \qquad\qquad (7\text{-}2)$$

$$d = \frac{a}{\sqrt{h^2 + k^2 + l^2}} \qquad\qquad (7\text{-}3)$$

式中，d 为晶面间距；θ 为衍射角；λ 为 X 射线波长，$\lambda = 0.1541\text{nm}$；$a$ 为晶格常数；h、k、l 为晶面指数。

7.3.2　E690 高强钢表面 TEM 显微分析

1. E690 高强钢表面纳米化验证

通过透射电子显微镜（TEM）观察激光冲击处理后 E690 高强钢试样表层的微观组织，其典型 TEM 形貌像如图 7.4a 所示，对其进行选区电子衍射分析（SAED），如图 7.4b 所示。由图 7.4a 可知，E690 高强钢表面由细小且均匀的晶粒组成；由图 7.4b 可知，选区电子花样呈现一系列同心圆环，表明晶粒取向随机，激光冲击后试样表面形成了纳米级晶粒，验证了 E690 高强钢表面 XRD 衍射图谱的分析结果。

图 7.4　激光冲击后 E690 高强钢表面的典型 TEM 形貌像和相应的选区电子衍射花样

激光冲击使 E690 高强钢试样表面形成了大量位错缺陷，原始晶粒中形成的高密度位错使位错运动成为激光冲击诱导晶粒细化的途径之一[20-21]。位错在晶体中增殖、移动、交错、缠结和重新排列等过程引发了晶格畸变；随着激光冲击波的反复作用，在冲击载荷的作用下亚晶粒发生旋转与合并，在几何位错界面的扩展作用下，亚晶界发展形成细小的晶粒[13,22]，与 7.3.1 节中 XRD 的试验结果相符。激光冲击后 E690 高强钢表面典型的位错、位错堆积和位错胞如图 7.5 所示。

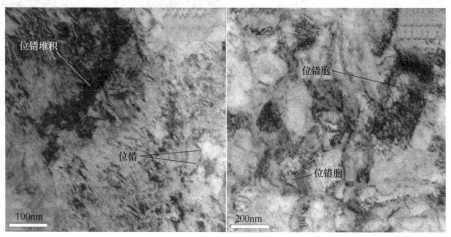

a) 位错、位错堆积　　　　　　　　　　　　b) 位错胞

图 7.5　激光冲击后 E690 高强钢表面典型的位错、位错堆积和位错胞

2. 调幅分解分析

激光冲击处理后试样的表面形成了纳米晶，同时微观成分也发生了变化。调幅分解是一种连续扩散型转变，且转变没有形核位垒；在转变的早期，调幅分解的成分分布为周期性缓慢变化的波，其典型形貌特征是衬度呈现周期性明暗交替分布[19,23]。激光冲击处理后 E690 高强钢试样表面调幅组织的典型 TEM 形貌像和选区电子衍射花样如图 7.6 所示。观察图 7.6a 可知，激光冲击后试样表面产生了大量的调幅分解组织，且所得的调幅组织分布均匀、弥散度大。由调幅分解形成的贫富溶质两相具有相同的晶体结构，但晶格常数存在差异，故调幅分解区域的电子衍射花样中将会出现卫星斑点；由 7.3.1 节 XRD 衍射图谱分析可知，激光冲击后试样调幅分解形成的两相具有极其接近的晶格常数，结构相同两相的电子衍射斑点无法彻底分离，衍射斑点叠加使选区衍射电子花样斑点呈椭圆形，如图 7.6b 所示。试样 2 调幅分解区域更高分辨力下的 TEM 形貌像如图 7.6c 所示。观察图 7.6c 可知，由于晶界的原子活性较晶内更大，调幅分解率先在晶界发生并逐渐向晶内扩展[24]，调幅组织的条纹方向垂直于晶界，晶界附近的调幅组织也更为密集粗大。

为进一步探索调幅分解的微观组织演变机制，对激光冲击处理后试样的高分辨力透射电子显微图像（HRTEM）进行了傅里叶变换和滤波处理，HRTEM 像、傅里叶变换像及滤波像如图 7.7 所示。图 7.7a 所示为 E690 高强钢表面调幅

a) 典型TEM形貌像　　　　b) 选区电子衍射花样　　　　c) 更高分辨力的TEM形貌像

图 7.6　调幅组织的典型 TEM 形貌像和选区电子衍射花样

分解的典型 HRTEM 像，周期性明暗相间的调幅组织清晰可见；观察图 7.7b，可知傅里叶变换后卫星斑点叠加形成了椭圆形衍射斑点；观察图 7.7c 可知，调幅分解产生两相的界面近似共格，符合调幅分解相的典型特征，且组织产生了一定的晶格畸变。

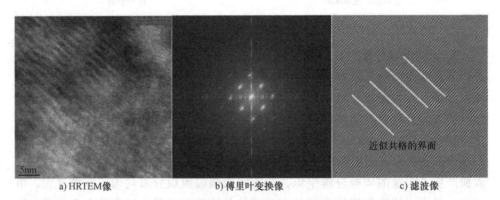

a) HRTEM像　　　　b) 傅里叶变换像　　　　c) 滤波像

图 7.7　激光冲击后试样表面的 HRTEM 像、傅里叶变换像及滤波像

为研究调幅组织的成分波动，利用透射电子显微镜附带的能谱仪（EDS）对 TEM 形貌中周期性明暗交替的组织进行线扫描，其扫描方向垂直于条纹方向，扫描路径和成分分布如图 7.8 所示。C 和 Mn 在主要溶质原子（C、Si、Cr、Mn、Ni）中的摩尔分数如图 7.8b 所示。观察图 7.8 可知，C 与 Mn 的含量呈现周期性变化，两种元素的成分变化方向相反，即 C 含量的峰值对应于 Mn 含量的谷值。激光冲击 E690 高强钢表面后试样发生了调幅分解，形成了富碳区（贫锰区）和贫碳区（富锰区）的两相交替分布；同时，调幅分解形成的成分波动使更多的杂质原子扩散进入固溶体对周围的原子产生晶格应变，位错与晶格应变场耦合作用使得位错运动受到阻碍，使试样表面产生了固溶效应增强。

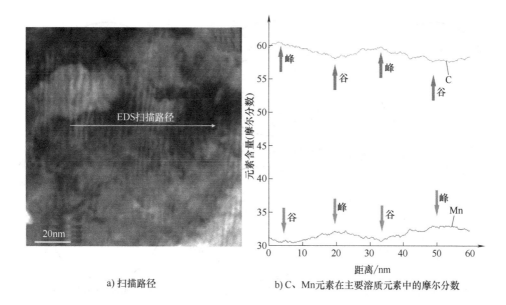

a) 扫描路径　　　　　　　　b) C、Mn元素在主要溶质元素中的摩尔分数

图7.8　EDS线扫描路径和成分分布

7.3.3　基于调幅分解的E690高强钢微观冲击响应模型与应力弛豫机制

通过对激光冲击处理E690高强钢试样后其表面的XRD、TEM、EDS分析，探索试样表面自纳米化中调幅分解的形成机制，建立了基于调幅分解的激光冲击下E690高强钢微观响应模型，如图7.9所示。激光冲击处理前，E690高强钢基体的原始晶粒较为粗大，如图7.9a所示；高能激光冲击处理为原子重新排列提供了能量，诱导了材料内部大量的位错增殖运动，将晶粒分割，如图7.9b所示；激光冲击波的持续反复作用使材料表面形成纳米晶，如图7.9c所示；应力场释放了部分能量供应于调幅分解，同时晶粒细化产生的大量晶界能够促进调幅分解[25]，由于晶界区域易发生原子偏聚，且晶界原子扩散速度较晶体内部更快，在缺陷或晶界附近率先发生调幅分解，如图7.9d所示；调幅分解沿着垂直于晶界方向向晶内扩展，如图7.9e所示；经过激光冲击处理最终形成携带调幅分解的纳米结构，如图7.9f所示；微观组织发生调幅分解弛豫表面残余压应力，表面残余压应力减小。

课题组前期研究表明随着激光冲击次数、能量的增加，试样表面的晶粒不断细化，残余压应力逐渐增大；当晶粒细化到接近或达到纳米晶时，表面残余压应力却环比减小，即残余压应力比在前一次较弱激光功率处理下更小。作者在E690高强钢[26]和7050铝合金[27]中都观察到这种现象。结合本次试验可

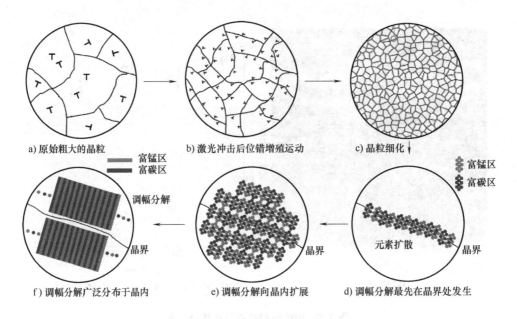

a) 原始粗大的晶粒　　　b) 激光冲击后位错增殖运动　　　c) 晶粒细化

富锰区
富碳区

富锰区
富碳区

f) 调幅分解广泛分布于晶内　　　e) 调幅分解向晶内扩展　　　d) 调幅分解最先在晶界处发生

图 7.9　基于调幅分解的激光冲击下 E690 高强钢微观响应模型

推知，激光冲击诱导 E690 高强钢晶粒细化与残余压应力环比减小的原因：当晶粒细化达到一定程度，应力场释放部分能量来推动调幅分解相变的进行，即微观组织发生调幅分解并以此形式弛豫应力，残余压应力减小。

7.4　本章小结

1）激光冲击处理后，E690 高强钢表面产生了晶粒细化和晶格畸变，XRD 衍射图谱产生宽化并且衍射强度降低；材料表面发生了调幅分解，衍射峰向低角度移动并出现边带峰现象，XRD 图谱中出现的边带双峰对应于调幅分解形成的贫富溶质两相。

2）激光冲击处理后试样表面产生了纳米晶，同时，E690 高强钢表面发生了调幅分解，原相分解为富碳区（贫锰区）和贫碳区（富锰区），且两相晶格常数接近、界面近似共格；试样表面的 TEM 形貌像、EDS 线扫结果与 XRD 衍射分析结果一致。

3）建立了基于调幅分解的 E690 高强钢微观冲击响应模型，阐述了激光冲击下 E690 高强钢微观结构与成分的演化路径，解释了激光冲击诱导材料表面纳米化时残余压应力环比降低的试验现象，为准确阐述激光冲击诱导 E690 高强钢表面残余应力形成机制提供证据，具有重要理论意义和工程价值。

参考文献

[1] TIAN HY, CHEN MD, GE F, et al. Hydrogen permeation and stress corrosion cracking of heat-affected zone of E690 steel under the combined effect of sulfur species and cathodic protection in artificial seawater [J]. Construction and Building Materials, 2021, 296: 123721.

[2] LIU M. Effect of uniform corrosion on mechanical behavior of E690 high-strength steel lattice corrugated panel in marine environment: a finite element analysis [J]. Materials Research Express, 2021, 8 (6): 066510.

[3] 马宏驰, 杜翠薇, 刘智勇, 等. E690 高强钢在 SO_2 污染海洋大气环境中的应力腐蚀行为研究 [J]. 金属学报, 2016, 52 (3): 331-40.

[4] ZHOU L C, HE W F. Gradient microstructure in laser shock peened materials [M]. Germany: Springer nature, 2021.

[5] SANCHEZ AG, YOV C, L EERING M, et al. Effects of laser shock peening on the mechanisms of fatigue short crack initiation and propagation of AA7075-T651 [J]. International Journal of Fatigue, 2021, 143: 106025.

[6] BAKULIN l A, KAKOVKINA N G, KVZNETSOV S I, et al. Structure and residual stresses in the AMg6 alloy after laser shock processing [J]. Inorganic Materials (Applied Research), 2021, 12 (1): 55-60.

[7] 李金坤, 王守仁, 王高琦, 等. 激光冲击强化对 Ti6Al4V 钛合金骨板表面改性与摩擦学性能的影响 [J]. 中国激光, 2022, 49 (2): 105-115.

[8] ALEKSANDER P, ALEKSEI V, OLEG P, et al. The effect of LSP on the structure evolution and self-heating of ARMCO iron under cyclic loading [J]. Metals, 2021, 11 (8): 1198.

[9] YANG H F, JIA L, LIU K, et al. High precision complete forming process of metal microstructure induced by laser shock imprinting [J]. The International Journal of Advanced Manufacturing Technology, 2020, 108: 1-13.

[10] 史佳庆, 薛飞, 彭群家, 等. Fe-Cr-Ni 系不锈钢在热老化和退火过程中铁素体调幅分解的相场法研究 [J]. 材料研究学报, 2020, 34 (5): 328-336.

[11] 马涛, 李慧蓉, 高建新, 等. 合金元素及时效处理对 Fe-Mn-Al-C 低密度钢中 κ-碳化物的影响特性综述 [J]. 材料导报, 2020, 34 (11): 11153-11161.

[12] ZHANG W Q, LU J Z, LUO K Y. Residual stress distribution and microstructure at a laser spot of AISI 304 stainless steel subjected to different laser shock peening impacts [J]. Metals, 2015, 6 (1): 6.

[13] 曹宇鹏, 杨聪, 施卫东, 等. 激光冲击 690 高强钢位错组态与晶粒细化的实验研究 [J]. 光子学报, 2020, 49 (4): 31-42.

[14] 王俊, 李嘉, 李洪峰, 等. 机械合金化制备 Ni-Al-Fe-Nb 粉体 [J]. 济南大学学报 (自然科学版), 2008, 22 (3): 239-243.

[15] 李亦庄, 黄明欣. 基于中子衍射和同步辐射 X 射线衍射的 TWIP 钢位错密度计算方法

[J]. 金属学报，2020，56（4）：487-493.

[16] ZHANG X Q, NIU W W, YIN Y D, et al. Investigation of residual stress field in the curved surface of round rod subjected to multiple laser shock peening [J]. Surface Review and Letters, 2021, 28 (5): 2150029.

[17] MENG X K, WANG H, TAN W S, et al. Gradient microstructure and vibration fatigue properties of 2024-T351 aluminium alloy treated by laser shock peening [J]. Surface & Coatings Technology, 2020, 391: 125698.

[18] LOMAEV S, VASIL' EV L. Thermodynamically stable compositional inhomogeneous zones in the process of spinodal decomposition [J]. The European Physical Journal Special Topics, 2020, 229 (2): 295-304.

[19] 郭翠萍，訾建玲，李长荣，等. Zr-Nb 合金调幅分解组织的研究 [J]. 稀有金属，2017，41（6）：672-677.

[20] 高玉魁，陶雪菲. 高速冲击表面处理对金属材料力学性能和组织结构的影响 [J]. 爆炸与冲击，2021，41（4）：4-29.

[21] ZHOU W F, REN X D, YANG Y, et al. Dislocation behavior in nickel and iron during laser shock-induced plastic deformation [J]. The International Journal of Advanced Manufacturing Technology, 2019, 108: 1-11.

[22] LU H F, XUE K N, XU X, et al. Effects of laser shock peening on microstructural evolution and wear property of laser hybrid remanufactured Ni25/Fe104 coating on H13 tool steel [J]. Journal of Materials Processing Technology, 2021, 291: 117016.

[23] 彭丽军，熊柏青，解国良，等. 时效态 C17200 合金的组织与性能 [J]. 中国有色金属学报，2013，23（6）：1516-1522.

[24] GRÖNHAGEN K, ÅGREN J, ODÉN M. Phase-field modelling of spinodal decomposition in TiAlN including the effect of metal vacancies [J]. Scripta Materialia, 2015, 95: 42-45.

[25] SAIRAJESHWARI K, SANKARAN S, HAIR KUMAR K C, et al. Grain boundary diffusion and grain boundary structures of a Ni-Cr-Fe-alloy: Evidences for grain boundary phase transitions [J]. Acta Materialia, 2020, 195: 501-518.

[26] 曹宇鹏，蒋苏州，施卫东，等. E690 高强钢表面激光冲击微造型的模拟与试验 [J]. 中国表面工程，2019，32（5）：69-77.

[27] 曹宇鹏，徐影，冯爱新，等. 激光冲击强化 7050 铝合金薄板表面残余应力形成机制的实验研究 [J]. 中国激光，2016，43（7）：139-146.

第8章　激光冲击E690高强钢位错组态与晶粒细化的试验研究

8.1　引言

材料宏观塑性变形可通过位错的运动实现，位错在运动过程中会与第二相粒子、晶界等组织发生交互作用，使材料的力学性能提升[1-3]。激光冲击强化（Laser Shock Processing，LSP）作为一种全新的表面改性手段，通过高能激光束辐照吸收层产生高压等离子体诱导产生冲击波，利用冲击波改变材料表层微结构达到表面改性的目的[4-7]。在激光冲击波作用下，材料内部位错源不断发射新生位错，高速运动的新生位错会引起原有组态的改变，对材料的宏观力学性能产生显著影响[8-9]。近些年，国内外学者主要致力于激光冲击前后材料的微观结构演变及强化机理研究，建立了不锈钢、铝合金等材料的强化机制[10-14]，但是较少采用位错组态的手段研究冲击后材料表面具体的缺陷类型及其与晶粒细化之间的联系。

E690高强钢是重要的海洋工程用钢，采用激光冲击强化技术提高E690高强钢综合力学性能，是海洋工程装备桩腿表面强化与延寿的重要途径。本章采用脉冲激光对E690高强钢试样进行冲击强化处理，借助扫描电镜和透射电镜分别获取冲击后材料的截面SEM像和表面TEM像、HRTEM像，并对HRTEM像进行傅里叶逆变换（Inverse Fast Fourier Transform，IFFT），探究材料中析出相与基体的界面关系、缺陷类型以及位错组态分布和晶粒细化的多尺度关系，并从位错组态角度建立激光冲击E690高强钢晶粒细化模型。激光冲击诱导位错强化、细晶强化将增强金属材料表层的硬度、屈服强度、抗疲劳能力等性能[15-17]，为提升以E690高强钢为原材料制造的海洋工程装备关键零部件的使用寿命及工艺优化提供理论基础。

8.2　试验方案设计

8.2.1　试验材料及冲击试验

试验材料为美制E690高强钢，该钢具有良好的耐蚀性、抗层状撕裂等性能[18-20]。按照 50mm×50mm×5mm 的规格使用线切割割取 E690 高强钢试样，并使用粒度为 P240~P1200 的水砂纸依次打磨试样表面，随后用无水乙醇清洗并冷风风干。采用 25mm×25mm×0.15mm 铝箔作为吸收层贴合于试样表面，以去离子水作为约束层。

E690 高强钢冲击强化试验使用 YAG 固体激光器（Gaia-R 系列，THALES 公司，法国），波长为 1064nm，脉宽为 10ns，能量为 10J（功率密度 5.09GW/cm²），光斑直径为 5mm，搭接率为 70%。

8.2.2　微观组织观测

沿截面方向割取尺寸大小为 5mm×3mm×1mm 的 E690 高强钢试样薄片，腐蚀后用场发射扫描电子显微镜（SU8020，HITACHI，日本）观测冲击后试样深度方向上的微观组织结构。通过线切割、手工打磨、凹坑研磨及离子减薄制成 E690 高强钢 TEM 薄膜试样，使用场发式高分辨透射电子显微镜（Tecnai G2 F20，FEI 公司，美国）获取试样冲击区域表面的形貌像（TEM 像）及高分辨电子显微像（HRTEM 像），并对试样的 HRTEM 像进行处理获取傅里叶过滤像。

8.3　试验结果与分析

8.3.1　激光冲击 E690 高强钢截面组织分析

图 8.1a、b 所示均为功率密度 5.09GW/cm² 的激光冲击强化后 E690 高强钢试样截面组织的 SEM 像，其中图 8.1b 为图 8.1a 中矩形框区域的局部放大像。根据不同区域晶粒尺度特点，沿深度方向将激光冲击后的 E690 高强钢试样的截面划分为晶粒显著细化层、晶粒细化过渡层和原始组织，即图 8.1a 中 A、B、C

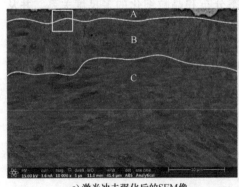

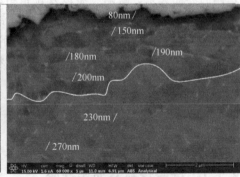

a) 激光冲击强化后的 SEM 像　　　　　　　b) 矩形框区域的局部放大像

图 8.1　功率密度 5.09GW/cm² 下 E690 高强钢 SEM 像

区域。观察图 8.1a、b 可知，晶粒显著细化层、晶粒细化过渡层的区域边界与部分晶粒形貌经腐蚀后清晰可见；E690 高强钢表层发生晶粒细化现象，其表层截面的晶粒尺寸分布在 80～200nm 之间，且沿着深度方向晶粒尺寸不断增大，直至达到原始组织中的晶粒尺寸。

8.3.2　激光冲击 E690 高强钢表层微结构分析

1. E690 高强钢基体 TEM 形貌像分析

图 8.2 所示为未经处理的 E690 高强钢基体组织的 TEM 形貌像，由图 8.2 可知，E690 高强钢基体组织是由铁素体和渗碳体叠加而成的复相组织，亦称片状珠光体。珠光体中明显可见板条状铁素体和薄层渗碳体呈平行排列状，其间距分布在 150～450nm 之间，位错线在其中少量分布且隐约可见。

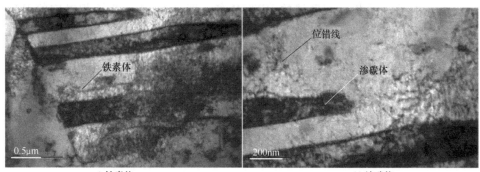

a) 铁素体　　　　　　　　　　　　　　b) 渗碳体

图 8.2　未经处理的 E690 高强钢基体组织 TEM 形貌像

2. 激光冲击 E690 高强钢 TEM 形貌像分析

图 8.3 所示为功率密度为 5.09GW/cm² 的激光冲击强化后 E690 高强钢试样

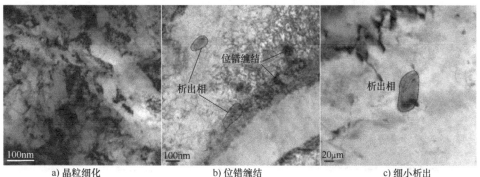

a) 晶粒细化　　　　　b) 位错缠结　　　　　c) 细小析出

图 8.3　功率密度为 5.09GW/cm² 的激光冲击强化后 E690 高强钢试样的 TEM 形貌像

的 TEM 形貌像。通过对比分析 E690 高强钢激光冲击前后 TEM 形貌像可知，E690 高强钢试样经激光冲击加载后，表层晶粒明显细化，如图 8.3a 所示；材料内部产生大量位错，高密度位错区域的位错相互缠结；由于受到晶界阻碍，位错还会大量聚集在晶界周围，如图 8.3b 所示；激光冲击除了使位错大量增殖，与原始组织相比还多了许多细小析出相，如图 8.3c 所示。以上现象表明激光冲击诱导的位错运动使 E690 高强钢的微观组织结构发生明显改变，根据该领域的大量研究[15-17]结果可推知通过位错强化、细晶强化可以实现 E690 高强钢试样的表面改性。

8.3.3 激光冲击 E690 高强钢内部位错组态研究

1. 激光冲击 E690 高强钢析出相与基体界面关系分析

图 8.4a 所示为析出相区域的 HRTEM 像，图 8.4b 所示为该相对应的 IFFT 过滤像。原子排列紧密程度是图像反差的来源[21-22]，观察图 8.4a 可知，析出相内部衬度基本一致，可推知析出相内部原子排列有序，晶内缺陷较少，同时观察到析出相的边界比较模糊；进一步观察基体和析出相区域的晶格条纹，可看到晶格条纹方向在析出相的边界处发生改变，原方向与现方向之间夹角为 5°，激光冲击产生的位错使此处的晶格发生畸变或者扭折；基体区域衬度变化明显，可推知基体组织 IFFT 过滤像内包含众多晶体缺陷，且晶体缺陷导致原子排列间距发生变化。观察图 8.4b 可知，经快速傅立叶逆变换（Inverse Fast Fourier Transform，IFFT）后析出相的边界清晰可见，位错在内部少量分布，即内部缺陷较少；基体区域遍布着白色絮状阴影，该阴影区为缺陷密集区，可能包含众多扩展位错、位错偶及空位等。析出粒子在力学性能上属于硬相，钉扎作用较

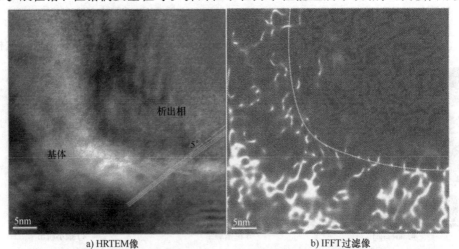

a) HRTEM 像　　　　　　　　　　b) IFFT过滤像

图 8.4　析出相的 HRTEM 像和对应的 IFFT 过滤像

强，激光冲击波的能量主要消耗于相对较软的基体及两相界面；当激光冲击波能量还有剩余时才会作用于析出相，相比于基体组织析出相内部缺陷较少。IFFT 过滤像分析结果与其高倍像具有较好的对应关系。

采集图 8.4 中析出相、基体以及基体缺陷处 IFFT 过滤像的周期信号的线强度分布，如图 8.5 所示，其中横坐标峰间隔代表原子间距，纵坐标为线强度大小。对比图 8.5a、b 可知，析出相、基体原子间距和线强度分布比较平均，但是析出相处的线强度明显大于基体处，这和区域的元素、原子排列等有关[23-24]。由图谱可计算出析出相和基体处的原子间距分别为 2.123nm、1.991nm。错配度计算公式为：

$$\delta = \frac{a_\alpha - a_\beta}{a_\alpha} \tag{8-1}$$

式中，a_α、a_β 分别为两侧物相的原子间距，且 $a_\alpha > a_\beta$。

由式（8-1）可知，此时错配度 $\delta = 6.2\%$；错配度在 $5\% \sim 25\%$ 之间，表明在应变过程中析出相与基体保持半共格关系[25]；析出相与基体组织的点阵参数相差较小，激光冲击波加载过程中在两相界面上位错移入造成点阵畸变使其形成半共格界面。图 8.5c 所示是基体缺陷处周期信号的线强度分布，其中波谷处代表缺陷区；与基体相比，基体缺陷处不仅线强度降低，而且原子间距减小至 0.508nm，原子畸变程度达到 27.6%，表明激光冲击诱导产生大量增殖的位错，破坏了原子正常排列导致晶格产生畸变。

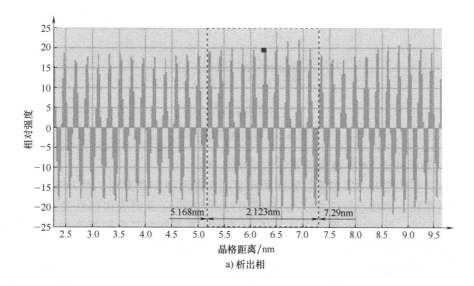

a) 析出相

图 8.5　线强度分布

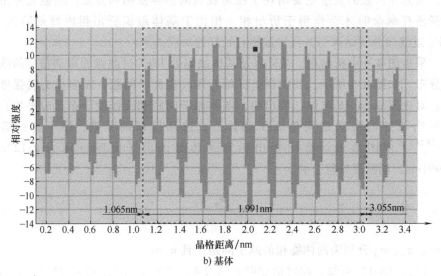

b) 基体

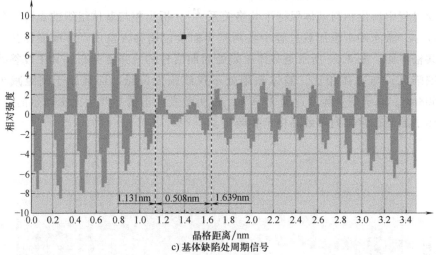

晶格距离/nm

c) 基体缺陷处周期信号

图 8.5 线强度分布（续）

2. 激光冲击 E690 高强钢基体位错组态分布

金属塑性变形主要依靠位错运动和孪晶变形两种方式实现，而 E690 高强钢层错能很高，孪晶不易产生[26]，故激光冲击 E690 高强钢表面塑性变形主要依靠位错运动。激光冲击属于冷加工范畴，E690 高强钢在其作用下产生大量的位错。晶体中的位错只能终止于晶界，或露头于材料表面，或与其他位错相互连接[27]，结合彼此间的几何条件和能量条件，在激光冲击加载时，材料内部高速运动的位错发生分解、合并等位错反应，当伯格斯矢量相反的两个位错相互靠近时，会因相互吸引而"湮灭"[25]。部分区域因搭接率的影响受到多次激光冲击加载，原有位错与新生位错间也会发生相互作用。基体组织与析出粒子相比较软，其通过变形卸载了大部分的冲击波能量，导致基体组织内部晶体缺陷云集，呈现多种组态分布。

图 8.6 所示为激光冲击后 E690 高强钢试样基体组织的 HRTEM 像。由图 8.6 可知，基体区域衬度明显变化，表明基体内部包含众多晶体缺陷。通过对图 8.6a、b 进行 IFFT 处理，获得了基体组织内不同缺陷的特征像，如图 8.7 所示。图 8.7a 所示为原子剪切，在激光冲击波作用下，原子发生剪切位移造成部分晶格畸变。图 8.7b 所示为单个刃型位错。图 8.7c 所示为层错，因 E690 高强钢层错能较高，该晶体缺陷在基体中也有少量分布。图 8.7d 所示分别是同一原子排上、两三个原子排上形成的异号位错（也称位错偶），它们具有平行但方向相反的伯格斯矢量，当它们距离较近时，极易发生“湮灭”，该组态在激光冲击后的基体中大量分布。图 8.7e 所示是几个原子排内因位错扩展生成的中心位错带并伴随着条状空位片。图 8.7f 所示的这种位错组态是由同一原子排上的位错偶极子连续排列形成，与扩展位错不同，其左右两侧原子面数量相等，既保持晶格原子之间平衡又造成晶格畸变，提升材料表面的强化效果。该类组态的大量分布还可认为是激光冲击材料表面应变小甚至应变屏蔽的微观解释之一。

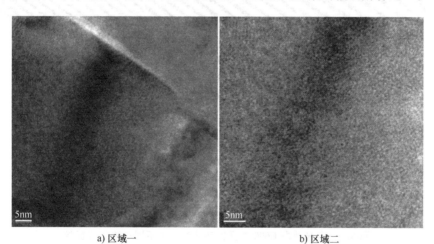

a）区域一　　　　　　　　　　　　b）区域二

图 8.6　激光冲击后 E690 高强钢试样基体组织的 HRTEM 像

位错偶极子是金属材料冷加工过程中常见的晶体缺陷，众多位错偶极子聚集对材料宏观性能的影响不容忽视[28-29]，该缺陷的形成与带割阶的螺型位错运动有关，不同割阶高度下螺型位错运动示意图如图 8.8 所示。当割阶的高度 MN 仅为几个原子间距时，螺型位错 XY 会在强大的外切应力作用下，拖着割阶 MN 一起运动并在移动路径上留下一系列点缺陷，如图 8.8a 所示。当割阶的高度 MN 达到 20nm 及以上，此段割阶因长度较长相当于钉扎于此，割阶上下两部分

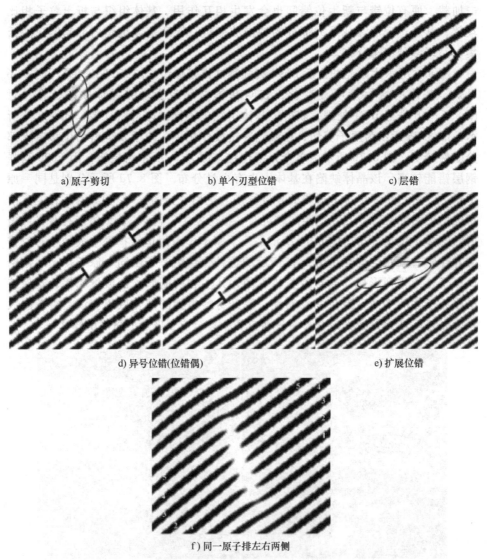

a) 原子剪切　　　　　　b) 单个刃型位错　　　　　　c) 层错

d) 异号位错(位错偶)　　　　　　　　　　e) 扩展位错

f) 同一原子排左右两侧

图 8.7　激光冲击 E690 高强钢基体组织内不同缺陷的特征像

的位错线距离远、彼此间影响较小；两端位错是以割阶所在的直线为旋转轴分别在滑移面上转动，如图 8.8b 所示。当割阶高度 MN 在两者范围内，位错线 XY 很难带着割阶 MN 前行，受割阶影响的部分位错线会在外加应力作用下呈弯曲状；随着位错的不断移动，在滑移面上留下一组拉长的异号位错线（也称位错偶），且该位错线的方向与其伯格斯矢量垂直，可看作刃型偶极子聚集形成，如图 8.8c 所示。激光冲击使 E690 高强钢试样内部位错增殖，位错偶极子在其中成对分布，材料中位于同一原子排或两三个原子排的位错偶，其具体特征如

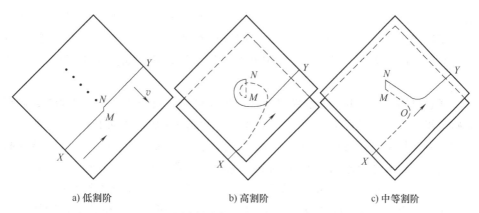

| a) 低割阶 | b) 高割阶 | c) 中等割阶 |

图 8.8　不同割阶高度下螺型位错运动示意图

图 8.7d 所示。

3. 激光冲击 E690 高强钢位错组态与晶粒细化研究

激光冲击强化属于冷加工技术范畴，其依靠爆轰波的力学效应改善材料的表面性能，现有技术手段尚未检测到冲击过程中材料内部温度变化，而 E690 高强钢的再结晶温度通常处于 $(0.6 \sim 0.8)\ T_m$ 间（T_m 为材料的熔点）。经过固溶处理后的 E690 高强钢内部晶粒间元素成分、组织结构及能量分布等比较相近[30]，但是在不同区域内原子所处环境仍会存有差异，在强激光冲击作用下，差异区域的原子无法在极短时间内实现再结晶过程中的扩散转移过程；同时，仅依靠内部固态杂质质点和晶界非均质形核也很难说明原始晶粒中众多细小晶粒生成的原因。故强激光冲击加载下 E690 高强钢表层众多细小的晶粒可能由原始粗大晶粒瞬时自组织分化形成。

由于搭接率的影响，E690 高强钢经功率密度为 $5.09\mathrm{GW/cm^2}$ 的激光冲击加载后不同区域的晶粒尺寸各异，其表层不同区域的 TEM 形貌像及选区电子衍射花样如图 8.9 所示。由图 8.9a 可知，此观测区域内 E690 高强钢在强激光加载下

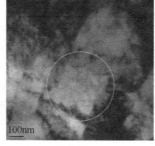

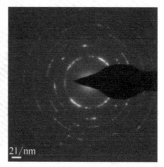

| a) 区域一 | b) 区域二 | c) 选区电子衍射花样 |

图 8.9　激光冲击 E690 高强钢表层不同区域 TEM 形貌像及选区电子衍射花样

表层形成的晶粒尺寸大多处于 150nm 以上；而由图 8.9b 可知，此观测区域内 E690 高强钢的晶粒尺寸大小不一致，部分区域的晶粒尺寸基本处于 100nm 以下，对该选区做电子衍射，电子衍射花样呈同心圆形状，如图 8.9c 所示，表明该选区晶粒为纳米晶。

通过对图 8.9a、b 不同晶粒尺寸区域的高倍像以及未经处理的 E690 高强钢原始组织的高倍像进行 IFFT 处理，观察激光冲击 E690 高强钢 IFFT 过滤像，通过对比研究位错变化特征（图 8.10），探究激光冲击 E690 高强钢位错主导的晶粒细化过程。未经处理的 E690 高强钢原始组织内部缺陷较少，其位错特征为位错稀疏且离散分布，如图 8.10a 所示。随着高功率密度的激光多次冲击加载，观察图 8.10a E690 高强钢晶粒较大区域高倍像的 IFFT 过滤像的位错变化特征，与图 8.9a 对比可知：冲击区域位错密度增长并伴随着众多条状空位片生成，如图 8.10b 所示。观察图 8.10b E690 高强钢晶粒稍小区域高倍像的 IFFT 过滤像的位错变化特征，与图 8.9b 对比可知：因塑性变形，E690 高强钢内部除了产生一些任意分布的位错外，根据晶内特定的约束条件和几何条件[31]，约束能力较强的部分区域的位错、扩展位错、空位等构成几何位错界面，把原始粗大晶粒分

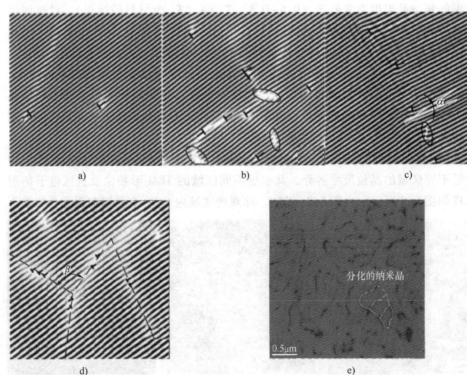

图 8.10　强激光多次冲击 E690 高强钢表面 IFFT 过滤像的位错变化特征

割成两个不同取向的亚晶,如图 8.10c 所示。观察图 8.10c E690 高强钢出现纳米晶区域高倍像的 IFFT 过滤像的位错变化特征,在外来载荷作用下晶界取向差进一步增大将导致晶界特性逐渐改变直到大角度晶界形成[32],与图 8.9c 对比可知:不同方向上的位错界面扩展交汇至一点,彼此间构成大角度晶界,晶粒得到进一步细化,如图 8.10d 所示;E690 高强钢纳米晶区域高倍像的 IFFT 过滤像,如图 8.10e 所示,可以观察到几何位错界面逐渐扩展到整个晶粒,将形成众多细小晶粒,可推知该区域细小晶粒是由原始粗大晶粒自组织分化而成。

在试验方案设计所述约束条件下,根据观察所得激光冲击 E690 高强钢位错变化特征及其扩展交汇致使晶粒细化的过程,并结合鲁金忠、罗新民关于激光冲击加载下位错形态演变细化 2A02 铝合金原始晶粒、分割 2A02 铝合金粗大微区等研究成果[31,33],建立激光冲击 E690 高强钢位错运动主导的晶粒细化模型,如图 8.11 所示。未经处理的 E690 高强钢原始组织内部缺陷较少,位错稀疏且离散分布,如图 8.11a 所示;随着高功率密度的激光冲击加载,在晶粒尺寸大于 200nm 的冲击区域出现众多位错、扩展位错、空位片等,如图 8.11b 所示;在晶粒尺寸为 200~100nm 时,其变形量达到一定程度,约束能力较强的部分区域的位错、扩展位错、空位片等构成几何位错界面,把原始粗大晶粒分割成两个不同取向的亚晶,如图 8.11c 所示;强激光冲击波诱导材料超高应变率作用下,当晶粒尺寸小于 100nm 时,晶界取向差进一步增大导致晶界特性逐渐改变,不同方向上的位错界面扩展交汇至一点,构成大角度晶界,如图 8.11d 所示;同时,当晶粒尺寸小于 100nm 时,在几何位错界面逐渐扩展作用下存在亚晶界逐渐发展形成众多细小晶粒的现象,原始粗大晶粒自组织分化成细小晶粒,如图 8.11e 所示。

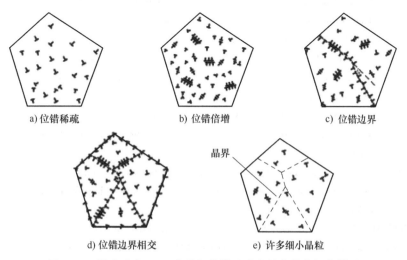

a) 位错稀疏　　　　　　b) 位错倍增　　　　　　c) 位错边界

d) 位错边界相交　　　　　e) 许多细小晶粒

图 8.11　激光冲击 E690 高强钢位错运动主导的晶粒细化模型

8.4　本章小结

1) E690 高强钢经激光冲击后，材料表层晶粒细化，其表层截面晶粒尺寸大小分布在 80~200nm 之间。

2) E690 高强钢在激光冲击诱导的应变过程中析出相与基体保持半共格关系；基体内部产生大量的晶体缺陷，主要包括单个刃型位错、扩展位错以及位错偶等，其中位错偶极子的形成与带割阶的螺型位错运动密切相关；位错、扩展位错、空位等构成的几何位错界面扩展交汇把原始粗大晶粒分割成细小晶粒；构建了激光冲击 E690 高强钢位错运动主导的晶粒细化模型，该模型可以描述位错运动主导的晶粒细化过程。

3) 激光冲击加载下 E690 高强钢表层出现了位错缠结、位错增殖、几何位错界面、位错界面扩展交汇等多种位错组态，通过位错强化、位错诱导的细晶强化可实现 E690 高强钢试样的表面改性，但关于激光冲击加载下 E690 高强钢晶内几何位错界面形成所需的约束条件和几何条件仍需进一步探究。

参考文献

[1]　陆莹，赵吉宾，乔红超. TiAl 合金激光冲击强化工艺探索及强化机制研究 [J]. 中国激光，2014，41 (10)：125-130.

[2]　李康，付雪松，李志强，等. 湿喷丸强化对 TC4 合金疲劳断裂机制的影响 [J]. 稀有金属材料与工程，2017，46 (10)：3068-3072.

[3]　LIAO Y，CHENG G J. Controlled precipitation by thermal engineered laser shock peening and its effect on dislocation pinning：Multiscale dislocation dynamics simulation and experiments [J]. Acta Materialia，2013，61 (6)：1957-1967.

[4]　TRDAN U，SKARBA M，PORRO J A，et al. Application of massive laser shock processing for improvement of mechanical and tribological properties [J]. Surface and Coatings Technology，2018，342：1-11.

[5]　CAO Y P，ZHOU D C，FENG A X，et al. Mechanism of laser shock 7050 aluminum alloy sheet specimens forming residual stress holes [J]. Chinese Journal of Lasers，2016，43 (11)：84-93.

[6]　LUO K Y，ZHOU Y，LU J Z，et al. Influence of laser shock peening on microstructure and properties of 316L stainless steel cladding layer [J]. Chinese Journal of Lasers，2017，44 (4)：67-74.

[7]　KATTOURA M，MANNAVA S R，DONG Q，et al. Effect of laser shock peening on residual stress，microstructure and fatigue behavior of ATI 718Plus alloy [J]. International Journal of Fatigue，2017，102：121-134.

［8］ LUO X M, WANG X, CHEN K M, et al. Role of dislocations and their motions in laser impact surface modification of aerospace aluminum alloys ［J］. Transactions of Materials and Heat Treatment, 2013, 34 (9)：160-166.

［9］ CHEN L, REN X D, ZHOU W F, et al. Evolution of microstructure and grain refinement mechanism of pure nickel induced by laser shock peening ［J］. Materials Science and Engineering (A), 2018, 728：20-29.

［10］ LU Y, ZHAO J B, QIAO H C, et al. Study on the laser shock temperature strengthening mechanism of TC17 titanium alloy ［J］. Surface Technology, 2018, 47 (2)：1-7.

［11］ LU J Z, DENG W W, LUO K Y, et al. Surface EBSD analysis and strengthening mechanism of AISI304 stainless steel subjected to massive LSP treatment with different pulse energies ［J］. Materials Characterization, 2017, 125：99-107.

［12］ XU S D, REN X D, ZHOU W F, et al. Study on laser shock cell-crystal refinement and dislocation strengthening mechanism of GH2036 alloy ［J］. Chinese Journal of Lasers, 2016, 43 (1)：46-51.

［13］ PRABHAKARAN S, PRASHANTHA KUMAR H G, KALAINATHAN S, et al. Laser shock peening modified surface texturing, microstructure and mechanical properties of graphene dispersion strengthened aluminium nanocomposites ［J］. Surfaces and Interfaces, 2018, 14：127-137.

［14］ LU J Z, WU L J, SUN G F, et al. Microstructural response and grain refinement mechanism of commercially pure titanium subjected to multiple laser shock peening impacts ［J］. Acta Materialia, 2017, 127：252-266.

［15］ 孙汝剑, 李刘合, 朱颖, 等. 激光冲击强化对 TC17 钛合金微观组织及拉伸性能的影响 ［J］. 稀有金属材料与工程, 2019, 48 (2)：491-499.

［16］ HUANG S, ZHU Y, GUO W, et al. Effects of laser shock processing on fatigue performance of Ti-17 titanium alloy ［J］. High Temperature Materials and Processes, 2016, 36 (3)：285-290.

［17］ WANG J T, ZHANG Y K, CHEN J F, et al. Effect of laser shock peening on the high-temperature fatigue performance of 7075 aluminum alloy ［J］. Materials Science and Engineering (A), 2017, 704：459-468.

［18］ WU W, HAO W K, LIU Z Y. Corrosion behavior of E690 high-strength steel in alternating wet-dry marine environment with different pH values ［J］. Journal of Materials Engineering and Performance, 2015, 24 (12)：4636-4646.

［19］ 曹宇鹏, 周东呈, 冯爱新, 等. 激光冲击波加载 690 高强钢薄板传播机制的模拟与实验 ［J］. 中国激光, 2016, 43 (11)：135-144.

［20］ 马宏驰, 杜翠薇, 刘智勇, 等. E690 高强钢在 SO_2 污染海洋大气环境中的应力腐蚀行为研究 ［J］. 金属学报, 2016, 52 (3)：331-340.

［21］ 罗新民, 张静文, 马辉, 等. 强激光冲击诱导铝合金中的空位现象分析 ［J］. 材料热处理学报, 2012, 33 (1)：8-14.

［22］ 文博云. 材料微结构的透射电子显微像衬度研究 ［D］. 长沙：湖南师范大学, 2014.

［23］ 孙旭东，周明，秦禄昌. 石墨烯结构与德拜温度因子的电子衍射分析［J］. 电子显微学报，2013，32（3）：206-210.

［24］ 孙瑞涛，韩明，于忠辉，等. 单晶电子衍射的相对强度［J］. 电子显微学报，2009，28（2）：175-179.

［25］ 罗新民，张静文，马辉，等. 2A02 铝合金中强激光冲击诱导的位错组态分析［J］. 光学学报，2011，31（7）：166-172.

［26］ 黄孝瑛. 电子衍衬分析原理与图谱［M］. 济南：山东科学技术出版社，2000.

［27］ 胡赓祥，蔡珣，戎咏华. 材料科学基础［M］. 3 版. 上海：上海交通大学出版社，2010.

［28］ 王海容，刘又文，方棋洪. 螺型位错偶极子与界面刚性线的弹性干涉［J］. 工程力学，2007（11）：53-56.

［29］ 冯慧，宋豪鹏，刘又文，等. 压电材料中螺型位错偶极子与圆弧形界面裂纹的电弹干涉效应［J］. 工程力学，2012，29（1）：249-256.

［30］ 罗新民，马辉，张静文，等. 激光冲击诱导的奥氏体不锈钢表层纳晶化［J］. 中国激光，2011，38（6）：240-245.

［31］ 罗新民，陈康敏，张静文，等. 纯 Al 和铝合金激光冲击表面改性的位错机制［J］. 金属学报，2013，49（6）：667-674.

［32］ WEN M, LIU G, GU J F, et al. Dislocation evolution in titanium during surface severe plastic deformation［J］. Applied Surface Science, 2009, 255（12）：6097-6102.

［33］ LU J Z, LUO K Y, ZHANG Y K, et al. Grain refinement of LY2 aluminum alloy induced by ultra-high plastic strain during multiple laser shock processing impacts［J］. Acta Materialia, 2010, 58（11）：3984-3994.

第9章 激光冲击对 E690 高强钢激光熔覆修复微观组织的影响

9.1 引言

海洋工程平台桩腿长期工作在高压、重载及盐碱的环境中,桩腿抬升齿条表面的点蚀、胶合、磨损和腐蚀将导致抬升齿条失效,进而影响海洋工程平台的安全。激光熔覆修复(Laser Cladding Repair,LCR)是一种失效零部件表面修复与再制造的先进技术,具有可控性强、效率高、自动化程度高等优点,是失效工件表面修复和再制造的优良方法;但其修复过程中也存在熔覆层温度分布不均匀、工艺参数不合理导致的气孔、裂纹、残余应力分布不均匀等熔覆层缺陷[1-2]。激光冲击强化(Laser Shock Processing,LSP)作为金属材料表面强化的新手段,通过对激光熔覆层进行冲击强化处理,达到减少激光熔覆层缺陷、细化激光熔覆层晶粒及改善残余应力分布的目的。近年来,空军工程大学、装甲兵工程学院和江苏大学等单位的众多学者对激光冲击调控铁基、钛基等合金表面激光熔覆层组织性能方面开展了大量试验研究[3-7],均通过激光冲击显著细化了激光熔覆层的表层晶粒并获得了分布均匀的残余压应力,效果显著。因此,利用激光冲击处理桩腿抬升齿条用 E690 高强钢表面的激光熔覆修复层,并调控其微观组织与残余应力,为研究海洋工程平台桩腿修复的工艺优化提供理论基础,具有实际意义。

本章介绍使用专用合金粉末对 E690 高强钢试样预置凹坑进行激光熔覆修复,并借助 X 射线应力分析仪、扫描电镜、透射电镜观测激光熔覆修复后微观组织结构和残余应力分布;对激光熔覆层进行激光冲击强化处理,使用 X 射线应力分析仪检测表面残余应力,采用扫描电镜和透射电镜观察激光熔覆层的微观组织。对比分析激光冲击强化前后激光熔覆层的微观组织结构与残余应力分布,探究激光冲击对激光熔覆修复微观组织及残余应力的影响。

9.2 试验材料与方法

9.2.1 试验材料

基体材料选用 E690 高强钢,试样尺寸为 100mm×50mm×10mm。考虑到桩腿抬升齿条表面的常见点蚀缺陷，在1号、2号试样中心均预制了典型的圆台形凹坑，凹坑最大直径为30mm，深度为2.5mm，圆台形凹坑母线与上表面夹角为150°，平板试样如图9.1所示。熔覆修复粉末选用NVE690高强钢粉末，粉末颗粒度为45~105μm，纯度为99.9%。基体与粉末化学成分的质量分数见表9.1。其中1号试样只进行激光熔覆修复，2号试样在激光熔覆修复后对熔覆修复表层再进行激光冲击强化处理。

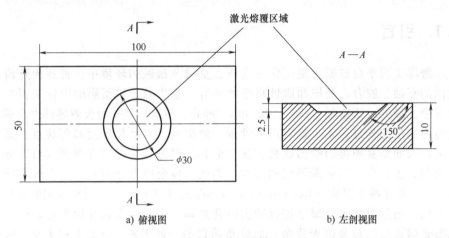

a) 俯视图　　　　　　　　　　　　b) 左剖视图

图 9.1　平板试样

表 9.1　基体与粉末化学成分的质量分数　　　　　　　（%）

化学成分	C	Si	Mn	P	S	Cr	Ni	Mo	V	Fe
基体	0.18	0.50	1.60	0.02	0.01	1.50	3.50	0.70	0.08	余量
粉末	0.14	0.27	1.36	0.02	0.01	0.16	0.24	0.13	0.08	余量

9.2.2　试验过程

激光熔覆修复试验使用东南大学激光熔覆修复实验台。该实验台主要组成部分有 Trudiode 3006 激光器（TRUMPF LASER，德国）最大输出功率为3000W，波长为1030nm以及普雷斯特熔覆头（YC52）、双筒送粉器。激光熔覆修复过程采用同轴氮气保护，保护气流速为6L/min，同步同轴送粉气压强为0.6MPa，激光模式为TEM$_{00}$扫描路径为预置凹坑圆周到圆心的螺线。根据课题组以往研究结果，激光熔覆修复过程优选工艺参数见表9.2。

表 9.2　激光熔覆修复过程优选工艺参数

脉宽/ns	激光能量/W	光斑直径 t/mm	搭接率（%）	送粉速度/(g/min)	激光扫描速度/(mm/min)
15	1000	2	62.5	6	700

激光冲击试验使用温州大学激光冲击实验台。该实验台包括北京 SGR-Extra 镭宝激光器（激光能量最大为 12J，光斑直径范围为 3～5mm，激光波长为 1064nm，脉宽为 15ns）、德国 KUKA 六自由度机器人及夹具平台。采用激光单点冲击激光熔覆层（包括单点一次冲击、单点多次冲击），通过 X 射线应力分析仪获得激光冲击加载点表面残余压应力值及分布，根据表面残余压应力值及分布对激光参数进行了优选。本节选用激光冲击的能量为 10J，光斑直径为 4mm，搭接率为 50%；在一次冲击完成后回到起始点，以相同激光参数再次进行冲击，重复冲击三次。冲击区域 20mm×20mm，使用厚度约为 0.1mm 的铝箔作为吸收层，厚度约为 2mm 的去离子水作为约束层。激光冲击区域与光斑搭接方案如图 9.2 所示。

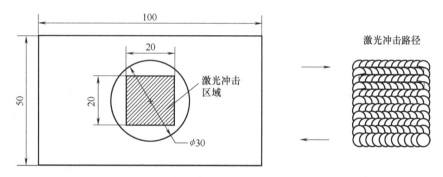

图 9.2　激光冲击区域与光斑搭接方案

9.2.3　分析与检测

利用 DPF-2 型电解抛光仪对激光熔覆修复后的试样进行表面抛光，其中 2 号试样在抛光后进行激光冲击强化处理。采用芬兰 Xstress 3000 G2R 型 X 射线应力分析仪测量 1、2 号试样表面残余应力，共测量 41 个点，测量点分布如图 9.3 所示。残余应力测试基本参数为：准直管直径为 1mm，靶材为 Cr 靶，布拉格角为 156.4°，管电压为 30kV，管电流为 6.7mA，曝光时间为 14s，采用侧倾法（Modified x）测量。将 1 号激光熔覆修复试样截取成 10mm×10mm×2mm 大小，如图 9.4a 所示，利用 Rigaku 公司的 Ultima IV 型 X 射线衍射仪对激光熔覆层进行物相分析，X 射线衍射（X-Ray Diffraction，XRD）过程中采用连续扫描方式，2θ 角范围为 5°～90°，扫描速度为 4°/min，数据点间隔 0.02°。

以激光熔覆层上表面为基准面，沿垂直于激光熔覆修复工艺中激光扫描路径方向将 1 号、2 号试样截取成 5mm×3mm×5mm 大小。使用 FEI 公司的 Quanta 650F 扫描电镜观察 1 号、2 号试样截面方向微观组织形貌，使用 FEI 公司的 Tecnai G2 F20 透射电镜观察 1 号、2 号试样表层的微观组织形貌，利用扫描电镜自带的能谱仪（Energy Dispersive Spectrum，EDS）分析元素的分布情况。试样制备与观察方向如图9.4b所示。

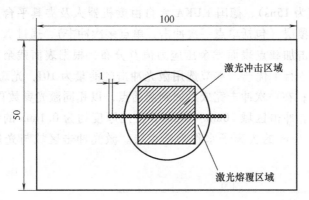

图9.3 残余应力测量点示意图

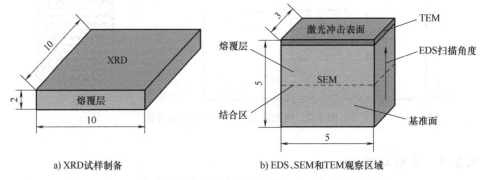

a) XRD试样制备   b) EDS、SEM和TEM观察区域

图9.4 各种测试方法对应的试样制备及观察区域示意图

9.3 试验结果分析与讨论

9.3.1 物相分析

通过 Rigaku 公司的 Ultima IV 型 X 射线衍射仪对 1 号试样进行检测，获得了激光熔覆层的 XRD 图谱。利用 Jade 软件对 XRD 图谱依次进行不限定元素的主相检索、限定元素的次相检索和单峰检索，通过对 XRD 图谱的检索匹配，得到激光熔覆层的 XRD 物相分析结果如图9.5所示。由图9.5可见，激光熔覆层主要由 BCC 结构的 α-Fe、FeO、SiO_2、Mn_5C_2、Fe_3C 等组成。在熔池刚形成时，熔池中的铁主要以液态铁、FCC（Face Centered Cubic）结构的 γ-Fe 和 BCC 结构的 δ-Fe 的形式存在[8]，熔池中的 Si 作为亲氧元素易与 O 元素结合生成 SiO_2 晶

体，并伴随有少部分 Fe 元素结合 O 元素生成 FeO，Mn 元素结合 C 元素生成化合物 Mn_5C_2。随后熔池迅速冷却，熔池中的铁全部转化为 FCC 结构的 γ-Fe 形式，随着温度的进一步降低，FCC 结构的 γ-Fe 发生晶格改组形成 BCC 结构的 α-Fe，由于 α-Fe 中 C 的溶解度远小于 γ-Fe，多余的 C 原子与 Fe 原子形成了 Fe_3C。

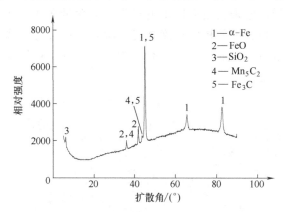

图 9.5　1 号试样激光熔覆层的 XRD 物相分析结果

9.3.2　显微组织分析

1. 激光熔覆显微组织观察与分析

图 9.6 所示为 1 号试样截面 SEM（Scanning Electron Microscope）形貌像与能谱线扫图。由图 9.6a 可以看出，根据组织形态的不同从顶部到底部可以分为四个区域：激光熔覆层、结合区、热影响区和基体。激光熔覆层组织呈现为等轴晶，没有出现裂纹、气孔等缺陷；激光熔覆层与基体之间存在结合区和热影响区，结合区宽约 $10\mu m$，热影响区宽约 $17\mu m$。

由图 9.6b 可以看出，激光熔覆层组织晶粒为等轴晶，晶界明显，晶粒尺寸在 $1\sim12\mu m$ 之间，用平均截距法测得表层晶粒平均尺寸为 $3.90\mu m$。激光熔覆层的显微组织结构为灰色晶粒结构 A、浅白色晶粒结构 B、白色球状析出物 C 和黑色析出物 D。利用 EDS 分别对各种物相的元素含量进行检测，图 9.6b 中各区域摩尔分数 EDS 分析见表 9.3。根据 EDS 的检测结果可知：灰色晶粒 A 和浅白色晶粒 B 主要含 Fe；白色球状析出物 C 主要含 C、O、Si、Mn、Fe，其中 C 和 Mn 的原子个数比接近 2：5；黑色析出物 D 主要含 C、Fe，且 C 和 Fe 的原子个数比接近 1：3。结合 9.3.1 节 XRD 的物相分析，根据 EDS 的检测结果可以确定：灰色晶粒 A 和浅白色晶粒 B 均为体心立方晶格的铁素体；白色球状析出物 C 为 SiO_2、FeO 和 Mn_5C_2 的混合物，但 SiO_2 和 FeO 的混合比例未知；黑色析出物 D 为球状 Fe_3C。在液相转变为固相时，由于要满足两相间的平衡，晶粒从合金熔体中长出时会引起局部成分的变化。在激光熔覆的熔池凝固时，部分先形核凝固的晶粒使熔池中 Mn 元素含量升高，后凝固的晶粒中富集少量 Mn 元素，其耐蚀性与先结晶晶粒存在差别，在扫描电镜下两者的形貌存在差异。

　　由图 9.6c 可以看出，各主要元素含量在结合区附近没有突变，C、Si、Cr、Mn、Cu 等元素含量在基体与激光熔覆层中趋于不变，Ni 元素含量从基体到激光熔覆层有少许降低，但未在结合区附近产生元素含量突变。结合区两侧的元素浓度梯度越低，宏观成分偏析的程度越轻，激光熔覆层与基体之间的冶金结合也就越好[9]。依据能谱线扫获得的结合区附近元素分布可推知，激光熔覆层与基体之间冶金结合良好。

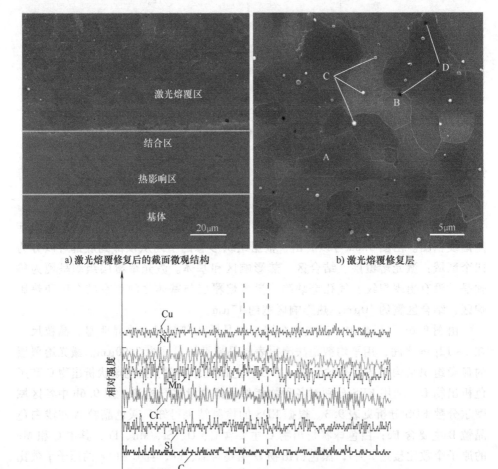

a) 激光熔覆修复后的截面微观结构　　　　　　　　b) 激光熔覆修复层

c) 能谱线扫图

图 9.6　1 号试样截面 SEM 形貌像与能谱线扫图

表 9.3　1 号试样激光熔覆层各区域的摩尔分数 EDS 分析

区域	C 的摩尔分数(%)	O 的摩尔分数(%)	Si 的摩尔分数(%)	Mn 的摩尔分数(%)	Fe 的摩尔分数(%)
A	2.14	0.93	0.20	0.91	95.81
B	1.64	0.57	0.36	1.69	95.73
C	10.09	41.14	8.89	24.81	15.05
D	23.49	0.43	0.19	1.81	74.07

现有研究表明，在利用激光、电子束等高能量密度源进行表面处理时，由于温度场的快速移动，液相转变为固相时会发生快速凝固[10]。在快速凝固过程中，靠近基体一侧的熔体由于散热较快而有正的温度梯度 (G>0)，因此此处晶粒呈定向生长状态，晶粒生长方向由择优取向（立方晶系在 [001] 晶向）与热流传导反方向共同决定；而过冷熔体内部由于晶体形核结晶潜热的存在，形核晶体的温度高于熔体温度，即存在负的温度梯度 (G<0)，形核后的晶粒在各个方向都具备生长动力，会发生等轴状生长。在激光熔覆修复过程中由于熔池拥有极快的冷却速度，在过冷熔体中等轴晶的临界生长速率 V 可以表示为[11]

$$V = \frac{D\Delta T_0}{\Gamma k} + \frac{a\theta_t}{\Gamma} \tag{9-1}$$

式中，D 为液相中的扩散系数；ΔT_0 为结晶温度间隔；Γ 为 Gibbs-Thomson 系数；k 为平衡分配系数；a 为热扩散率；θ_t 为单位热过冷度。

$\frac{D\Delta T_0}{\Gamma k}$ 为晶体定向生长时的生长速率，$\frac{a\theta_t}{\Gamma}$ 为由过冷引起的生长速率。由于金属的热扩散系数 a 远大于液相扩散系数 D，所以 $\frac{a\theta_t}{\Gamma}$ 远远大于 $\frac{D\Delta T_0}{\Gamma k}$。因此，过冷熔体中等轴晶的生长速率要远大于定向生长时的生长速率，结合区附近的定向生长也因此受到抑制，故 SEM 形貌像中激光熔覆层中组织为等轴晶。

图 9.7a 所示为 1 号试样表层典型激光熔覆层 TEM 形貌像。由图 9.7 可以看出，激光熔覆层组织为等轴晶。对熔覆层组织中不同取向的晶粒进行选区电子衍射（Selected Area Electron Diffraction，SAED），衍射花样如图 9.7b 中右上角所示，标定后可以看出此晶粒属于面心立方晶格的奥氏体，发生衍射的晶面其晶带轴在 [356] 方向。由于激光熔覆层在凝固过程中冷却速度很快，少部分奥氏体尚未发生晶格改组凝固过程就已经完成，这部分奥氏体就残留在激光熔覆层组织中，形成块状的残留奥氏体。

2. 激光冲击对激光熔覆微观组织的影响

图 9.8 所示为 2 号试样激光冲击后激光熔覆层截面 SEM 形貌像，其中图 9.8b 是图 9.8a 中方框位置的更高放大倍率的形貌像。与 1 号试样截面 SEM

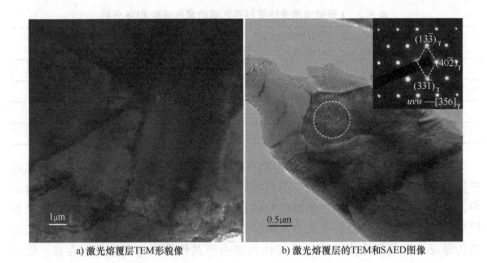

a) 激光熔覆层TEM形貌像   b) 激光熔覆层的TEM和SAED图像

图 9.7 1 号试样表层典型 TEM 形貌像和 SAED 图像

形貌图 9.6 对比可见，晶粒组织在激光冲击后存在协调变形。用平均截距法测得表层晶粒平均尺寸为 2.56μm，对比激光冲击前 1 号试样的表层晶粒平均尺寸 3.90μm，可见激光冲击引起表层晶粒产生细化。众多研究表明，激光冲击引起的位错交织和孪晶交割将大晶粒细分成更小的亚晶，随着应变率的进一步提升，将会发生细小亚晶的动态再结晶，相邻亚晶的晶体学取向逐渐变得随机，亚晶界开始转变成晶界，由此晶粒得以逐步细化[12-13]。孪晶界处富集杂质原子且孪晶界处原子点阵畸变要大于晶粒内部原子[14]，相较于晶内原子更容易被腐蚀剂

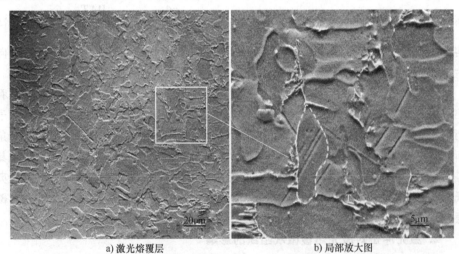

a) 激光熔覆层   b) 局部放大图

图 9.8 2 号试样激光冲击后激光熔覆层截面 SEM 形貌像

腐蚀而形成凹坑，孪晶在 SEM 形貌像中表现出为划痕状[15]。结合 9.2.1 节激光熔覆显微组织分析和图 9.8b 可以看出，激光熔覆层中下部组织出现形变孪晶。2 号试样激光熔覆层组织是多晶体结构，相邻晶粒取向不同，在高应变率加载下各个晶粒的变形程度也不同，大部分晶粒通过滑移系开动促使内部位错增殖与运动滞留应变，但有少部分晶粒所受切应力大于临界孪晶切应力，形成了形变孪晶。部分平行排布的孪晶界分割大晶粒，形变孪晶在激光冲击处理激光熔覆层的晶粒细化过程中发挥着重要作用。

图 9.9 所示为 2 号试样激光冲击后表层区域典型 TEM 形貌像，通过观察可知，激光熔覆层组织经激光冲击后形成大量位错。如图 9.9a 所示，晶粒内部分布有高密度位错线（Dislocation Lines，DLs），有少部分位错线在晶界（Grain Boundary，GB）附近呈现近似平行排列。其原因为在低温时，体心立方金属只有最密排面 {110} 所构成的滑移系参与滑移[16]，大部分位错在运动时产生了交滑移，其位错线方向变得随机，而有少部分位错在滑移系上运动时没有产生交滑移或者只伴随着少量的交滑移，这部分位错线以平行于滑移面 {110}（Trace {110}）的形态存在[17]。由图 9.9b 中可看出：局部高密度的位错相互交织纠缠在一起，形成了位错缠结（Dislocation Tangles，DTs）。

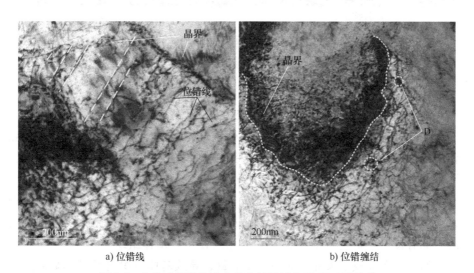

a) 位错线　　　　　　　　　　　　　b) 位错缠结

图 9.9　2 号试样激光冲击后表层区域典型 TEM 形貌像

由图 9.9 可推知在激光冲击的持续作用下，平行位错阵列和位错缠结会进一步演变为位错墙与位错胞，当应变进一步累积时，位错胞便会逐渐向亚晶粒演变，最终原始晶粒将不断细化[18]。平行位错阵列和位错缠结在晶粒细化过程中发挥着重要的作用。

图 9.10a、b 所示是 2 号试样中典型的板条状马氏体 TEM 明、暗场像。结合

激光冲击前的激光熔覆层 TEM 形貌像（图 9.7），对比观察可知，激光冲击诱导的剧烈塑性变形使激光熔覆层中各个晶粒间发生剪切，不稳定的残留奥氏体转变成板条状的马氏体，即激光冲击引发的形变诱导产生了马氏体相变；由外部施加应力引发的塑性变形增加了马氏体的形核率，其形貌表现为马氏体板条宽度相对于普通热处理形成的板条宽度要更窄[19]。

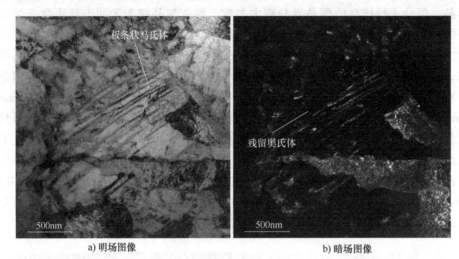

a) 明场图像   b) 暗场图像

图 9.10 　2 号试样中典型的板条状马氏体 TEM 明、暗场像

9.3.3　激光冲击 E690 高强钢熔覆层表层位错组态研究

1. 激光冲击 E690 高强钢熔覆层析出相与基体界面关系分析

激光冲击属于冷加工范畴，E690 高强钢熔覆层在其作用下产生大量的位错。晶体中的位错只能终止于晶界，或露头于材料表面，或与其他位错相互连接[20]，结合彼此间的几何条件和能量条件，在激光冲击加载时，材料内部高速运动的位错发生分解、合并等位错反应，当柏氏矢量相反的两个位错相互靠近时，会因相互吸引而"湮灭"[21]。部分区域因搭接率的影响受到多次激光冲击加载，原有位错与新生位错间也会发生相互作用。基体组织与析出粒子相比较软，其通过变形卸载了大部分的冲击波能量，导致基体组织内部晶体缺陷云集，呈现多种组态分布。

图 9.11 所示为激光冲击后 E690 高强钢熔覆层试样基体组织的 HRTEM 像。由图 9.11 可知，基体区域衬度明显变化，表明基体内部包含众多晶体缺陷。通过对图 9.11a、b 进行 IFFT 处理，获得了基体组织内不同缺陷的特征像，如图 9.12 所示。图 9.12a 所示为原子剪切，在激光冲击波作用下原子发生剪切位移使部分晶格产生畸变。图 9.12b 所示为空位，其处于不稳定的状态，在冲击

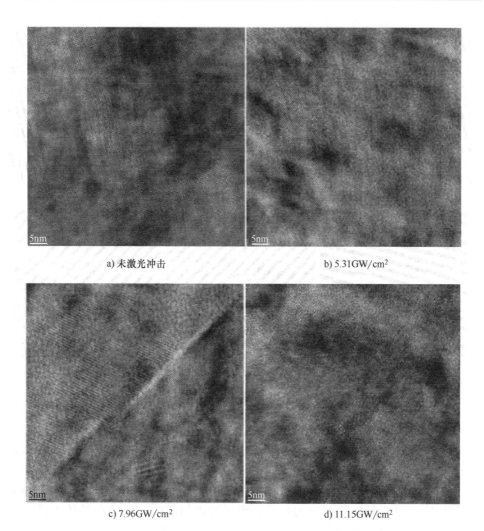

a) 未激光冲击　　　　　　　　　　　　　b) 5.31GW/cm²

c) 7.96GW/cm²　　　　　　　　　　　　　d) 11.15GW/cm²

图 9.11　激光冲击后的 E690 高强钢熔覆层试样基体组织的 HRTEM 像

波作用下既可助力位错的生成，也可以与其他原子结合产生"湮灭"。图 9.12c 所示为位错偶，这是熔覆层中普遍存在的一种缺陷，它们具有平行但方向相反的柏氏矢量，当它们相互靠近时，极易发生"湮灭"，该组态在熔覆层中大量分布。图 9.12d 所示为层错，其受到周围晶格的挤压，嵌入的半原子面发生断裂在晶格中形成一段多余的位错，E690 高强钢熔覆层具有较高的层错能，该缺陷在基体中也有少量分布。图 9.12e 所示是几个原子排内因位错扩展生成的中心位错带，并伴随着条状空位片。图 9.12f 所示为一系列异号位错构成的特殊组态，与扩展位错不同，其左右两侧原子面数量相等，这种组态在熔覆层中大量分布，即吸收了激光冲击波能量使得晶格间距保持平衡，从而达到强化熔覆层

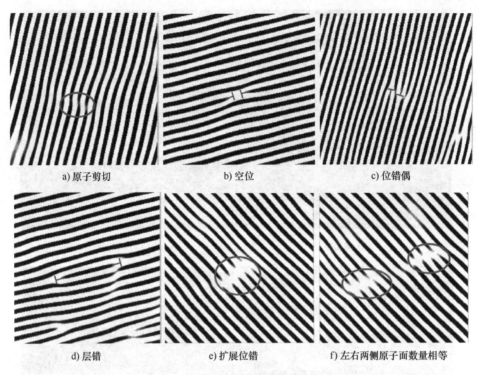

a) 原子剪切　　　　　　　　b) 空位　　　　　　　　c) 位错偶

d) 层错　　　　　　　　e) 扩展位错　　　　　　f) 左右两侧原子面数量相等

图 9.12　基体组织内不同缺陷的特征像

材料的目的[22]。

E690 高强钢在激光熔覆层晶体形成时会产生一定数量的位错，激光冲击强化使材料在远离热力学平衡态条件下受到激光能量的加载，晶体内部缺陷会发生相应的变化，位错系统通过能量耗散和自组织，使系统内部重新达到一种动态平衡[23]。基于晶体中位错的性质，激光冲击加载时，位错在晶体内产生滑移，其种类与特征在滑移的过程也会发生变化，位错变化如图 9.13 所示。由图 9.13a 可知，在激光冲击作用下，位置 1 处晶格发生畸变，使一个完整原子排变成了两个刃型位错；同时，位错既要滑移又要保持局部晶格间距不发生过大的变化，两刃型位错分别向相反的方向滑移，如位置 2 处所示；经过一定距离的滑移，位错周围的畸变应力与外部残余应力达到相对平衡时停止移动，形成与柏氏矢量相反的位错偶，如位置 3 处所示。图 9.13b 中圆圈标注处为异号位错偶，该位错偶由原子剪切断裂后错排形成，在该区域会形成较大的残余应力。

2. 激光冲击 E690 高强钢熔覆层表层晶粒细化的研究

激光冲击强化属于冷加工技术范畴，其依靠爆轰波的力学效应改善材料的表面性能，现有技术手段尚未检测到冲击过程中材料内部温度变化，而 E690 高强钢熔覆层的再结晶温度通常处于 $(0.6 \sim 0.8)\,T_m$ 间（T_m 为材料的熔点）。在

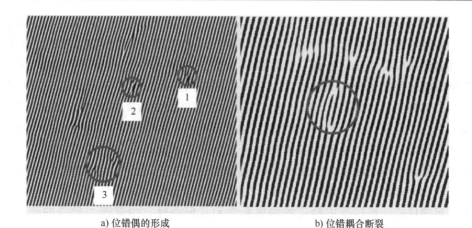

a) 位错偶的形成　　　　　　　　　　b) 位错耦合断裂

图 9.13　激光冲击 E690 高强钢熔覆层位错变化

不同区域内原子所处环境仍存有差异。在强激光冲击作用下，差异区域的原子无法在极短时间内实现再结晶过程中的扩散转移过程；同时，仅依靠内部固态杂质质点和晶界非均质形核也很难说明原始晶粒中众多细小晶粒生成的原因。故强激光冲击加载下 E690 高强钢表层众多细小的晶粒可能由原始粗大晶粒瞬时自组织分化形成。

　　激光冲击处理后 E690 高强钢熔覆层表层的 TEM 形貌像及选区电子衍射花样如图 9.14 所示。由图 9.14a 可以看出，晶粒细化显著，完整大晶粒通过位错不断分割，形成众多细小晶粒，大部分处于 100nm 以下，对所选区域进行电子衍射分析可知电子衍射呈同心圆环如图 9.14b 所示，表明该区域晶粒为取向随机、分布均匀的纳米晶。

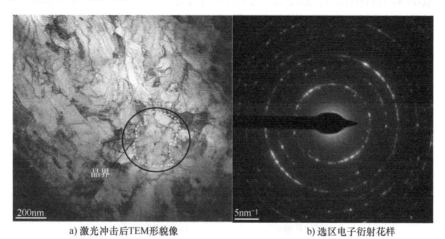

a) 激光冲击后TEM形貌像　　　　　　　　b) 选区电子衍射花样

图 9.14　激光冲击 E690 高强钢熔覆层表层后的 TEM 形貌像及选区电子衍射花样

通过对 E690 高强钢熔覆层未冲击和冲击后的高倍像进行 IFFT 处理，激光冲击加载后不同区域的晶粒尺寸各异。观察 E690 高强钢熔覆层、IFFT 过滤像，通过对比研究位错变化特征，具体特征如图 9.15 所示，探究激光冲击 E690 高强钢熔覆层位错主导的晶粒细化过程。未冲击前熔覆层内位错稀疏，仅有少量刃型位错和空位，如图 9.15a 所示。随着高功率密度的激光多次冲击加载，熔覆层典型晶粒高倍像的 IFFT 过滤像的位错变化特征，如图 9.15b 所示。与未冲击的熔覆层相比，各类缺陷明显增殖，生成众多条状空位片与位错偶。观察高强钢熔覆层晶粒稍小区域高倍像的 IFFT 过滤像的位错变化特征，如图 9.15c 所示，与图 9.15b 对比可知：因塑性变形，E690 高强钢熔覆层内部处理产生了一些任意分布的位错，根据晶内特定的约束条件和几何条件，约束能力较强的部分区域的位错、扩展位错、空位等构成几何位错界面，把原始粗大晶粒分割成两个不同取向的亚晶。观察图 9.15d，E690 高强钢熔覆层出现纳米晶区域高倍像的 IFFT 过滤像的位错变化特征，在外来载荷作用下晶粒取向差进一步增大，将导致晶界特性逐渐改变直到大角度晶界形成，与图 9.15c 对比可知：不同方向上的

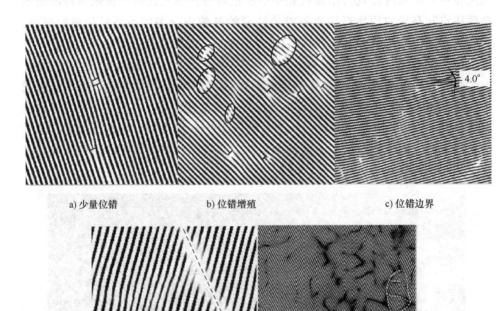

a) 少量位错   b) 位错增殖   c) 位错边界

d) 位错边界相交   e) 许多位错边界相交

图 9.15　激光冲击 E690 高强钢熔覆层、IFFT 过滤像的变化特征

位错界面扩展交汇至一点，彼此间构成大角度晶界，晶粒得到进一步细化。观察 E690 高强钢熔覆层纳米晶区域的 IFFT 像，如图 9.15e 所示，可以观察到几何位错界面逐渐扩展到整个晶粒，将完整晶粒分割成数个小晶粒，可以推知此区域细小晶粒由大晶粒不断自组织分化而来。

在试验方案设计所述的条件下，根据试验观察所得 E690 高强钢熔覆层位错运动的特征及其扩展交汇致使晶粒细化过程，结合鲁金忠、任旭东等关于激光冲击 2A02 铝合金、镍合金晶粒细化的研究成果[24-25]，建立了激光冲击 E690 高强钢熔覆层位错运动主导的晶粒细化模型，如图 9.16 所示。未经处理的 E690 高强钢熔覆层内由于激光熔覆过程中产生的内应力，晶粒粗大，位错稀疏，如图 9.16a 所示；经过激光冲击后，熔覆层内发生原子剪切，位错增殖，形成空位、刃型位错和位错偶等常见缺陷，晶粒中位错运动受到晶界阻碍，聚集在晶界附近，形成位错缠结，经过冲击波诱导的高应变率作用，位错进一步增殖，不同缺陷逐渐汇聚，形成小角度晶界，把完整晶粒分割成取向不同的亚晶，如图 9.16b 所示。由于受到强激光冲击波诱导材料超高应变率的影响，晶界取向差进一步增大，不同方向上的位错界面扩展交汇至一点，构成大角度晶界，部分晶粒受到多次冲击，在密集位错内应力作用下晶界开始弯曲，如图 9.16c 所示。材料在超高应变率的作用下，形成了一系列位错墙，将大晶粒分割成一系列位错胞，如图 9.16d 所示。在几何位错界面的扩展作用下，存在亚晶界逐渐发展形成众多小晶粒的现象，即原始晶界逐渐被分割，原始粗大晶粒自组织分化成细晶粒，如图 9.16e。

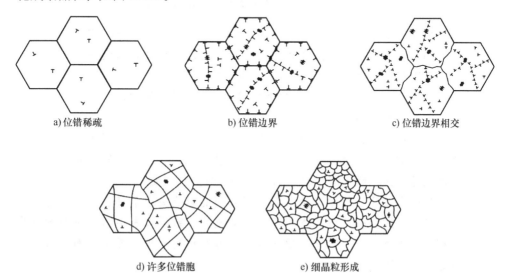

a) 位错稀疏　　　　　　　b) 位错边界　　　　　　　c) 位错边界相交

d) 许多位错胞　　　　　　e) 细晶粒形成

图 9.16　激光冲击 E690 高强钢熔覆层位错运动主导的晶粒细化模型

9.3.4　表面残余应力

　　1、2 号试样残余应力的测量结果如图 9.17 所示。在未进行激光冲击的 1 号试样表面，基体表面残余压应力为 -111.2MPa，激光熔覆层表面残余压应力为 -212.9MPa。在进行激光冲击后的 2 号试样表面，冲击区域与基体间的激光熔覆层残余压应力达到 -520.2MPa，冲击处理区域残余压应力达到 -448.3MPa，相较于冲击前激光熔覆层残余压应力数值分别提升了 1.4 倍和 1.1 倍。

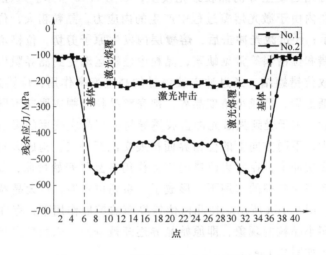

图 9.17　1、2 号试样残余应力的测量结果

　　激光熔覆修复后，激光熔覆层的残余应力主要由三个部分决定：熔池加热过程中的相变应力，熔池凝固过程中的骤冷应力，以及凝固结束后激光熔覆层与基体一起冷却时产生的热应力[26-27]。熔池中的相变应力数值较小，对激光熔覆层最终残余应力影响不大[28]；熔池凝固时，表层熔覆层温度梯度大，率先硬化并停止收缩，继而内部熔覆层凝固收缩时受到硬化表层熔覆层的限制，使内部熔覆层产生拉应力，表层熔覆层产生压应力，骤冷产生的表层压应力分布情况通常与激光加热的淬透深度有关[29]；在凝固结束后，激光熔覆层粉末化学成分与基体相差不大，激光熔覆层与基体在冷却时的形状变化相近[30]，因此该部分热应力趋向零。这三部分对激光熔覆层表面的影响决定了其残余应力为压应力状态。基于上述分析，与基体和粉末化学成分相差巨大表层为拉应力的激光熔覆层相比，基体和金属粉末的化学成分相近对抑制激光熔覆层表面残余拉应力有着显著的作用。

　　激光冲击强化处理后，激光熔覆层表面残余应力的形成过程如图 9.18 所示。第一阶段冲击波加载时如图 9.18a 所示：金属材料产生局部塑性变形，冲击波加载在激光熔覆层表面时，沿冲击波传播方向冲击区域发生局部塑性变形，同时表层残留奥氏体发生马氏体相变产生横向体积膨胀[31]，激光熔覆层组织对外有挤压作用，而基体限制激光熔覆层组织向外输送应变。第二阶段冲击波作用消失后如图 9.18b 所示：经多次激光冲击的激光熔覆层冲击区域晶粒逐步细化，硬度大幅提升[32-33]，其表面晶面间距被挤压变小，衍射峰不断向高角度偏移，表现为表面残余压应力值增大；同时，硬化的塑性变形区域与基体一起相互限制材质较软的激光熔覆层组织，致使冲击区域与基体之间的激光熔覆层表面也呈现出较大的残余压应力状态。

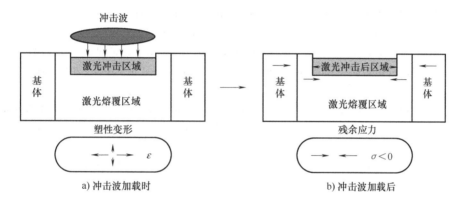

a) 冲击波加载时　　　　　　　　　　　　　b) 冲击波加载后

图 9.18　激光熔覆层残余应力的形成过程

9.4　本章小结

1）激光熔覆层由铁素体基相和少部分残留奥氏体组成，其组织为等轴晶，SiO_2、FeO、Mn_5C_2 和 Fe_3C 等硬质析出物弥散分布，熔覆层与基体之间冶金结合良好。

2）在激光冲击处理后，激光熔覆层表层晶粒得到细化，并伴随有形变孪晶生成，部分位错平行于 {110} 滑移面，位错聚集在晶界附近形成位错缠结，形变孪晶和位错缠结均在晶粒细化中发挥着重要的作用，残留奥氏体经激光冲击后转变成板条状马氏体。

3）激光冲击 E690 高强熔覆层的过程中，材料内部产生大量的晶体缺陷，主要包括单个刃型位错、扩展位错以及位错偶等，其中位错偶极子的形成与带割阶的螺型位错运动密切相关，位错、扩展位错、空位等构成的几何位错界面扩展交汇把原始粗大晶粒分割成细小晶粒，直至分割成细小均匀的纳米晶。

4）构建了激光冲击 E690 高强钢熔覆层位错运动主导的晶粒细化模型，该模型可以描述位错运动主导的晶粒细化过程；通过位错强化、位错诱导的细晶强化可实现 E690 高强钢试样的表面改性，但关于激光冲击加载下 E690 高强钢晶内几何位错界面形成所需的约束条件和几何条件仍需进一步探究。

参考文献

［1］ XU B S, DONG S Y, MEN P, et al. Quality characteristics and nondestructive test and evaluation technology for laser additive manufacturing alloy steel components（invited）［J］. Infrared and Laser Engineering, 2018, 47（4）：8-16.

［2］ LIU G Z, ZHONG W H, GAO Y, et al. Formation and resolving method of the structure defect about laser cladding coatings［J］. Surface Technology, 2012, 41（5）：89-92.

［3］ YAN S X, DONG S Y, XU B S, et al. Mechanics of removing residual stress of Fe314 cladding layers with laser shock processing［J］. Chinese Journal of Lasers, 2013, 40（10）：102-107.

［4］ WANG C, LAI Z L, AN Z B, et al. Properties improvement of laser cladded TC4 Titanium alloy by laser shock processing［J］. Journal of Jiangsu University（Natural Science Edition）, 2013, 34（3）：331-334.

［5］ HE W F, ZHANG J, YANG Z J, et al. Fatigue properties research of titanium alloy repaired by laser cladding and laser shock processing［J］. Chinese Journal of Lasers, 2015, 42（11）：101-107.

［6］ LUO K Y, ZHOU Y, LU J Z, et al. Influence of laser shock peening on microstructure and property ofcladding layer of 316L stainless steel［J］. Chinese Journal of Lasers, 2017, 44（4）：67-74.

［7］ ZHANG P Y, WANG C, XIE M Y, et al. Effect of laser shock processing on microstructure and propertiesof K403 alloy repaired by laser cladding［J］. Infrared and Laser Engineering, 2017, 46（9）：27-33.

［8］ LIU Y H, WU Y Q, SHENG T, et al. Molecular dynamics simulation of phase transformation of γ-Fe→δ-Fe→liquid-Fe in continuous temperature-rise process［J］. Acta Metallurgica Sinica, 2010, 46（2）：172-178.

［9］ HE X, KONG D J, SONG R G. Influence of power on microstructure and properties of laser cladding Al-TiC-CeO2 composite coatings［J］. Rare Metal Materials and Engineering, 2019, 48（11）：3634-3642.

［10］ ZHANG H, PAN Y, HE Y Z. Laser cladding FeCoNiCrAl$_2$Si high-entropy alloy coating ［J］. Acta Metallurgica Sinica, 2011, 47（8）：1075-1079.

［11］ TRIVEDI R, KURZ W. Morphological stability of a planar interface under rapid solidification conditions［J］. Acta Metallurgica, 1986, 34（8）：1663-1670.

［12］ QI W J, WANG S C, CHEN X M, et al. Effective nucleation phase and grain refinement mechanism of Al-5Ti-1B master alloy［J］. Chinese Journal of Rare Metals, 2013, 37

(2)：179-185.

[13] LU J Z, WU L J, SUN G F, et al. Microstructural response and grain refinement mechanism of commercially pure titanium subjected to multiple laser shock peening impacts [J]. Acta Materialia, 2017, 127：252-266.

[14] NI S, LIAO X Z, ZHU Y T. Effect of severe plastic deformation on the structure and mechanical properties of bulk nanocrystalline metals [J]. Acta Metallurgica Sinica, 2014, 50 (2)：156-168.

[15] WEI S B, CAI Q W, TANG D, et al. In situ SEM study of dynamic tensile in wrought magnesium alloy AZ31B rolling sheet [J]. Journal of Plasticity Engineering, 2009, 16 (3)：155-160.

[16] ZHANG T J. Electron microscopy study on phase transformation of titanium alloys (Ⅱ)——The crystalline structure of the two basic phases of titanium and its alloys and their possible lattice defects [J]. Rare Metal Materials and Engineering, 1989, (8)：54-60.

[17] XIAO L, BAI J L. Biaxial fatigue behavior and microscopic deformation mechanism of zircaloy-4 [J]. Acta Metallurgica Sinica, 2000, 36 (9)：919-925.

[18] XU S D, REN X D, ZHOU W F, et al. Research of cell-grain refinement and dislocation strengthening of laser shock processing on GH2036 alloy [J]. Chinese Journal of Lasers, 2016, 43 (1)：46-51.

[19] MOON J, KIM S J, LEE C. Effect of thermo-mechanical cycling on the microstructure and strength of lath martensite in the weld CGHAZ of HSLA steel [J]. Materials Science & Engineering A, 2011, 528 (25-26)：7658-7662.

[20] DENG D A, ZHANG Y B, LI S, et al. Influence of solid-state phase transformation of residual stress in P92 steel welded joint [J]. Acta Metallurgica Sinica, 2016, 52 (4)：394-402.

[21] LIU B, LUO K Y, WU L Y, et al. Effect to laser shock processing on property and microstructure of AM50 magnesium alloy [J]. Acta Optica Sinica, 2016, 36 (8)：189-195.

[22] CAO Y P, GE L C, FENG A X, et al. Effect of shock wave propagation mode on residual stress distribution of laser shock 7050 aluminum alloy [J]. Surface Technology, 2019, 48 (6)：195-202；220.

[23] HULL D, BACON D J. Introduction to dislocations [M]. 5th ed. Boston：Butterworth-Heinemann, 2001.

[24] LUO X M, ZHANG J W, MA H, et al. Analysis of vacancy phenomenon in aluminum alloy induced by strong laser shock [J]. Transactions of Materials and Heat Treatment, 2012 (1)：8-14.

[25] LI F H. The empirical relationship between electron diffraction intensity and structure amplitude and its application in structural analysis [J]. ActaPhysicaSinica, 1963 (11)：735-740.

[26] SUN R T, HAN M, YU Z H, et al. The relative intensity of single crystal electron diffraction [J]. Journal of Chinese Electron Microscopy Society, 2009, 28 (2)：175-179.

[27] LUO X M, ZHANG J W, MA H, et al. Analysis of dislocation configuration induced by strong laser shock in 2A02 aluminum alloy [J]. ActaOpticaSinica, 2011, 31 (7): 166-172.

[28] HU G X, CAI X, RONG Y H. Foundation of materials science [M]. 3th ed. Shanghai: Shanghai University Press, 2010.

[29] LUO X M, ZHANG J W, MA H, et al. Analysis of dislocation configuration induced by strong laser shock in 2A02 aluminum alloy [J]. ActaOpticaSinica, 2011, 31 (7): 166-172.

[30] FENG H, SONG H P, LIU Y W, et al. Electron-elastic interference effects of screw dislocation dipole and arc-shaped interface crack in piezoelectric materials [J]. Engineering Mechanics, 2012, 29 (1): 249-256.

[31] LUO X M, ZHANG J W, MA H, et al. Dislocation configurations induced by laser shock processing of 2A02 aluminum alloy [J]. Acta Optica Sinica, 2011, 31 (7), 166-172.

[32] LU J Z, LUO K Y, ZHANG Y K, et al. Grain refinement of LY2 aluminum alloy induced by ultra-high plastic strain during multiple laser shock processing impacts [J]. Acta Materialia, 2010, 58 (11): 3984-3994.

[33] CHEN L, REN X D, ZHOU W F, et al. Evolution of microstructure and grain refinement mechanism of pure nickel induced by laser shock peening [J]. Materials Science and Engineering (A), 2018, 728: 20-29.

第 10 章 激光冲击对 E690 高强钢熔覆修复结合界面组织的影响

10.1 引言

E690 高强钢广泛应用于海洋工程平台的关键零部件，由于恶劣的海洋服役工况，海洋工程装备面临许多安全问题。激光熔覆通过高能激光束融化合金粉末，将其沉积在金属基材表层，是一种高性能的激光沉积技术[1-3]。但在沉积过程中存在热性能不匹配，温度梯度导致的残余应力分布不均匀、气孔和裂纹等缺陷[4-5]。激光冲击强化作为金属表面改性的新手段，通过对熔覆层进行激光冲击强化处理，减少熔覆层缺隙，改变熔覆层的微观组织提高其综合性能[6-9]。近年来，国内外学者主要研究了熔覆层界面的微观结构和元素分布等相关问题，罗开玉等系统地研究了激光冲击对 316L 不锈钢熔覆层的力学性能和微观结构的影响[10]。张佩宇等也同时开展了激光冲击熔覆层的相关研究，其结果表明激光冲击可以改善熔覆层综合性能。国外一些学者通过电子背散射技术研究了激光熔覆的微观结构、力学性能、晶粒尺寸的影响[11-13]。利用激光冲击处理 E690 高强钢表面激光熔覆层，调控其微观组织和界面，为研究海洋工程装备的修复再制造工艺优化提供理论基础，具有理论与工程应用的实际意义。

本章使用 NV E690 熔覆粉末通过激光熔覆对 E690 高强钢试样预置凹坑进行激光熔覆修复，并对修复层表面进行激光冲击强化处理；通过配有 EBSD 探头的扫描电镜观测熔覆层激光冲击前后截面和界面的织构，借助 HKL Channel5 软件研究熔覆层截面和界面织构的演变规律，分析激光冲击技术参数对熔覆层截面和界面组织结构的影响。

10.2 试样材料与方法

10.2.1 试样制备

试验所用基材选用海洋工程平台常用 E690 高强钢，试样尺寸为 100mm×50mm×10mm，考虑到桩腿抬升齿条表面的常见点蚀磨损缺陷，将表面进行精磨处理，在处理表面制备熔覆层并将熔覆层打磨至 1mm，试样及熔覆层详细尺寸

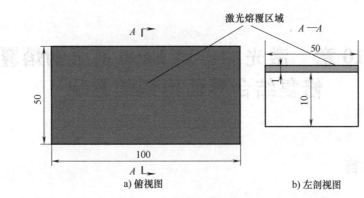

图 10.1　试样及熔覆层详细尺寸

如图 10.1 所示。其中 1 号试样只进行激光熔覆处理，2~4 号试样在激光熔覆修复后进行激光冲击强化处理。试验所用熔覆粉末为专用 NV E690 高强钢球形粉末，粉末颗粒度 45~105μm，纯度 99.9%。

10.2.2　熔覆层制备与强化

激光熔覆试验所用激光器为 Trudiode 3006（TRUMPF LASER，德国），其最大输出功率 3kW、波长 1030nm，激光热源模式为高斯热源（TEM$_{00}$）；使用普雷斯特熔覆头（YC52）以同轴送粉方式进行激光熔覆；通过双筒送粉器为熔覆头供粉，送粉转速为 0.4~0.8r/min，送粉气体流量为 6L/min；激光熔覆修复过程采用同轴氮气保护，保护气流量 8L/min。

利用 DPF-2 型电解抛光仪对激光熔覆后的试样进行表面抛光，用无水乙醇清洗并自然风干，其中 2~4 号试样在抛光后进行激光冲击强化处理。激光冲击试验采用 ND：YAG 固体激光器（SGR 系列，Beamtech 公司，中国），波长 1064nm、脉宽 20ns。激光冲击时光斑直径为 2mm，搭接率为 50%，激光能量分别选用为 4J、5J、7J，其对应功率密度分别为 5.31GW/cm^2、7.96GW/cm^2、11.15GW/cm^2。吸收层使用 150μm 厚的铝箔，约束层为去离子水。在 2~4 号试样表面分别搭接冲击一次，冲击区域与光斑搭接方案如图 10.2 所示。

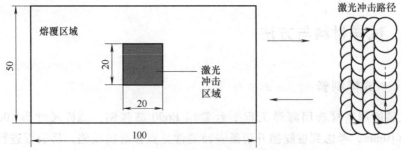

图 10.2　冲击区域与光斑搭接方案

10.2.3　分析与检测

使用 DPF-2 型电解抛光、腐蚀仪对试样截面进行抛光、腐蚀，使用配有 EBSD 探头（HKL NordlysNano）的扫描电镜（Quanta 650F，FEI 公司，美国）采集试样截面的数据。其中 TD 为激光冲击方向，ND 为平行于数据采集方向，RD 为截面的法线方向。沿着激光冲击方向为未冲击试样截面采集区域，分别为熔覆层表层、中部、底部及熔覆层与基体结合界面四个区域，每个区域采集面积均为 $300\mu m \times 300\mu m$，采集步长为 $1\mu m$；冲击试样截面采集区域与未冲击试样相同，但每个区域采集面积缩小至 $30\mu m \times 30\mu m$，采集步长为 $0.1\mu m$，采集区域位置如图 10.3 所示，通过 HKL Channel5 软件对熔覆层截面及界面采集的数据进行分析。

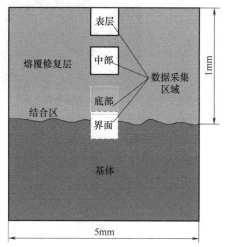

图 10.3　采集区域位置

10.3　E690 高强钢基体及熔覆层的织构分析

使用配用 EBSD 探头的扫描电镜采集 E690 高强钢试样截面数据，所得 E690 高强钢的原始组织及其织构如图 10.4 所示。图 10.4a 为基体的相分布图，珠光体相（BCC 结构）使用蓝色表示，奥氏体相（FCC 结构）使用红色表示，由图 10.4a 可知，基体材料大部分为珠光体相，夹杂着微量的奥氏体相。图 10.4b 为基体的反极图（IPF），图中<001>、<101>和<111>分别对应红、绿和蓝色，根据图 10.4b 可知，基体中没有表现出明显的择优取向。图 10.4c 所示为基体晶粒尺寸统计图，结合课题组前期对 E690 高强钢 TEM 形貌像观察和采集步长，由图 10.4c 可知基体晶粒尺寸分布在 $0.1 \sim 12\mu m$ 之间，晶粒平均尺寸为 $2.8\mu m$。

试样经激光熔覆后，对熔覆层的表层、中部和底部分别进行数据采集，其不同位置微观组织的 IPF 图如图 10.5 所示。由图 10.5a 和图 10.5b 可以看出，在熔覆层表层和中部没有形成明显的择优取向，<001>、<101>和<111>三个取向的晶粒均匀分布。由图 10.5c 可知，熔覆层底部<101>取向的晶粒明显增加。晶体长大的过程中存在胞状晶枝，在立方晶体结构中胞状晶枝会导致晶粒在<101>方向长大。同时<001>、<101>和<111>取向晶粒在熔覆层底部形成了交替层状排列，熔覆层底部相邻层晶粒取向差异较大，形成明显择优取向。

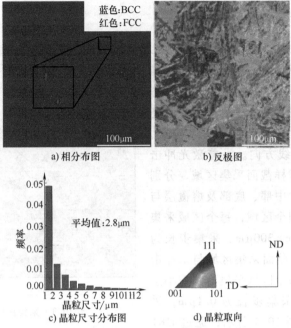

蓝色:BCC
红色:FCC

a) 相分布图

b) 反极图

100μm

100μm

0.05
0.04
0.03
0.02
0.01
0.00

平均值:2.8μm

频率

1 2 3 4 5 6 7 8 9 10 11 12
晶粒尺寸/μm

c) 晶粒尺寸分布图

111

ND

001   101   TD

d) 晶粒取向

图 10.4   E690 高强钢的原始组织及其织构
（注：彩图见书后插页）

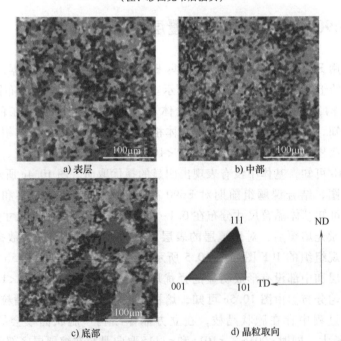

a) 表层

100μm

b) 中部

100μm

c) 底部

100μm

111

ND

001   101   TD

d) 晶粒取向

图 10.5   熔覆层截面不同位置微观组织的 IPF 图
（注：彩图见书后插页）

10.4　激光冲击 E690 高强钢熔覆层截面微结构分析

10.4.1　激光冲击对熔覆层截面织构的影响

不同功率密度激光冲击 E690 高强钢熔覆层表面后，使用配有 EBSD 探头的扫描电镜采集熔覆层的表层、中部和底部的 EBSD 数据，TD 为激光冲击方向，ND 为平行于数据采集方向，RD 为截面的法线方向，其对应的 IPF 图如图 10.6 所示，其中横坐标为熔覆层截面位置，纵坐标为激光功率密度。由图 10.6 可以

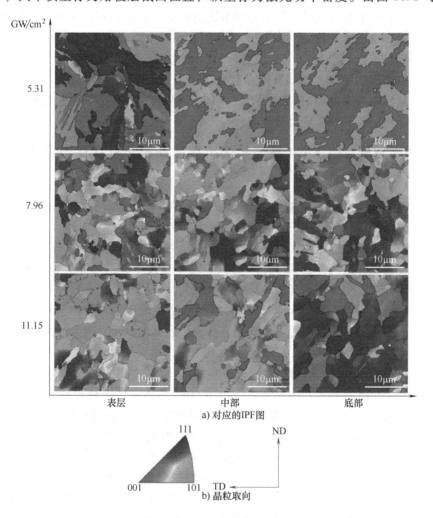

图 10.6　不同功率密度激光冲击后熔覆层表层、中部和底部对应的 IPF 图

（注：彩图见书后插页）

179

看出，功率密度 5.31GW/cm^2 的激光冲击后，试样 2 熔覆层表面晶粒以<111>取向为主，夹杂着少量<001>和<101>取向的晶粒，熔覆层中部和底部晶粒以<001>和<101>两种取向混合分布。与未冲击熔覆试样对比可知，试样表层在激光冲击加载下产生塑性变形使晶粒取向向<111>方向转变，形成明显的择优取向；随着激光冲击波继续向材料内部传播而逐步衰减，中部和底部晶粒在该激光冲击波的作用下未产生塑性变形。激光功率密度为 7.96GW/cm^2 时，试样 3 熔覆层表层以<111>、<101>两种取向的混合晶粒为主，与试样 2 相比，<001>取向的晶粒明显减少；熔覆层中部晶粒的取向和表层晶粒的取向大致相同，熔覆层底部仍然分布着较多<111>取向的晶粒。随着激光功率密度的增加，熔覆层中部的晶粒产生塑性变形，但激光冲击波诱导熔覆底层晶粒产生塑性变形较少。当激光的功率密度上升到 11.15GW/cm^2 时，试样 4 熔覆层表层和中部的晶粒取向以<101>为主，同时分布着少量的<111>取向和<001>取向的晶粒，与试样 3 相比，熔覆层的中部<111>取向晶粒含量下降，<001>取向的晶粒数量基本不变，熔覆层底部形成<111>取向的择优取向，经过大功率激光冲击加载，激光冲击波使熔覆层底部发生较大塑性变形。

10.4.2　激光冲击 E690 高强钢熔覆截面晶粒尺寸变化与晶界取向角分析

E690 高强钢熔覆层晶粒整体是等轴晶，对激光冲击前后熔覆层的表层、中部和底部的晶粒尺寸进行统计，晶粒尺寸分布如图 10.7 所示。由图 10.7a 可知，未经激光冲击处理的熔覆层晶粒尺寸主要分布在 2~10μm 之间，表层晶粒大小介于中部与底部之间，由图 10.7b 可知，功率密度 5.31GW/cm^2 激光冲击处理后熔覆层表层、中部和底部晶粒尺寸差异较大，表层和中部晶粒分布在 1~3μm，底部晶粒绝大部分在 2~5μm。熔覆层晶粒尺寸相较于未冲击时有明显的细化，熔覆层表层晶粒最细，中部晶粒次之，熔覆层底部晶粒尺寸最大。由图 10.7c 可知，功率密度 7.96GW/cm^2 的激光冲击处理后，熔覆层晶粒尺寸主要分布在 0~2μm，与图 10.7b 相比熔覆层晶粒进一步细化，其中熔覆层表层晶粒尺寸大于底部；由图 10.7d 可知，功率密度 11.15GW/cm^2 的激光冲击处理后，熔覆层晶粒尺寸主要分布在 0~1μm，与图 10.7c 相比熔覆层表层和底部的晶粒进一步细化。

晶粒取向角的变化影响着晶粒尺寸，晶界取向差逐渐增大导致晶界特性逐渐改变，被几何必须位错分割成不同取向的亚晶在激光冲击波的持续加载，亚晶界逐渐偏转增大，从而细化晶粒[14]。晶粒取向差分布可以提供不同位置处晶粒特征的信息，通过取向差大小，确定晶界的类型，将 2°~15°取向角作为小角度晶界（LAGBs），大于 15°取向角作为大角度晶界（HAGBs）。对激光冲击前后熔覆层的表层、中部和底部的取向角进行统计，其取向角分布见表 10.1。由

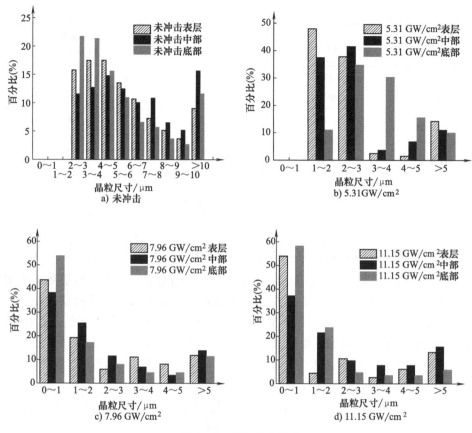

图 10.7　晶粒尺寸分布

表 10.1 可知,未经激光冲击处理时,试样 1 熔覆层中晶界以大角度晶界为主,小角度晶界在熔覆层表层与中部占比均在 20% 以内,仅底部占比增大至 46.9%;在功率密度 5.31GW/cm² 的激光冲击加载后,试样 2 熔覆层中小角度晶界的占比有大幅提升,表层、中部和底部占比分别达到 66.5%、72.1% 和 69.5%。在功率密度 7.96GW/cm² 的激光冲击加载后,试样 3 小角度晶界的占比小幅下降。功率密度 11.15GW/cm² 的激光冲击加载后,熔覆层表层和底部区域的小角度晶界占比下降近 10%。

表 10.1　激光冲击前后试样截面不同位置取向角分布

激光冲击 工艺参数	熔覆修复层不同部位	小角度晶界占比 (2°~15°)(%)	大角度晶界占比 (>15°)(%)
未冲击	表层	14.7	85.3
	中部	18.1	81.9
	底部	46.9	53.1

（续）

激光冲击 工艺参数	熔覆修复层不同部位	小角度晶界占比 （2°~15°）（%）	大角度晶界占比 （>15°）（%）
5.31GW/cm²	表层	66.5	33.5
	中部	72.1	27.9
	底部	69.5	30.5
7.96GW/cm²	表层	62.3	37.7
	中部	63.9	36.1
	底部	65.2	34.8
11.15GW/cm²	表层	54.3	45.7
	中部	60.3	39.7
	底部	52.7	47.3

　　激光熔覆时，E690 高强钢基体热导率大、导热效率高，在熔覆层界面处形成较大的温度梯度，界面处晶粒大量形核率和长大速率都远超熔覆层表层和中部，导致熔覆层底部晶粒尺寸小于其表层和中部的晶粒尺寸，且形成了亚晶；熔覆层表层与保护气接触，也形成温度梯度，熔覆层表层晶粒尺寸介于底部和中部之间，但生成的亚晶较少；而熔覆层中部的熔体温度梯度小，散热较慢、形核率低，故中部晶粒尺寸较为粗大。

　　熔覆层中的小角度晶界在激光冲击诱导的剧烈的塑性变形下发生了倾转，持续向大角度晶界转变[15]。功率密度 5.31GW/cm² 激光冲击加载后，试样 2 熔覆层表层材料产生大的塑性变形，部分亚晶形成大角度晶界，表层晶粒发生细化；随着冲击波继续向熔覆层内传播，熔覆层的中部和底部的小角度晶界占比大幅提升，塑性变形使熔覆层产生了大量的亚晶。功率密度 7.96GW/cm² 激光冲击加载后，试样 3 熔覆层截面各位置晶粒尺寸进一步减小，与试样 2 相比，试样 3 首次出现熔覆层底部晶粒尺寸小于上部晶粒尺寸。熔覆层与基体的阻抗接近，大部分冲击波在熔覆界面处产生入射使熔覆层界面处材料产生二次塑性变形，导致界面处的晶粒进一步细化。随着激光功率密度增大至 11.15GW/cm²，熔覆层截面晶粒尺寸主要分布于 0~1μm；熔覆层中表层和底部大角度晶界与小角度晶界占比相差不大，小角度晶界的产生与大角度晶界的转化逐渐达到了动态平衡，熔覆层表层和底部晶粒尺寸逐渐均匀。

　　激光冲击前后 E690 高强钢熔覆层表层、中部和底部晶粒取向角的变化如图 10.8 所示。由图 10.8a 可知，在未冲击时，熔覆层上部取向差小，熔覆层中晶界以大角度晶界为主；经 5.31GW/cm² 的激光冲击处理后，试样 2 熔覆层表层在冲击波的力学效应作用下产生塑性变形，晶粒内部形成了一系列不同类型

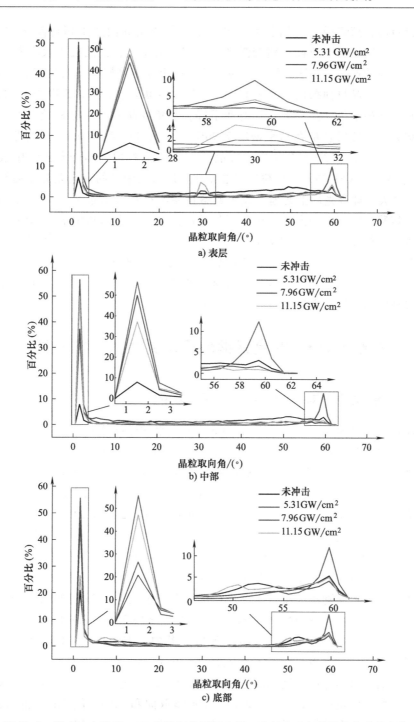

图 10.8　激光冲击前后 E690 高强钢熔覆层表层、中部和底部晶粒取向角的变化

（注：彩图见书后插页）

的位错组态，随着激光的加载大晶粒内部几何位错界面产生相对倾转和位移，将大晶粒分割成两个亚晶；随着激光功率密度的增大，大晶粒不仅不断分割成小角度晶界的亚晶，且亚晶发生倾转，部分小角度晶界持续向大角度晶界转变，试样截面表层晶粒到细化。由图 10.8b 可知，熔覆层中部 11.15GW/cm^2 的激光冲击加载下的小角度晶界的占比有所下降，小角度晶界的占比相较于上部有少量的提高，熔覆层表层在功率密度 7.96GW/cm^2、11.15GW/cm^2 的激光冲击加载下形成了一个 Σ13b 重合位置点阵晶界（CSL），在取向角分布曲线中表现为 30°处形成一个 CSL 峰；与熔覆层表层相比，熔覆层中部的取向差分布曲线中该 CSL 峰消失，即激光冲击处理后该区域熔覆层不存在 CSL 晶界[16]。由图 10.8c 可知，熔覆层底部未冲击时的小角度晶界占比远高于上部和中部；基体-熔覆层界面处温度梯度差异大，与熔覆层表层、中部的晶粒相比，覆层底部晶粒的形核率和长大速率较高，因此小角度晶界占比大[17]。激光冲击处理后，50° ~ 60°晶界角度区间内晶界占比相较于上部和中部有明显的提升，界面处大角度晶界的增多证明界面处有完整晶粒生成，表明界面发生晶粒细化。

10.5 激光冲击 E690 高强钢熔覆层界面微结构分析

10.5.1 激光冲击对 E690 熔覆界面织构的影响

不同功率密度激光冲击处理后，E690 高强钢试样基体-熔覆层界面处晶粒的取向也随之变化，TD 为激光冲击方向，ND 为平行于数据采集方向，RD 为界面的法线方向，其 IPF 图如图 10.9 所示，其中红色表示<001>取向，绿色表示<101>取向，蓝色表示<111>取向。激光冲击前后 E690 高强钢熔覆层界面的取向分布函数（ODF）如图 10.10 所示，通常使用固定 φ = 45°的一组截面来表示。为了清晰表明激光冲击前后界面织构，根据梁志德等人在立方系织构材料的取向分布函数的诠释图[18]，绘制了试验试样的界面 ODF 诠释图，如图 10.11 所示。立方晶系理想织构 φ = 45°取向表见表 10.2。由图 10.9a 可知，未冲击时试样界面处晶粒取向随机分布，未形成择优取向；由图 10.11a 可知激光未冲击时界面的织构分布为 {-114}<1-31>、{-111}<1-23>、{-110}<-1-13>、{-221}<-3-42>、立方织构 {110}<001>，其中立方织构 {110}<001>强度较高，是熔覆界面主要存在的织构。由图 10.9b 可知，功率密度 4.77GW/cm^2 的激光冲击后，试样界面处基体部分晶粒以<111>取向为主，并且含有少量<101>取向的晶粒；熔覆层中以<111>取向、<001>取向和<101>取向晶粒混合组成，界面两侧织构取向差异明显。如图 10.11b 可知界面存在 {-113}<3-32>、较强的旋转立方织构 {110}<1-10>、{-331}<-3-43>。与未冲击时的界面织构相

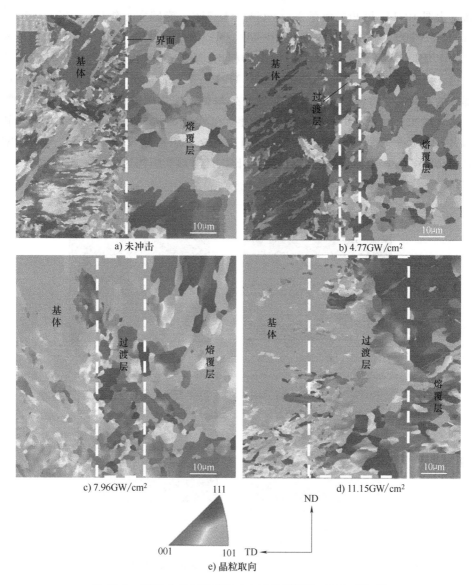

a) 未冲击

b) 4.77GW/cm²

c) 7.96GW/cm²

d) 11.15GW/cm²

e) 晶粒取向

图 10.9　不同功率密度激光冲击后熔覆层界面组织反极图

（注：彩图见书后插页）

比，界面处晶粒有向熔覆层晶粒取向变化的趋势，界面处由立方织构 {110}
<001>转变为旋转立方织构 {110} < 1 - 10 >。由图 10.9c 可知，功率密度
7.96GW/cm² 的激光冲击处理后，试样 3 基体-熔覆层界面区域基本形成了<101>
择优取向，仅有少量<001>取向的红色晶粒，表面已经没有明显差异，界面处晶
粒细化，熔覆层和基体组织相互形成过渡层，增强了界面强度；界面的取向分

布，由图 10.11c 可知界面存在 {-114}<1-31>、旋转立方织构 {100}<011>、{001}<2-30>、{-112}<0-21>、{-441}<0-10>、{-114}<-1-10>。与功率密度 4.77GW/cm^2 激光冲击后的界面织构相比，此时界面处晶粒形成了过渡层的织构。由图 10.9d 可知，经过功率密度 11.15GW/cm^2 激光冲击后，界面处基体部分的取向向着熔覆层发生转变，界面处基体和熔覆层的晶粒相互渗透使过渡层尺寸增大；由图 10.11d 可知，界面存在较强的形变织构 {112}<111> 和 {110}<112>、较弱的丝织构 {110}<011>、立方织构 {110}<001>，与功率密度为 7.96GW/cm^2 冲击后的界面织构相比，此时形变织构为界面主要织构。

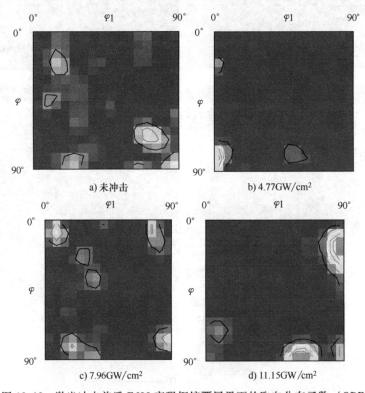

a) 未冲击　　　　　　　　b) 4.77GW/cm^2

c) 7.96GW/cm^2　　　　　　　　d) 11.15GW/cm^2

图 10.10　激光冲击前后 E690 高强钢熔覆层界面的取向分布函数（ODF）

表 10.2　立方晶系理想织构 φ=45° 取向表

织构	工艺参数							
	未冲击		4.77GW/cm^2		7.96GW/cm^2		11.15GW/cm^2	
{ukl} \<uvw\>	1	{-114} <1-31>	1	{-113} <3-32>	1	{100} <011>	1	{112} <111>
	2	{-111} <1-23>	2	{110} <1-10>	2	{-114} <1-31>	2	{110} <011>

（续）

织构	工艺参数							
	未冲击		4.77GW/cm²		7.96GW/cm²		11.15GW/cm²	
{ukl} <uvw>	3	{-110} <-1-13>	3	{-331} <-3-43>	3	{001} <2-30>	3	{110} <112>
	4	{-221} <-3-42>			4	{-112} <0-21>	4	{110} <001>
	5	{110} <001>			5	{-441} <0-10>		
					6	{-114} <-1-10>		

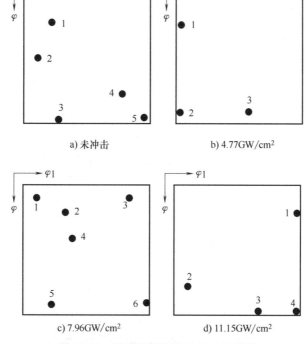

图 10.11　试验试样的界面 ODF 诠释图

10.5.2　激光冲击对熔覆层界面微观组织的影响

由 10.4 节可知，激光冲击处理后试样熔覆层表层的晶粒随着激光功率密度增加逐步细化，但当激光功率密度达到 7.96GW/cm² 后，试样熔覆层底部晶粒尺寸小于其表层晶粒。为探明试样熔覆层底部晶粒细化的原因，借助带 EBSD 探头的扫描电镜采集试样截面处数据，采用 Channel5 软件分析激光冲击加载后熔覆层界面微观结构演化过程。其中使用蓝色表示小晶粒，红色表示大晶粒，绿色表示介于他们之间的晶粒。不同功率激光冲击加载后试样基体-熔覆层界面组织形貌如图 10.12 所示。由图 10.12a 可知基体界面处存在大量的小晶粒，熔覆层界面处晶粒尺寸略大于基体晶粒尺寸，其中部分区域也存在小晶粒。由图 10.12b 可知经过功率密度为 4.77GW/cm² 的激光冲击后的界面组织，此时界面处细小晶粒消失，晶粒形状变为沿着激光冲击方向的长条状，基体-熔覆界面曲折，部分晶粒内部出现小晶粒。由图 10.12c 可以看出基体-熔覆层的界面已完全消失，界面处的红色大晶粒分解为晶粒度较小的绿色晶粒，蓝色的小晶粒大量分布于界面，形成了界面过渡层。由图 10.12d 可以看出，界面区域晶粒进一

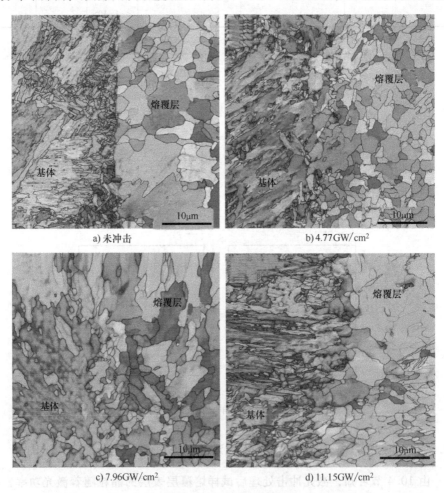

a) 未冲击　　　　　　　　　　　　　　b) 4.77GW/cm²

c) 7.96GW/cm²　　　　　　　　　　　　d) 11.15GW/cm²

图 10.12　激光冲击前后界面熔覆晶粒分布图

(注：彩图见书后插页)

步细化，与图 10.12c 相比，基体-熔覆层界面过渡层厚度达到 12μm 左右，界面过渡层不存在大晶粒，以蓝色的小晶粒为主，夹杂着微量的绿色晶粒。

　　激光熔覆时试样基体-熔覆层界面处会形成微量元素的偏析，熔池内熔融态金属以微量元素为核心重新形核；同时 E690 高强钢基体热导率高，在界面处形成了温度梯度，进而界面处晶粒形核率和凝固速率均较高，导致界面处晶粒细化，及熔覆层界面处晶粒尺寸较小[19]，与图 10.12a 观察现象相符。功率密度 4.77GW/cm² 激光冲击加载时，激光冲击波使界面处晶粒发生塑性变形和相变，使界面处获得较高的界面能，同时保持较高的 Gibbs 能。为降低界面能和 Gibbs 能，细小的脱溶物沿浓度梯度溶入较为粗大的颗粒中，即在界面处发生了晶粒粗化现象。功率密度 7.96GW/cm² 激光冲击处理后，试样基体-熔覆层在界面两侧晶粒不断细化，表明界面处晶粒在更强冲击波作用下发生自组织分解，导致原始界面逐渐消失、形成基体-熔覆层过渡层。经过功率密度 11.15GW/cm² 的激光冲击处理后，试样基体-熔覆层界面处晶粒进一步细化，与图 10.12c 相比过渡层尺寸进一步增大。本节所得结论与 10.4 节所得结论一致。

10.5.3　激光冲击 E690 高强钢熔覆层界面晶界取向角分析

　　E690 高强钢熔覆界面晶粒取向差分布如图 10.13 所示。由图 10.13a 可知，未经激光冲击时，熔覆层分布着粗大的等轴晶粒，大角度晶界占主要部分，小角度晶界稀疏并且与部分晶界组成了亚晶；界面基体部分晶粒较小，小角度晶界占主要部分。由图 10.13b 可知，功率密度 5.31GW/cm² 激光冲击处理后，熔覆层中小角度晶界增加，与未冲时相比界面两侧晶粒尺寸与取向角差基本一致。由图 10.13c 可知，功率密度 7.96GW/cm² 激光冲击处理后，界面基体部分大角度晶界数量减少，小角度晶界数量增加，并且在大角度晶界内逐渐汇聚形成亚晶界，与图 10.13b 相比熔覆层与基体的界面消失，形成基体-熔覆层过渡层。由图 10.13d 可知，功率密度 11.15GW/cm² 激光冲击处理后，熔覆层界面区域组织细化明显，在超高应变率的作用下，小角度晶界持续转化成大角度晶界，基体-熔覆层过渡层尺寸进一步增大。

　　激光冲击前后，熔覆层界面处小角度晶界与大角度晶界占比情况见表 10.3，由表 10.3 可以看出激光冲击前界面处小角度晶界比为 64.04%，存在较大的应力集中；而经过激光冲击处理后，在激光冲击波作用下界面处发生塑性变形，与未冲击试样相比小角度晶界占比均有所提高，但随着激光功率密度的升高，界面处亚晶发生倾转，小角度晶界逐渐向大角度晶界转变[20]，界面处小角度晶界占比分别为 76.57%、73.47% 和 72.31%。因此小角度晶界占比略有降低。

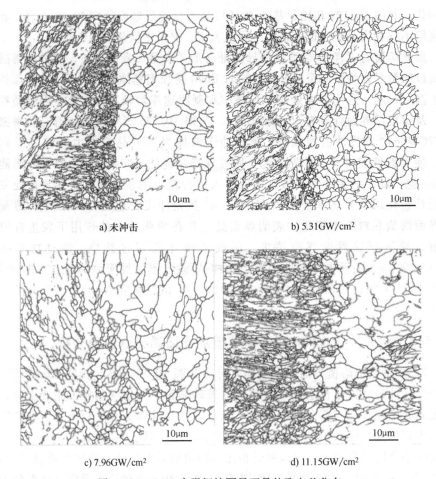

a) 未冲击   b) 5.31GW/cm²

c) 7.96GW/cm²   d) 11.15GW/cm²

图 10.13　E690 高强钢熔覆界面晶粒取向差分布

表 10.3　熔覆层界面处小角度晶界与大角度晶界占比情况

占比	工艺参数			
	未冲击	5.31GW/cm²	7.96GW/cm²	11.15GW/cm²
小角度晶界占比(2°~15°)(%)	64.04	76.57	73.47	72.31
大角度晶界占比(>15°)(%)	35.96	23.43	26.53	27.69

　　综上所述，由于激光熔覆时产生了较大温度梯度，熔覆层结合界面处存在晶粒尺寸相差较大的现象，导致应力集中，使界面结合性能较差。通过激光冲击强化，界面处晶粒在冲击波作用下产生塑性变形，界面能和 Gibbs 能使界面处晶粒长大；随着激光能量的增大，较大晶粒内部位错增殖，并逐渐汇聚形成亚晶，并在激光持续作用下发生倾转或变形，形成大角度晶界并不断细化界面区域晶粒，使熔覆层界面逐步消失并形成基体-界面的过渡层。

10.6　激光冲击 E690 高强钢熔覆层界面响应模型

通过对熔覆层截面及界面晶粒取向、尺寸和晶界取向差数据分析，建立了激光冲击熔覆层界面的织构演化模型，如图 10.14 所示。激光熔覆完成后，由于熔覆层的表层与保护气接触，熔覆层底部与导热效率好的基体接触，熔覆层试样的表层和界面处产生温度梯度，其晶粒形核率和凝固速率均较高；其中基体-熔覆层界面部分还存在微量元素的偏析，熔池内熔融态金属以微量元素为晶核重新形核，因此界面晶粒尺寸较表层处晶粒尺寸更小，如图 10.14a 所示。功率密度 5.31GW/cm^2 激光冲击处理后，在激光冲击波作用下熔覆层表层产生塑性形变，细化了表层晶粒；同时，基体-熔覆层界面处在界面能和 Gibbs 能的作用下熔覆层界面处的细小晶粒长大，界面消失，如图 10.14b 所示。功率密度 7.96GW/cm^2 激光冲击处理后，熔覆层表层晶粒细化层的层深增加；同时，激光冲击波传播在界面处发生大比例透射，导致界面区域晶粒在激光冲击波的作用下发生细化，基体-熔覆层界面消失，并形成基体-熔覆层的界面过渡层，如图 10.14c 所示。功率密度 11.15GW/cm^2 激光冲击处理后，基体-熔覆层的界面

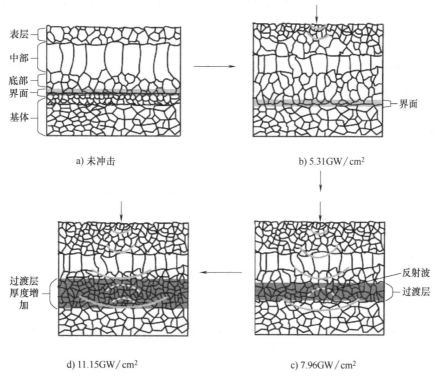

a) 未冲击　　　　　　　　　　　　　b) 5.31GW/cm^2

d) 11.15GW/cm^2　　　　　　　　　　c) 7.96GW/cm^2

图 10.14　激光冲击熔覆层界面的织构演化模型

过渡层在更大能量激光的持续作用下，基体-熔覆层的界面过渡层晶粒继续细化，且其层深也进一步增加，如图 10.14d 所示。

10.7 本章小结

1) 未冲击时，熔覆层的表层和中部没有形成择优取向，而熔覆层底部晶粒在<101>形成明显择优取向，界面以立方织构 {110}<001>为主；激光冲击处理后熔覆层上部<001>向<101>向转变，随着激光功率密度不断增加，激光冲击处理后熔覆层表面形成<101>的择优取向，底部形成了<111>的择优取向，界面最终形成形变织构 {112}<111>、{110}<112>。

2) 激光熔覆层组织整体是 HAGBs 的粗大等轴晶，其晶粒尺寸在 $2\sim8\mu m$ 之间分布，熔覆层与基体结合界面主要以立方织构 {110}<001>为主，界面明显。$5.31GW/cm^2$ 的激光冲击处理后熔覆层表层晶粒细化，基体-熔覆层界面以旋转立方织构 {110}<1-10>为主，界面处的细小晶粒长大、界面开始消失；$7.96GW/cm^2$ 的激光冲击处理后界面结合处晶粒细化，此时熔覆层-基体多种织构混合，界面消失并形成基体-熔覆层过渡层，其晶粒尺寸小于表层的晶粒尺寸；$11.15GW/cm^2$ 的激光冲击处理后熔覆层界面区域小角度晶界向大角度晶界持续转化，形成形变织构 {112}<111>、{110}<112>，界面处晶粒进一步细化，其过渡层尺寸增大。

3) 激光冲击熔覆层界面的织构响应模型可以阐述激光冲击 E690 高强钢熔覆层界面织构的演化机制；激光冲击对熔覆层界面组织应力的影响以及不同功率密度激光冲击对界面晶粒再结晶的机理、分类仍需进一步研究。

参考文献

[1] 李洪波，高强强，李康英，李班. 表面激光熔覆 H13/NiCr-Cr₃C₂ 复合粉末熔覆层性能研究 [J]. 中国激光，2021，48 (18)：163-172.

[2] 丁昊昊，慕鑫鹏，祝毅，等. 车轮材料表面 h-BN/CaF₂/Fe 基激光熔覆涂层组织与磨损性能 [J]. 中国表面工程，2021，34 (4)：139-148.

[3] HAN J, YU B Y, IM H J, et al. Microstructural evolution of the heat affected zone of a Co-Ti-W alloy upon laser cladding with a CoNiCrAlY coating [J]. Materials Characterization, 2019, 158 (c): 109998.

[4] 林英华，袁莹，王梁，等. 电磁复合场对 Ni60 合金凝固过程中显微组织和裂纹的影响 [J]. 金属学报，2018，54 (10)：1442-1450.

[5] ZHAN X H, QI C Q, GAO Z N, et al. The influence of heat input on microstructure and porosity during laser cladding of Invar alloy [J]. Optics & Laser Technology, 2019, 113:

453-461.

[6] 聂祥樊，李应红，何卫锋，等. 航空发动机部件激光冲击强化研究进展与展望 [J].
机械工程学报，2021，57 (16)：293-305.

[7] 曹鑫，何卫锋，汪世广，等. 激光冲击强化前处理对 TiN/Ti 涂层/基体疲劳性能的影响
[J]. 中国表面工程，2021，34 (03)：120-129.

[8] TONG Z P, LIU H L, JIAO J F, et al. Microstructure, microhardness and residual stress of
laser additive manufactured CoCrFeMnNi high-entropy alloy subjected to laser shock peening
[J]. Journal of Materials Processing Technology, 2020, 285: 116806.

[9] 曹宇鹏，杨聪，施卫东，等. 激光冲击 690 高强钢位错组态与晶粒细化的实验研究
[J]. 光子学报，2020，49 (4)：31-42.

[10] 罗开玉，周阳，鲁金忠，等. 激光冲击强化对 316L 不锈钢熔覆层微观结构和性能的
影响 [J]. 中国激光，2017，44 (4)：67-74.

[11] ALAM M K, MEHDI M, URBANIC R J, et al. Electron Backscatter Diffraction (EBSD)
analysis of laser-cladded AISI 420 martensitic stainless steel [J]. Materials Characterization,
2020, 161 (c): 110138.

[12] GUÉVENOUX C, HALLAIS S, CHARLES A, et al. Influence of interlayer dwell time on
the microstructure of Inconel 718 laser cladded components [J]. Optics & Laser Technology,
2020, 128: 106218.

[13] VENKATESH L, SAMAJDAR I, TAK M, et al. Microstructure and phase evolution in laser
clad chromium carbide-NiCrMoNb [J]. Applied Surface Science, 2015, 357: 2391-2401.

[14] 刘章光，李培杰，尹西岳，等. 变形参数对 TA32 合金的超塑性变形行为及微观组织
演化的影响 [J]. 稀有金属材料与工程，2018，47 (11)：3473-3481.

[15] WEI B X, XU J, CHENG Y F, et al. Microstructural response and improving surface me-
chanical properties of pure copper subjected to laser shock peening [J]. Applied Surface Sci-
ence, 2021, 564: 150336.

[16] 许擎栋，李克俭，蔡志鹏，等. 脉冲磁场对 TC4 钛合金微观结构的影响及其机理探究
[J]. 金属学报，2019，55 (4)：489-495.

[17] 陈翔，张德强，李金华，等. 激光辐照区中心温度对高速钢刀具熔覆 WC/Co 陶瓷层
裂纹与组织的影响 [J]. 表面技术，2021，50 (4)：113-124.

[18] 梁志德，徐家桢，王福. 立方系、六方系织构材料的取向分布函数 (ODF) 图的诠释
图 [J]. 东北工学院学报，1981 (2)：16-22.

[19] 肖乾坤，朱政强，李铭锋. 紫铜超声波焊接微观结构演变及再结晶研究 [J]. 材料导
报，2020，34 (10)：10157-10161.

[20] CAO J D, CAO X Y, JIANG B C, et al. Microstructural evolution in the cross section of
Ni-based superalloy induced by high power laser shock processing [J]. Optics & Laser Tech-
nology, 2021, 141: 107127.

第 11 章　E690 高强钢表面激光冲击微造型及其摩擦学性能的试验研究

11.1　引言

随着世界海洋油气开发向深海和极地进军，E690 高强钢作为重要的海洋工程用钢，在海洋潮差的作用下极易发生腐蚀损伤甚至腐蚀疲劳断裂，严重威胁海洋工程平台的安全。部分 E690 高强钢服役于抬升系统重载环境，在此极端条件下极易发生摩擦、磨损与应力腐蚀，降低抬升机构的服役寿命[1-4]。激光冲击强化技术可显著提高金属材料的硬度、强度、耐磨性和耐蚀性等性能，从而改善材料的表面综合性能[5-8]。激光冲击微造型是一种在激光冲击强化基础上发展而成的微造型加工新技术。利用激光冲击波的力学效应和重复冲击的硬化效应加工微造型阵列，是用于改善摩擦副表面的摩擦学性能，延长摩擦副使用寿命的新方法[9-10]。机械系统中的摩擦磨损对摩擦副的承载能力和使用寿命具有重要影响。近年来，激光表面微造型可以显著改善摩擦副之间的磨损状况，并可提高摩擦副间的工作性能和使用寿命。激光冲击表面微造型不仅可实现微造型阵列几何造型，改善材料表面宏观力学和微观组织性能，还可以提高其抗疲劳磨损性能[11-12]。目前，国内外主要围绕激光冲击微造型的可行性和工艺参数对微造型效果的影响展开研究，但激光冲击微造型工艺参数对微造型三维形貌和物理性质的影响规律，以及激光冲击微造型工艺参数、残余应力与摩擦学性能关系的研究还亟待加强。

本章利用有限元软件 ABAQUS 对不同冲击次数作用下试样表面的成型过程建模仿真，对 E690 高强钢试样表面进行激光冲击微造型，用试验结果对模拟结果进行验证，探究激光冲击微造型机理，获取激光工艺参数与微造型几何特征的对应关系；通过 X 射线应力分析仪对未加工表面和激光冲击微造型表面残余应力分别进行测量，探究激光工艺参数与表面残余应力分布的相关性；通过往复摩擦试验，分析微造型阵列几何参数对 E690 高强钢试样表面摩擦学性能的影响，借助三维形貌仪和扫描电镜研究贫油润滑条件下摩擦副间的磨损机理，为改善海洋工程平台齿轮/齿条间的摩擦学性能提供理论基础和技术支持。

11.2　激光冲击微造型的模拟与试验方法

11.2.1　有限元模型的建立

为模拟多次激光冲击产生的塑性变形，同时保证计算精度与时间，在 ABAQUS 软件中建立 5mm×5mm×5mm 的 1/4 激光冲击三维有限元模型。Z 方向单元长度从上部分的 0.05mm 逐渐增加到下部分的 0.1mm，其余区域单元尺寸取 0.07mm，网格数量约为 42 万，网格单元类型选择 C3D8R。模型底部施加全约束，两对称面施加对称约束。

采用 Fabbro 根据试验推导出的脉冲激光峰值冲击压力公式，见式（11-1）[13]，公式中能量转化效率系数 α 取 0.2，折合阻抗 Z 取 $0.455×10^6 g \cdot cm^{-2} \cdot s^{-1}$。在有约束层情况下，脉冲激光诱导冲击波的作用时间大约为脉宽的 2~3 倍，试验中脉宽采用 20ns。激光冲击波峰值压力加载曲线如图 11.1 所示。

$$P = 0.01 \sqrt{\frac{\alpha}{2\alpha+3}} \sqrt{ZI_0} \tag{11-1}$$

式中，P 为压力；Z 为折合阻抗；I_0 为激光功率密度。

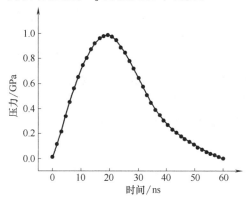

图 11.1　激光冲击波峰值压力加载曲线

冲击微造型过程中具有超高应变率，达 $10^6 s^{-1}$ 以上。国内外关于爆炸、高速冲击等高应变率的仿真模拟常使用 Johnson-Cook 本构模型[14]，在表面吸收层和水约束层作用下，可忽略热效应造成的温度上升，故简化后的 Johnson-Cook 本构模型为：

$$\sigma_Y = (A+B\varepsilon^n)(1+Cln\overline{\varepsilon}^*) \tag{11-2}$$

式中，σ_Y 为流动应力；A 为初始屈服强度；B 为应变硬化系数；n 为应变硬化指数；C 为应变硬化因子；ε 为等效塑性应变；$\bar{\varepsilon}$ 为无量纲塑性应变率。

E690 高强钢的力学性能参数和 J-C 模型[15] 所涉及的参数见表 11.1，其中 ρ 为密度，E 为弹性模量，ν 为泊松比。

表 11.1 E690 高强钢的力学性能参数和 J-C 模型所涉及的参数

$\rho/(\text{kg/m}^3)$	E/GPa	ν	A/MPa	B/MPa	n	C
7850	210	0.3	739	510	0.3	0.0147

11.2.2 激光冲击微造型试验

试验采用进口美制 E690 高强钢，通过线切割将材料加工成 30mm×25mm×5mm 的试样，依次采用粒度为 P240~P1200 的砂纸对试样表面打磨抛光，采用乙醇清洗并吹干。

采用 YAG 固体脉冲激光器（YS100-R200A，Tyrida，中国），波长为 1064nm，频率范围为 1~4Hz，脉宽为 20ns。根据课题组以往研究结果，优选激光冲击工艺参数如下：采用 3M 公司的 0.1mm 的铝膜作为吸收层，水作为约束层，光斑直径为 2mm，冲击能量为 5J，即其激光功率密度为 7.96GW/cm²。为探究不同微造型密度对摩擦学性能的影响，冲击次数选择 1 次，微造型密度分别选择 8.7%、13%、20%、35% 和 87.5%，激光冲击产生的微造型阵列及残余应力测点示意图如图 11.2 所示，面积密度 ρ_t 计算公式见式（11-3），其中 d 为微造型直径，L 为微造型间距。为探究不同深度对摩擦学性能的影响，根据不同微造型密度对摩擦学性能试验所得的优选微造型密度，试样采用不同冲击次数（0 次，1 次，2 次，3 次，4 次）对每个位置点进行冲击以获取不同深度的微造型分布，激光冲击具体工艺参数见表 11.2。

$$\rho_t = \pi d^2/(4L^2)\times100\% \tag{11-3}$$

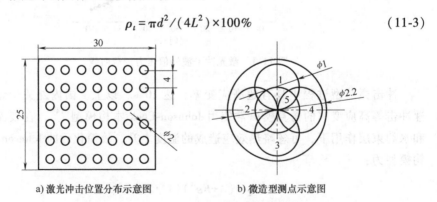

a) 激光冲击位置分布示意图   b) 微造型测点示意图

图 11.2 微造型阵列及残余应力测点示意图

表 11.2　激光冲击具体工艺参数

试样编号	激光功率密度/(GW/cm^2)	冲击次数
a	0	0
b	7.96	1
c	7.96	2
d	7.96	3
e	7.96	4

使用光学轮廓仪（usurf, NanoFocus, 德国）观测激光冲击区域的三维形貌，采用 X 射线应力分析仪（Xstress 3000 G2R, Stresstech Oy, 芬兰）测量激光冲击区域表面残余应力。试验测量仪器实物图如图 11.3 所示。每块试样冲击区域随机选取微造型，通过测角仪在每个测点的 0°、45°以及 90°三个方向各测 1 次，测试位置如图 11.2 所示。测量方法选用侧倾法，测试参数选择：准直管直径 1mm，材料选择铁素体，靶材类型为 Cr 靶，布拉格角 156.4°，晶面类型 211，管电流 6.7mA，管电压 30kV，曝光时间 15s。为探究材料表面测点各方向残余应力值的均匀性，对微造型中心测点 5 再增测 22.5°和 67.5°两个方向，选用相同的测试参数测量试样表面的残余应力值，使用方差表示残余应力值的分散性。

a) 残余应力分析仪　　　　　　　　　　　　b) 光学轮廓仪

图 11.3　试验测量仪器实物图

通过线切割、手工打磨、凹坑研磨及离子减薄将试样微造型表面制成 TEM 薄膜试样，使用场发射高分辨透射电子显微镜（Tecnai G2 F20, FEI 公司, 美国）观察激光冲击微造型表面的微观组织形貌。

11.2.3 摩擦磨损试验

摩擦磨损试验采用 Rtec 多功能摩擦磨损试验机（MFT-5000，Rtecinstruments，美国），该设备的测试标准采用模块化设计，可满足多种摩擦磨损的测试，如高速往复、旋转球盘/销盘、环块等；同时可实时测量包括摩擦系数、压力载荷、磨损深度等信号。试验机主要设备参数：测试平台移动范围（X×Y×Z）200mm×250mm×150mm；平台移动时的分辨力 1μm；速度 0.001~10mm/s；载荷范围 1~5000N；加载载荷分辨力：1~100N 为 5mN，50~5000N 为 250mN。

在该试验中，采用线性往复模块来模拟工况，该试验销-块摩擦副的实物图如图 11.4a 所示，原理图如图 11.4b 所示。本试验对磨销采用高碳铬轴承钢 GCr15(φ=10mm)，其硬度为 920HV，轴承钢 GCr15 的化学成分见表 11.3。

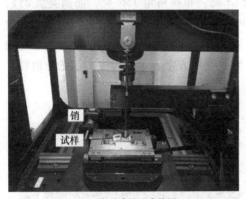
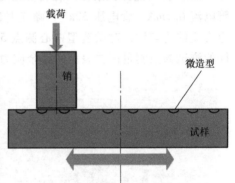

a) 销-块摩擦副实物图	b) 销-块摩擦副原理图

图 11.4 销-块摩擦副实物图及原理图

表 11.3 轴承钢 GCr15 的化学成分

元素	质量分数(%)	元素	质量分数(%)
C	0.95~1.05	Cr	1.40~1.65
Si	0.15~0.35	Ni	≤0.30
Mn	0.25~0.45	Cu	≤0.25
P	≤0.025	Mo	≤0.10
S	≤0.025		

试验在贫油润滑条件下进行，润滑油采用全损耗系统用油 L-AN32，其参数见表 11.4。本试验设计了两组摩擦磨损试验。第一组是采用线性变载荷低速，恒定速度为 0.12m/s。第二组采用定载荷高速，恒定速度为 0.2m/s，摩擦磨损试验参数见表 11.5。使用三维形貌仪（基恩士，VHX-2000E，日本）对磨损后微造型直径进行观测，采用扫描电子显微镜（JEOL，JSM-6510 型，日本）对不同微造型密度和深度试样表面磨损情况进行观测。

表 11.4　全损耗系统用油 L-AN32

参　　数	单　　位	数　　值
密度(15℃时)	g/cm³	0.872
运动黏度(40℃时)	mm²/s	30.5
黏度指数	—	100
倾点	℃	−30
闪点	℃	199

表 11.5　摩擦磨损试验参数

参　　数	第　一　组	第　二　组
往复频率/Hz	3	5
速度/(m/s)	0.12	0.2
法向载荷/N	25~600,25~1000(线性)	100
时间/s	600	600
温度/℃	25	25

11.3　激光冲击微造型的成形规律及表面微观结构演变

11.3.1　激光冲击次数对微造型表面形貌的影响

通过 ABAQUS 中 Explicit 和 Standard 两个模块（即冲击和回弹）分析获得了 U3（沿 Z 方向的位移）塑性变形情况，在不同冲击次数情况下，数值模拟的塑性变形值 U3 随冲击次数增加呈线性增大趋势，其表面塑性形变模拟曲线如图 11.5 所示，深度范围约在 10~40μm 之间。由于其变形规律类似，取其中冲击 2 次和 4 次的模拟云图为例进行分析，如图 11.6 所示。由图 11.6 可知：冲击

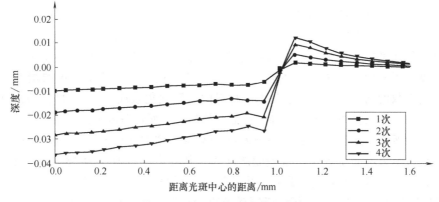

图 11.5　表面塑性形变模拟曲线

2 次时，试样表面会形成一个与光斑大小相当的微造型，半径为 1078.59μm，最大深度达 18.31μm。同时，因塑性流动在微造型的周围产生凸起，其凸起值达 7.72μm；冲击 4 次时，试样表面微造型半径为 1087.42μm，最大深度达 36.34μm，凸起值达 12.55μm。

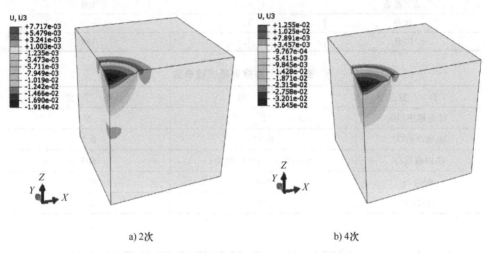

a) 2次　　　　　　　　　　　　b) 4次

图 11.6　不同激光冲击次数表面塑性形变模拟云图

当激光功率密度为 7.96GW/cm^2 时，激光冲击加载使试样表面形成微造型阵列，采用光学轮廓仪对微造型进行测量。相同激光冲击次数下的微造型阵列具有良好的一致性和重复性，有利于广泛应用。同时，不同激光冲击次数下微造型直径相近，选择冲击 1~4 次的表面塑性形变测量结果为例，如图 11.7 所示。为了进一步分析微造型，沿中心截取剖面数据，微造型均近似倒立圆台[9]。圆台上底面直径为 2200μm，下底面直径为 1200~1600μm，而深度随着冲击次数增加呈增长趋势，在 10~40μm 范围内。激光冲击 2、4 次后微造型分别约深 25μm、40μm，其深度受到试样材料的强度、硬度、弹性模量等力学和物理性能影响，材料抵抗局部变形的能力体现于微造型的深度值。不同激光冲击次数表面塑性形变测量曲线图如图 11.8 所示，随着激光冲击次数由 1 次增至 4 次，微造型直径几乎保持不变，冲击次数对微造型直径的变化影响甚微；而冲击次数对深度的影响明显，这是塑性形变累积的结果。同时，微造型深度的增幅会随着冲击次数的增加而放缓，这是由于材料的应变硬化效应[16,17]，材料的强度和硬度与冲击次数呈正相关，最终呈现饱和趋势，从而使深度增加减缓[18]。

试验所测的微造型深度增幅随着冲击次数的增加逐渐放缓，其深度趋于定值，模拟结果与测量数据的误差随之增大，其最大误差值仅为 18.4%，模拟结果和试验结果具有良好的一致性。由于测量结果呈镜像对称，取图 11.8 一半与图 11.5 的模拟值做对比分析，不同激光冲击次数表面塑性形变试验和模拟对比

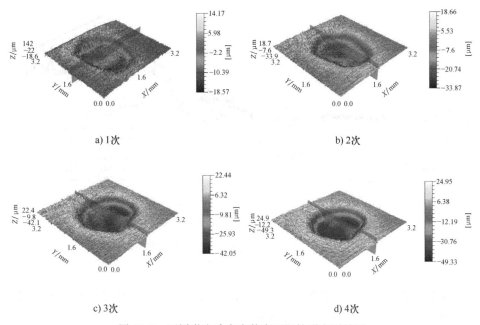

a) 1次　　　　　　　　　　　　　b) 2次

c) 3次　　　　　　　　　　　　　d) 4次

图 11.7　不同激光冲击次数表面塑性形变测量图

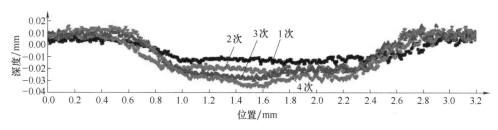

图 11.8　不同激光冲击次数表面塑性形变测量曲线图

图如图 11.9 所示，模拟与试验之间存在误差的主要原因：①模拟中材料模型使用各向同性的理想材料，实际上材料由于处理方式的不同和材料成分的不均匀，多呈现一定程度的各向异性；②建立的模型没有考虑吸收层铝箔对试样的保护作用，使光斑边界产生的近似火山口凸起不明显。

11.3.2　激光冲击次数对残余应力和 FWHM 值的影响

为研究激光冲击微造型表面材料的物理性能，使用 X 射线应力分析仪测量经不同冲击次数后微造型各测点处的残余应力，同时获得半高宽（FWHM）值。未冲击、冲击 1 次后微造型表面残余应力测量值的离散统计如图 11.10 所示。观察图 11.10 可知，a 试样（未冲击）5 个不同测点三个方向的测量值差异明显；b 试样（冲击 1 次）不同测点三方向虽存在差异，但均匀性明显提高。激光冲击

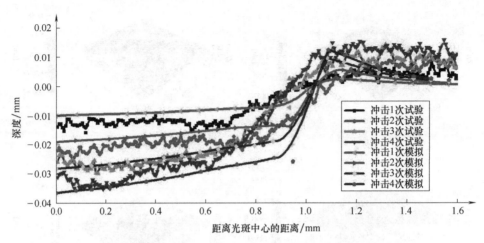

图 11.9　不同激光冲击次数表面塑性形变试验和模拟对比图

(注：彩图见书后插页)

2 次及以上时，试样各测点各个方向的测量值近似相等。为对比激光冲击次数对材料表面残余应力和 FWHM 值的影响，选取各试样光斑中心点（即 5 号点）为例，分析不同冲击次数下各试样 5 号点的残余应力和 FWHM 值的变化情况。

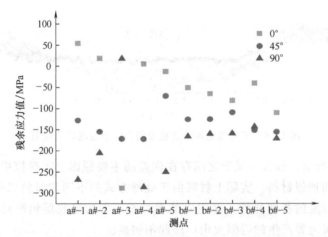

图 11.10　未冲击、冲击 1 次后微造型表面残余应力测量值的离散统计

　　为研究测点各方向残余应力分布的均匀性，测量了不同次数激光冲击加载后各试样 5 号点五个方向的表面残余应力值，各试样 5 号点残余应力分布如图 11.11 所示。观察图 11.11 可知，a 试样（未冲击）同一测量位置不同方向的残余应力值相差显著，五个方向的残余应力平均值为 -112.03MPa，残余应力值的方差为 9477.77，与其他 4 组相比方差最大。当激光冲击 1、2 次后，b、c 试样的平均残余应力值增大，分别为 -135.22MPa、-194.15MPa，方差分别为

2133.27、427.42，激光冲击后试样残余应力值的方差较未冲击试样的方差降低显著，分别下降了 77.49%、95.49%，其均匀性明显提高。当激光冲击 3 次后，试样 d 平均残余应力值为 -217.16MPa，方差为 237.35，方差值较试样 c 的残余应力方差值降低 44.47%，试样 d 残余应力方差较小、均匀性较好，平均残余压应力值最大。当激光冲击 4 次后，试样 e 各方向残余应力方差为 118.56，均匀性最好，但平均残余压应力值为 -158.23MPa，较试样 d 残余应力均值下降 58.93MPa。随着激光冲击次数的增加，残余应力平均值先增大后减小，而方差呈现先显著减小后平稳减小的趋势。激光冲击达到 4 次时，表面残余应力值不增反减，其原因可能为：随着激光冲击次数的增加，晶粒尺寸不断细化，微观应力不断增加导致材料微观组织发生调幅分解，应力场通过调幅分解的形式释放，宏观上即表现出残余应力的减小[19,20]。综上所述，综合平均应力值、应力分布的均匀性及兼顾成本，激光冲击微造型时激光单点冲击 3 次所得微造型综合最优。

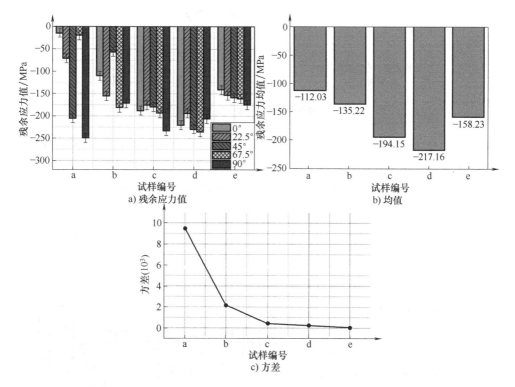

图 11.11　各试样 5 号点五个方向的残余应力分布

ABAQUS 在仿真过程中同时也可获得残余应力的变化情况，不同激光冲击次数下残余应力分布曲线如图 11.12 所示。模拟结果与试验数据的误差较大，主要是由于冲击波压力大，冲击区域材料会产生位错湮灭、重排形成亚晶粒，甚至晶粒细化形成纳米晶[21]，晶粒细化导致冲击区域材料的属性发生变化[22]，引发了模拟结果与试验结果的明显差异。同时，残余应力值是 X 射线衍射残余应力测试仪准直器范围内测得残余应力的平均值，准直器范围尺寸为 mm 量级，激光冲击微造型直径也为 mm 量级，测得值仅可反应微造型内部残余应力均值情况，却无法展现微小尺寸处的残余应力值变化情况，而数值模拟的残余应力是连续变化的值，可反应残余应力值的变化情况。

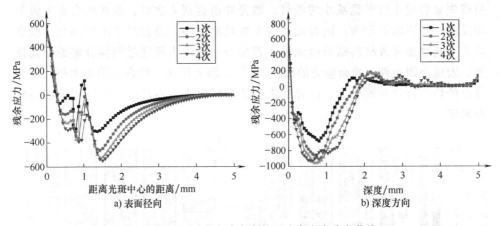

a) 表面径向   b) 深度方向

图 11.12   不同激光冲击次数下残余应力分布曲线

半高宽（FWHM）是衍射峰最大强度的 1/2 处所占的角度范围，研究表明，FWHM 值与位错密度存在正相关关系，而与晶粒度存在负相关关系，即 FWHM 值越大，位错密度越大，晶粒度越小[23-24]。图 11.13 所示为不同激光冲击次数

下三个方向的 FWHM 值，未冲击试样三个方向（0°，45°，90°）的 FWHM 值相对于激光冲击过后 FWHM 值变化较大，随着激光冲击次数的增加，FWHM 均值逐渐增大，在激光冲击次数由 1 次增至 4 次时，FWHM 均值分别为 2.71°、2.78°、2.86°、2.88°，均大于未冲击试样的 2.57°，而激光冲击 4 次相比于 3 次增幅较小。激光冲击后，FWHM 值得以显著提高，说明激光冲击可提高材料位错密度使晶粒细化，进而改善材料的综合力

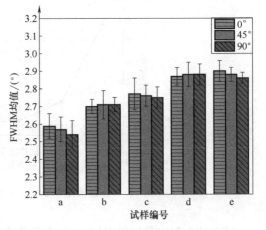

图 11.13   不同激光冲击次数下三个方向的 FWHM 值

学性能，此情况与李应红团队研究结论一致，即晶粒细化和微观应变的协同作用导致 Bragg 衍射峰的宽化[25]。

11.3.3　微造型表面纳米化及调幅分解验证

由 11.3.2 节残余应力测试结果可知，随着激光冲击次数的增加，FWHM 值逐渐增大、晶粒持续细化；在激光冲击 3 次后，材料表面残余应力各个方向的测量值趋于相等。借助透射电镜观察未冲击试样和冲击 3 次后试样微造型表面的 TEM 形貌像及电子衍射图，其形貌像及电子衍射图如图 11.14 所示。观察图 11.14a 可知，E690 高强钢基体相为铁素体和渗碳体叠加的片状珠光体，渗碳体的数量远小于铁素体，渗碳体层片与铁素体层片相比较薄，其片间距为 150～

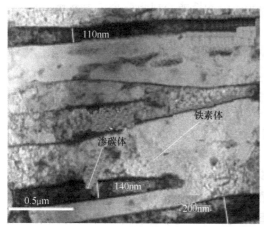

a) 基体

b) 冲击3次

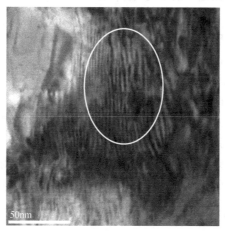

c) 冲击4次

图 11.14　E690 高强钢 TEM 形貌像及电子衍射图

450nm。观察图 11.14b 可知，E690 高强钢试样经功率密度为 7.96GW/cm^2 的激光冲击 3 次后其组织形貌发生变化：E690 高强钢试样微造型表面的片状渗碳体完全消失，晶粒尺寸基本在 50~100nm 之间；图 11.14b 左上角的电子衍射花样为连续的同心圆，表明晶粒取向随机，为均匀分布的纳米晶[26]，即在激光冲击加载 3 次后试样微造型表面形成了纳米晶。结合 7.5 节激光冲击次数对残余应力和 FWHM 值的影响可知，随着激光冲击次数的增加，E690 高强钢试样微造型表面形成了纳米晶，纳米晶取向随机、分布均匀，试样微造型表面中心点 5 个方向残余应力的测量值趋于相等。E960 高强钢表面经过激光冲击 4 次后也形成了纳米晶，且出现了具有周期性明暗交替的条纹结构，如图 11.14c 所示。观察图 11.14c 可知，这是一种典型的调幅分解结构，且调幅组织分布均匀，这也验证了 11.3.2 节中激光冲击 4 次后材料的宏观力学性能表现为残余应力减小。

11.4　微造型几何参数设计对摩擦学性能的影响

11.4.1　摩擦学性能分析方法

根据油膜厚度的差异，按照摩擦副两表面的润滑状况，摩擦可分为下面几种：①流体润滑摩擦。摩擦副表面被一层连续的润滑油膜隔开，其摩擦系数小，是一种理想的状态，可显著延长零部件使用寿命；②干摩擦。摩擦副表面间无润滑油膜存在，摩擦系数变化剧烈，导致零件磨损严重；③贫油润滑摩擦[27-29]。又可分为边界润滑和混合摩擦，边界润滑摩擦副表面间存在一层极薄的边界油膜；混合摩擦是一种介于边界摩擦和流体摩擦之间的状态，是几种摩擦的混合状态。

在摩擦磨损试验中，随着磨损时间的增加，摩擦磨损要经历两个阶段[30]。首先摩擦系数随着时间的增加而稳定波动，变化不大；然后当时间到达一定阈值时，摩擦系数会陡然起伏剧烈，同时伴随刺耳的噪声，说明此时润滑状态改变，导致润滑失效，此过程称为失效阶段。

为了有效评价不同微造型参数对摩擦学性能的影响规律，本试验对以下指标进行评价：①摩擦系数选取稳定阶段摩擦系数的均值，摩擦学性能与摩擦系数呈反比关系；②稳定时间选取摩擦系数发生陡变的时刻，稳定时间越长，则摩擦副寿命越久，即摩擦学性能与稳定时间呈正比关系。

11.4.2　微造型密度对摩擦系数的影响

采用线性变载荷（25~600N）、速度为 0.12m/s 和定载荷（100N）、速度为 0.2m/s 的两组试验参数，针对相同微造型深度、不同微造型密度的试样开展摩擦试验。不同工况下 E690 高强钢表面微造型密度对摩擦系数的影响规律如图 11.15 所示。由图 11.15a 可知，随着法向载荷线性的增加，未经过激光冲击微造型的试样摩擦副间的油膜破裂，摩擦系数陡增，未处理试样的稳定时间为 102.5s。经过激光冲击微造型的试样，其稳定时间得到明显改善。微造型密度为 8.7%、13%、20%、35% 和 78.5% 试样的稳定时间分别为 591.3s、483.1s、600s、580.1s 和 433.5s，较基样稳定时间增加了 4.77 倍、3.71 倍、4.85 倍、4.66 倍和 3.23 倍，其中微造型密度为 20% 的稳定时间最长。由图 11.15b 可知，在定载荷为 100N 的摩擦工况下，经过激光冲击微造型的试样稳定时间都有所提升。对比摩擦系数曲线与横纵坐标构成的面积，经过激光冲击微造型后试样的摩擦系数均小于未造型试样的摩擦系数，其中 20% 微造型密度试样的摩擦系数最小。

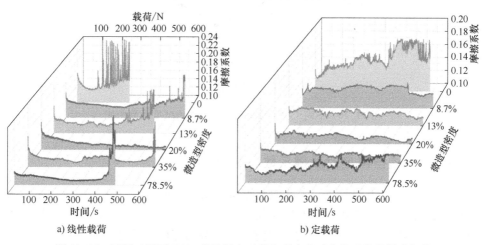

a) 线性载荷　　　　　　　　　　　　　　　b) 定载荷

图 11.15　不同工况下 E690 高强钢表面微造型密度对摩擦系数的影响规律

不同工况下微造型密度的平均摩擦系数曲线如图 11.16 所示，根据图 11.16 分析不同工况下微造型密度对摩擦学性能的影响。变载荷低速下，未造型试样的平均摩擦系最大为 0.1527，微造型密度为 8.7%、13% 和 20% 的平均摩擦系数分别为 0.1297、0.1181、0.1142，较未造型基样的平均摩擦系数分别降低 15.06%、22.66% 和 25.21%。摩擦系数降低的原因如下：随着微造型数量的增加，提高了摩擦副间的储油能力，润滑条件得到改善。当微造型密度增加到 35% 和 78.5% 时，平均摩擦系数分别为 0.1209 和 0.1339，较 20% 微造型密度试样的平均摩擦系数均增大。摩擦系数增大的原因如下：随着微造型数量进一步增加，摩擦副间的接触面积随之减小从而使压强增大，接触表面的油膜厚度逐渐减小，直至变为干摩擦。在定载荷为 100N 的高速往复摩擦试验下，与变载荷低速情况类似，20% 微造型密度试样平均摩擦系数为 0.111，相较于无微造型试样降低了 16.06%，其摩擦学性能最优。综上所述，E690 高强钢试样的摩擦学性能与微造型密度关系复杂，变载荷低速与定载荷高速摩擦系数的变化规律相同，即随着微造型密度的不断增加，平均摩擦系数呈现先下降后上升的趋势；在相同深度情况下微造型密度为 20% 的试样的摩擦学性能最佳。

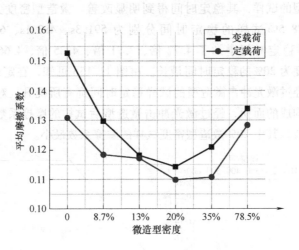

图 11.16　不同工况下微造型密度的平均摩擦系数曲线

11.4.3　微造型深度对摩擦系数的影响

由 11.4.2 节不同微造型密度的摩擦试验结果分析可知，20% 微造型密度为最优的微造型分布密度，且不同工况对试样摩擦规律的影响具有相似性。由 11.3.1 节可知，冲击次数的增加，微造型塑性变形深度也随之增加，冲击 1~4 次的微造型最大深度分别为 8.82μm、18.31μm、28.72μm 和 36.34μm。为探究微造型深度对摩擦学性能的影响，试样的微造型密度选 20%，各试样微造型的深度分别为 8.82μm、18.31μm、28.72μm 和 36.34μm，摩擦试验机试验参数如下：法向载荷线性增加（25~1000N），恒定速度为 0.12m/s。变载荷下不同微造型深度试样表面摩擦系数随时间的变化曲线如图 11.17 所示。观察图 11.17 可知，未经过激光冲击微造型的试样摩擦系数较高，稳定时间最短。相同微造型密度、不同深度的微造型的摩擦系数均较未造型基样有所降低，且稳定时间有

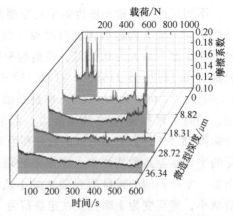

图 11.17　变载荷下微造型深度试样表面摩擦系数随时间的变化曲线

所增加。

图 11.18 所示为变载荷下不同微造型深度对摩擦学性能的定量比较，当微造型深度由 0μm 增加到 10μm 时，摩擦系数从 0.141 减小到 0.118，降幅为 10.3%。失效时间从 54.9s 延长到 260.6s，增加了 4.75 倍。但微造型深度由 10μm 增加到 35μm 时，摩擦系数从 0.128 减小到 0.118，降幅仅为 8.4%，但失效时间从 260.6s 延长到 546.4s，延长了 1.2 倍。由此可知，相较于无微造型试样，不同微造型深度试样的摩擦学性能均得到了不同程度的改善。随着微造型深度的增加，摩擦系数总体呈现递增减的趋势，但减幅缓慢，说明微造型深度对摩擦系数的改善不大，但对于试样失效时间却有很大的提升。这是由于摩擦副在相对运动中会产生磨屑，在受到滚压、黏着作用下形成大粒度、高硬度磨粒，严重影响摩擦副接触状态。而微造型可容纳磨粒，深度越大，形成的"存储池"越深，并且微造型可为摩擦副提供足量润滑，最终形成"二次润滑"。同时，在贫油状态下，一定条件下微造型中会产生一定比例的气泡，从而使微造型对润滑减阻起到明显的效果；同油量状态下，随着微造型深度增加，气泡比例也随之增加，因此微造型深度对提高摩擦学性能存在显著效果。

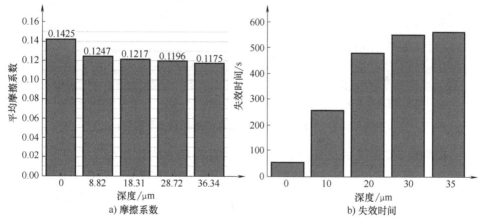

图 11.18　变载荷下不同微造型深度对摩擦学性能的定量比较

11.5　磨损表面与磨损机理分析

11.5.1　磨损表面分析

为研究不同微造型参数对摩擦副抗磨损性能的影响，对 11.4.2 节中第一组摩擦磨损试验结果进行形貌观察。摩擦磨损试验结束后，采用日本基恩士 VHX-2000E 三维形貌仪对试样进行观测。不同微造型密度试样的磨损局部形貌特征如图 11.19 所示。观察图 11.19 可知，基样表面磨损程度最严重，表现为磨损痕迹较深、宽度较大，且可以看出较为严重的磨粒磨损和黏着磨损。与之相比不同密度的微造型试样表面磨损情况得到了有效的改善，微造型密度为 20%时，磨损后微造型直径最大，为 1725.23μm，相比于微造型密度为 13%和 35%的试样微造型直径尺寸减小（1707.42μm、1706.56μm）大约 20μm。微造型密度为 8.7%的试样磨损后微造型直径最小，约为 1544.13μm，此时抗磨损能力最弱。

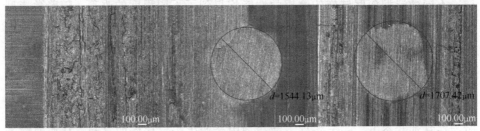

a) 微造型密度为0   b) 微造型密度为8.7%   c) 微造型密度为13%

d) 微造型密度为20%   e) 微造型密度为35%   f) 微造型密度为78.5%

图 11.19　不同微造型密度试样的磨损局部形貌特征

不同微造型密度的试样磨损后微造型直径尺寸统计如图 11.20 所示。由图 11.19、图 11.20 可知，微造型密度为 8.7%的试样磨损后微造型直径最小，约为 1544.13μm，此时抗磨损能力最弱；微造型密度为 20%时，磨损后微造型直径最大，为 1725.23μm，表现出良好的抗磨损能力；微造型密度为 13%、35% 和 78.5% 的试样微造型直径尺寸分别为 1707.42μm、1706.56μm 和 1636.07μm，较 20%微造型密度试样的微造型直径分别减小 1.032%、1.082%和 5.294%，抗磨损性能有所降低。由此可知，摩擦磨损试验后试样表面微造型直径尺寸随着微造型密度的增加呈先增加后减小的趋势。

不同微造型深度试样磨损后表面微造型直径尺寸统计如图 11.21 所示。观察图 11.21 可知，摩擦磨损后试样表面微造型直径随着深度的增加而增加，表明抗磨损能力随深度逐渐提高。微造型深度为 8.82μm、18.31μm、28.72μm 和 36.34μm 时，其磨损后的直径分别为 1280.8μm、1787.73μm、1935.84μm 和 2035μm，磨损后的直径增幅分别为 39.58%、8.28%和 5.12%。随着微造型深度

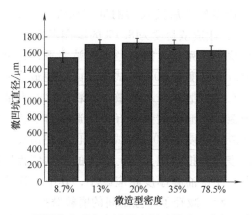

图 11.20　不同微造型密度试样磨损后微造型直径尺寸统计

增加，磨损后微造型直径逐渐增大，但增幅逐步减缓。在保证抗磨损性能的前提下，激光冲击 3 次可明显降低成本和提高工作效率。综上所述，激光冲击微造型最优参数工艺为微造型密度 20%、每点冲击 3 次，与 11.4.2 节、11.4.3 节试验结果一致。

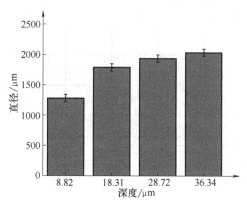

图 11.21　不同微造型深度试样磨损后表面微造型直径尺寸统计

11.5.2　磨损机理分析

为分析激光冲击微造型的磨损机理，采用扫描电子显微镜观察第一组试样表面的磨损形貌（即 11.4.2 节微造型密度对摩擦系数的影响），如图 11.22 所示。观察图 11.22a 可知，未处理试样的表面磨损严重，沿滑动方向形成了较深的犁沟，并伴有因疲劳磨损而产生的大块剥落物；基体材料黏附在对磨销表面，产生黏着磨损。同时，由于 E690 高强钢基体材料硬度低于对磨销 GCr15 的硬度，在对磨销 GCr15 往复作用下试样表面产生塑性变形，其中部分基体材料被对磨销挤压到两侧形成堆积，且部分基体形成磨粒并导致表面产生磨粒磨损。

试样经过激光冲击微造型处理后其表面的磨损状况均得到了不同程度的改善，观察图 11.22b~f 可知：微造型密度为 8.7% 的试样表面微造型内储油能力有限，在摩擦磨损过程中很快消耗殆尽，微造型很快被磨平，大量疲劳剥落物及磨粒存在于摩擦副间；微造型密度为 20% 的试样表面形貌最为光滑，仅观察到少量较浅深度的犁沟，伴有少许散乱分布的微小磨粒，此时大部分润滑油和磨粒被存储在微造型内，摩擦副间润滑效果最好；微造型密度为 13%、35% 的试样表面磨损状况仅次于微造型密度为 20% 的试样，也表现出良好的耐磨性；微造型密度为 78.5% 的试样表面磨损状况欠佳，密度的增加使得摩擦副间的有效接触面积减小，压强增大，使得油膜厚度相应减小，其中大部分颗粒磨粒被微造型捕捉，左侧部分表面光滑，减轻了摩擦副间的磨粒磨损。

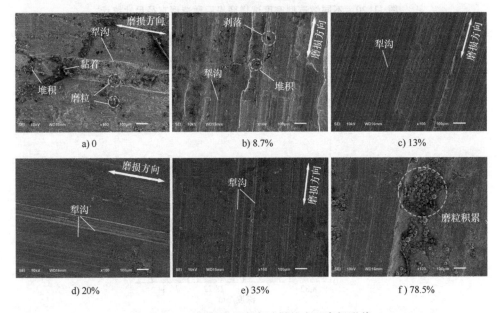

a) 0   b) 8.7%   c) 13%

d) 20%   e) 35%   f) 78.5%

图 11.22　不同微造型密度试样的表面磨损形貌

不同微造型深度试样的表面磨损形貌如图 11.23 所示。观察图 11.23a 可知，微造型深度为 8.82μm 的试样表面在摩擦磨损过程中产生疲劳剥落。在往复摩擦磨损过程中，最大切应力处出现了裂纹，最终发展成脱落物，其磨损主要表现为疲劳接触磨损和磨粒磨损。观察图 11.23b 可知，微造型深度为 18.31μm，摩擦磨损试验后的试样表面仅有少量的细小磨粒，磨痕深度较浅。观察图 11.23c、d 可知，微造型深度分别为 28.72μm、36.34μm，摩擦磨损试验后试样表面最为光滑，微造型边界清晰可见，仅有少许的微小磨粒和细微划痕。

综上所述，由表面磨损形貌分析以及兼顾成本，激光冲击微造型润滑效果最优的工艺参数为微造型密度为 20%、单点冲击 3 次，与 11.4 节试验结果一致。

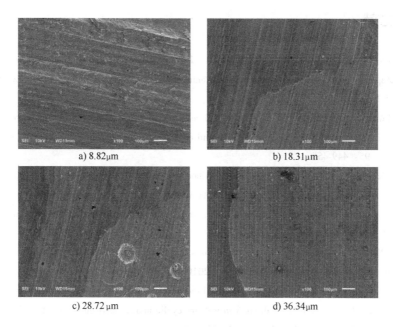

a) 8.82μm   b) 18.31μm

c) 28.72μm   d) 36.34μm

图 11.23 不同微造型深度试样的表面磨损形貌

11.6 本章小结

1）在功率密度为 $7.96GW/cm^2$ 的脉冲激光冲击作用下，冲击 1~4 次其直径不变，约为 2200μm，深度在 10~40μm 之间呈增加趋势，深度方向模拟结果和测试结果误差的范围合理，平均误差在 15% 以内，获取了激光工艺参数与微造型深度的对应关系。

2）在激光冲击 2 次及以上时，冲击试样各方向残余应力测量值趋于一致；FWHM 值逐渐增大，冲击 4 次后 FWHM 值与 3 次趋于相等；晶粒尺寸进一步细化使残余应力测量值由增大变为减小，其具体晶粒尺寸范围与残余应力减小机理仍需要借助透射电镜与 X 射线应力分析仪进行检测分析。

3）贫油润滑条件下，随着微造型密度的增加，试样的平均摩擦系数呈现先下降后上升的趋势，其中 20% 微造型密度试样的摩擦学性能最优；在 20% 微造型密度下，随着微造型深度的增加平均摩擦系数呈递减趋势，且摩擦副间的稳定时间大幅提升；未造型基样表面表现为磨损痕迹较深、宽度较大，发生了严重的磨粒磨损和黏着磨损；在保证抗磨损的前提下，微造型密度为 20%、单点冲击 3 次的试样综合摩擦学性能最好。

参考文献

[1] HAN W, CHEN S, CAMPBELL J, et al. Fracture toughness and wear properties of nanosilica/epoxy composites under marine environment [J]. Mater. Chem. Phys, 2016, 177: 147-155.

[2] LITWIN W, DYMARSKI C. Experimental research on water-lubricated marine stern tube bearings in conditions of improper lubrication and cooling causing rapid bush wear [J]. Tribol. Int, 2016, 95: 449-455.

[3] ROBERT J K, WOOD. Marine wear and tribocorrosion [J]. Wear, 2017, 376: 893-910.

[4] AYYAGARI A, BARTHELEMY C, GWALANI B, et al. Reciprocating sliding wear behavior of high entropy alloys in dry and marine environments [J]. Materials Chemistry and Physics, 2018, 210: 162-169.

[5] WANG D Y, DING L P. Current conditions and developing tendency of offshore drilling platform [J]. China Petroleum Machinery, 2010, 38 (4): 69-72.

[6] HAO W K, LIU Z Y, WU W, et al. Electrochemical characterization and stress corrosion cracking of E690 high strength steel in wet-dry cyclic marine environments [J]. Materials Science and Engineering A, 2018, 710: 318-328.

[7] CAO Y P, FENG A X, HUA G R. Influence of interaction parameters on laser shock wave induced dynamic strain on 7050 aluminum alloy surface [J]. Journal of Applied Physics, 2014, 116 (15): 153105.

[8] 李松夏, 乔红超, 赵吉宾, 等. 激光冲击强化技术原理及研究发展 [J]. 光电工程, 2017, 44 (6): 569-576.

[9] LI K M, YAO Z Q, HU Y X, et al. Friction and wear performance of laser peen textured surface under starved lubrication [J]. Tribology International, 2014, 77: 97-105.

[10] LI K M, WANG Y F, YU Z, et al. Process mechanism in laser peen texturing artificial joint material [J]. Optics and Lasers in Engineering, 2019, 115: 149-160.

[11] DAI F Z, GENG J, TAN W S, et al. Friction and wear on laser textured Ti6Al4V surface subjected to laser shock peening with contacting foil [J]. Optics & Laser Technology, 2018, 103: 142-150.

[12] MAO B, ARPITH S, PRADEEP L M, et al. Surface texturing by indirect laser shock surface patterning for manipulated friction coefficient [J]. Journal of Materials Processing Technology, 2018, 257: 227-233.

[13] PEYRE P, FABBRO R. Laser shock processing: a review of the physics and applications [J]. Optical and Quantum Electronics, 1995, 27 (12): 1213-1229.

[14] JOHNSON G R, COOK W H. A constative model and data for metals subjected to large strains, high strain rates and high temperatures [C]//Proceedings of the 7th International Symposium on Ballistics. The Hague: Netherlands International Ballistics Committee, 1983:

541-547.

[15]　SUN G F, WANG Z D, LU Y, et al. Numerical and experimental investigation of thermal field and residual stress in laser-MIG hybrid welded NV E690 steel plates [J]. Journal of Manufacturing Processes, 2018, 34: 106-120.

[16]　REN X D, ZHOU W F, REN Y P, et al. Dislocation evolution and properties enhancement of GH2036 by laser shock processing: dislocation dynamics simulation and experiment [J]. Materials Science and Engineering: A, 2016, 654: 184-192.

[17]　RAJESHWARI K S, SANKARAN S, HARI KUMAR K C, et al. Grain boundary diffusion and grain boundary structures of a Ni-Cr-Fe- alloy: evidences for grain boundary phase transitions [J]. Acta Materialia, 2020, 195: 501-518.

[18]　CHEN M, LIU H B, WANG L B, et al. Evaluation of the residual stress and microstructure character in SAF 2507 duplex stainless steel after multiple shot peening process [J]. Surface and Coatings Technology, 2018, 344: 132-140.

[19]　LU J Z, WU L J, SUN G F, et al. Microstructural response and grain refinement mechanism of commercially pure titanium subjected to multiple laser shock peening impacts [J]. Acta Materialia, 2017, 127: 252-266.

[20]　XIE Q, LI R, WANG Y D, et al. The in-depth residual strain heterogeneities due to an indentation and a laser shock peening for Ti-6Al-4V titanium alloy [J]. Materials Science and Engineering: A, 2018, 714: 140-145.

[21]　CAO Y P, XU Y, FENG A X, et al. Experimental study of residual stress formation mechanism of 7050Aluminum alloy sheet by laser shock processing [J]. Chinese Journal of Lasers, 2016, 43 (7): 139-146.

[22]　LI X Y, WEI Y J, LU L, et al. Dislocation nucleation governed softening and maximum strength in nano-twinned metals [J]. Nature, 2010 , 464 (7290): 877-880.

[23]　CAO Y P, CHEN H T, FENG A X, et al. Correlation between X-Ray diffraction pattern and microstructure of laser shock processed 7050-T7451 Aluminum alloy surface [J]. Chinese Journal of Lasers, 2018, 45 (5): 61-67.

[24]　NIE X, HE W, WANG X, et al. Effects of laser shock peening on microstructure and mechanical properties of TC17 Titanium alloy [J]. Rare Metal Materials & Engineering, 2014, 43 (7): 1691-1696.

[25]　ZHANG H F, HUANG S, SHENG J, et al. Thermal relaxation of residual stress and grain evolution in laser peening IN718 alloy [J]. Chinese Journal of Lasers, 2016, 43 (2): 106-114.

[26]　ZHOU L C, HE W F, LUO S H, et al. Laser shock peening induced surface nanocrystallization and martensite transformation in austenitic stainless steel [J]. Journal of Alloys and Compounds, 2016, 655: 66-70.

[27]　张勇强, 汪久根, 陈芳华, 等. 磨粒磨损的接触分析 [J]. 润滑与密封, 2018, 43 (3): 11-16.

[28]　续海峰. 粘着磨损机理及其分析 [J]. 机械管理开发, 2007, (S1): 95-96+98.

[29] 仝健民，李明义. 低合金钢冲击磨料磨损中疲劳磨损机制的研究 [J]. 理化检验：物理分册，1992，28（5）：17-21.

[30] 郭军，杨卯生，卢德宏，等. Cr4Mo4V 轴承钢滚动接触疲劳和磨损性能研究 [J]. 摩擦学学报，2017，37（2）：155-166.

第 12 章　激光冲击微造型表面 AlCrN 涂层制备及减摩机理

12.1　引言

E690 高强钢作为桩腿齿轮齿条抬升机构用材，在极端工况环境下易发生点蚀、胶合及磨损等失效，严重威胁海洋工程平台的安全[1-5]。激光冲击微造型不破坏加工材料表面完整性，适用于高压重载工况并改善摩擦副表面的摩擦学性能，是延长摩擦副使用寿命的新技术[6-8]。多弧离子镀作为一种新的工艺，被广泛应用到机械零件表面来提高其抗磨损、抗腐蚀等性能[9-12]。AlCrN 涂层具有抗高温氧化和抗磨粒磨损的特点，能提高硬质合金刀具切削金属的能力且延长刀具使用寿命[13-14]。此前有学者将激光表面微造型与涂层技术相结合研究材料表面几何微造型及其与涂层的协同对摩擦学性能的影响，但都集中在低压轻载工况下激光微织构制造工艺与涂层负荷对表面摩擦学性能的影响[15-21]，应用领域主要为密封元器件[22]、活塞缸套[23-24]、刀具切削[25-26] 等低压轻载环境，针对作为激光微织构、激光冲击强化技术的延伸，海洋工程装备用材的激光冲击微造型成形规律，高压重载以及循环载荷作用下的材料耐磨性能问题，以及关于激光冲击微造型与涂层后处理对摩擦学性能的相关研究刚刚兴起。

本章结合激光冲击强化技术，利用激光冲击微造型技术对 E690 高强钢试样表面进行微造型，并提出利用多弧离子镀技术在激光冲击微造型化制备 AlCrN 涂层。采用多功能摩擦磨损试验机开展微造型-AlCrN 涂层试样的往复摩擦试验，研究其减摩机理，为改善重载环境下 E690 高强钢的摩擦学性能，延长使用寿命提供理论基础，具有重要的理论价值和实际工程意义。

12.2　AlCrN 涂层制备试验及测试方法

12.2.1　AlCrN 涂层的制备方法

基于第 11 章的激光冲击 E690 高强钢表面微造型工艺，采用多弧离子镀技术对激光冲击微造型试样表面进行 AlCrN 涂层处理。试验设备为无锡纳弧新材料科技有限公司 NANOARC-SP1010 型多弧离子镀膜机，多弧离子镀涂层技术原

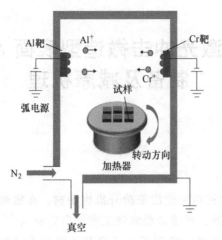

图 12.1　多弧离子镀涂层技术原理

理如图 12.1 所示。试样通过转盘固定，转盘转动频率 20Hz。沉积前对基材进行预处理，用氩离子辉光清洗 E690 钢试样表面 15min。采用纯度为 99.9% 的 Cr 靶和 Al 靶。将纯度为 99.99% 的氮气（N_2）作为反应气体引入室内，以获得 AlCrN 涂层。本试验的详细沉积参数见表 12.1。沉积速率和涂层厚度由电弧电流以及沉积时间决定。图 12.2 所示为在 E690 钢基体上进行激光冲击微造型处理和涂层沉积联合制备流程。

表 12.1　沉积参数

沉积过程	沉积参数	值
预处理	氩气压力/Pa	$4.0×10^{-3}$
	脉冲偏压/V	−600
	加热温度/℃	80
	时间/min	15
AlCrN 涂层沉积	氮气气压/Pa	0.8
	脉冲偏压/V	−150
	弧电流/A	100
	占空比/%	15
	时间/min	150

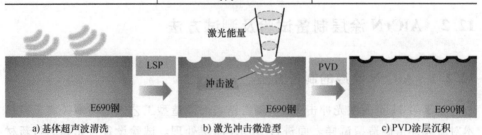

a) 基体超声波清洗　　　　b) 激光冲击微造型　　　　c) PVD涂层沉积

图 12.2　在 E690 钢基体上进行激光冲击微造型处理和涂层沉积联合制备流程

12.2.2　表面和截面微观形貌观察

利用扫描电镜对 AlCrN 涂层表面和截面进行形貌观察。涂层表面制样：将 AlCrN 涂层区域截取成 10mm×10mm×5mm 大小。涂层截面制样：首先以 AlCrN 涂层上表面为基准将试样用电火花线切割制成 5mm×5mm×5mm 大小，接着利用全自动热镶机对所制试样进行镶嵌，最后对试样截面进行电解抛光、腐蚀，并放入无水乙醇中进行超声清洗。检测方法如图 12.3 所示。

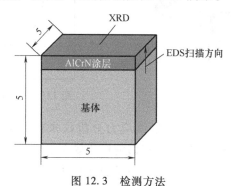

图 12.3　检测方法

12.2.3　X 射线物相检测

将 AlCrN 涂层区域截取成 10mm×10mm×5mm 大小，利用 X 射线衍射仪分析 AlCrN 涂层的晶体结构和相信息。扫描范围在 5°～90°之间，扫描速度为 2°/min，扫描步长为 0.020°。

12.2.4　显微硬度与残余应力检测

硬度在一定程度上反映了材料塑性、强度以及耐磨性等物理性能，利用 TMVS-1 型显微硬度计（图 12.4）对不同工艺处理的 E690 高强钢表面进行硬度测试。测试参数：加载载荷为 0.981N，加载时间 15s。测量方法：冲击区域以微造型中心沿径向方向依次选点测量，每个测量点间隔 0.3mm，共计测量六个点，显微硬度测量示意图如图 12.5 所示，其他试样任选表面六个点进行测量，重复测量三次取平均值。该硬度计测量原理：利用金刚石压向被测物体表面施加载荷，以压痕面积来计算被测材料的硬度值。计算公式为

$$\mathrm{HV} = \frac{2P\sin\dfrac{\theta}{2}}{L^2} = 1.8544\frac{P}{L^2} \tag{12-1}$$

式中，P 为施加的载荷（N）；θ 为压头相邻两面之间的夹角，$\theta = 136°$；L 为压痕的对角线长度均值（mm）。

图 12.4　TMVS-1 型显微硬度计

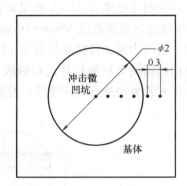

图 12.5　显微硬度测量示意图

利用 Xstress 3000 G2R 型 X 射线应力分析仪来检测 E690 高强钢基体以及 AlCrN 涂层表面残余应力，在试样表面随机选取 5 个测点进行检测，每个测点在 0°、45°以及 90°三个方向各测 1 次，计算其主应力。每个点重复测量 3 次取平均值。测试方法选用倾侧法，测试参数设置：准直管直径为 1mm，靶材选择 Cr 靶，材料为铁素体，布拉格角为 156.4°，晶面类型为（211），管电流 6.7mA，管电压 30kV，曝光时间 15s。

12.2.5　涂层工程结合强度检测

WS-2005 型划痕测试仪（兰州中科凯华科技开发有限公司）用于检测 AlCrN 涂层和基体之间的附着力，实物图如图 12.6 所示，该装置由计算机、工作台、划痕头和光学显微镜组成。测试参数设置：动态加载载荷 60N，加载速率 60N/min，

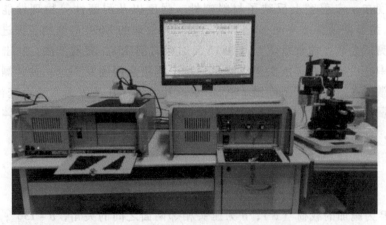

图 12.6　WS-2005 型划痕测试仪实物图

划痕长度 4mm。测试方式：单往复、声发射信号接收，同时结合摩擦力变化情况及划痕形貌来判断涂层临界载荷值，每个试样测量 3 次后取平均值。

12.3　AlCrN 涂层性能分析

12.3.1　表面宏观形貌

利用多弧离子镀涂层技术在微造型试样表面进行 AlCrN 涂层沉积，不同微造型密度试样表面制备涂层后的形貌如图 12.7 所示。观察图 12.7 可知，AlCrN 涂层试样表面呈现出均匀的哑光黑色，且在基体上具有良好的黏附性，涂层表面光滑，膜的致密度高，微造型阵列依旧清晰可见。

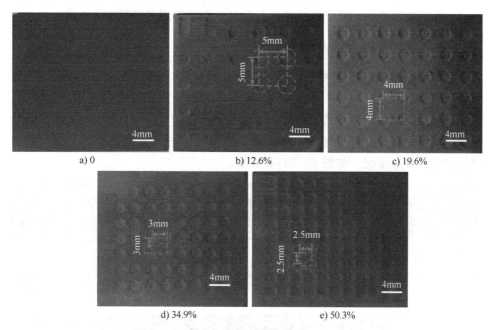

图 12.7　不同微造型密度试样表面涂层后的形貌

不同冲击次数微造型涂层后处理表面三维形貌如图 12.8 所示。观察图 12.8a 可知，无造型基样的 AlCrN 涂层表面平整度较高，仅存在少许散点分布的微凸结构。图 12.8b 为激光冲击 1 次微造型试样涂层后处理表面，观察图 12.8b 可知，微造型内表面的平整度高，无明显凸起结构，且与平面相接的微造型边缘整体过渡平缓，AlCrN 涂层有效改善了激光冲击过程中由塑性流动引起的材料体积向光斑边缘转移的情况。图 12.8c～e 为激光冲击 2～4 次后微造型涂层表面。观察图 12.8c～e 可知，涂层表面形貌受微造型深度的影响较小，微

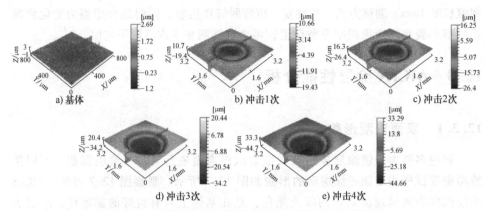

图 12.8　不同冲击次数微造型涂层后处理表面三维形貌

造型内表面光滑平整，且光斑边缘部分的微凸起均得到不同程度的改善。

12.3.2　表面微观形貌与物相分析

AlCrN 涂层表面 SEM 连续放大形貌像以及区域面扫结果如图 12.9 所示。观察图 12.9a~c 可知，AlCrN 涂层表面光滑，不存在微孔、气泡剥落等明显缺陷，不存在无涂层区域。涂层表面有小凹坑和凸峰，离子轰击对镀层产生的反溅射作用使其产生微孔。通过对 AlCrN 涂层表面进行 EDS 元素能谱面扫，得到表面涂层的元素分布情况，如图 12.9d~h 所示。

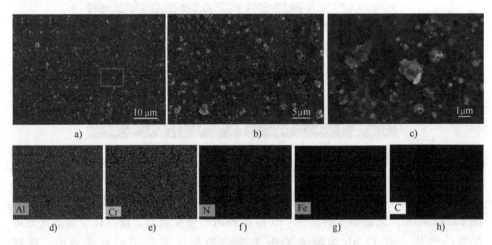

图 12.9　AlCrN 涂层表面 SEM 连续放大形貌像以及区域面扫结果

图 12.10 为图 12.9a 中方框区域的 EDS 元素检测分析。根据 EDS 分析结果，涂层化学元素主要包含 Cr、Al、N、C、O、Fe 等元素，Al、Cr、N 摩尔分数分别为 26.78%、13.31%、48.29%。AlCrN 涂层中除 Al、Cr 和 N 元素外，还有 C、

Fe 和 O 元素，C 和 Fe 元素是 X 射线穿透涂层对 E690 高强钢基体进行测量得到的，而氧元素则是涂层表面与空气接触发生氧化反应的结果，反应方程式为：$4Al+3O_2\rightarrow 2Al_2O_3$[27]。

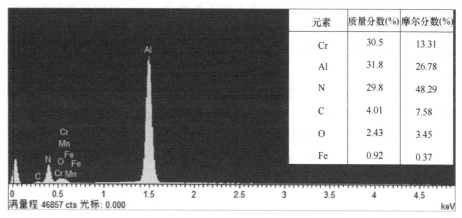

元素	质量分数(%)	摩尔分数(%)
Cr	30.5	13.31
Al	31.8	26.78
N	29.8	48.29
C	4.01	7.58
O	2.43	3.45
Fe	0.92	0.37

图 12.10　AlCrN 涂层表面局部区域 EDS 元素检测分析

AlCrN 涂层典型的 X 射线衍射图谱如图 12.11 所示。观察图 12.11 可知，E690 高强钢基体衍射峰较为尖锐，尤其是（110）衍射峰具有最大的峰高比，因此基体结晶度高并且存在（110）晶面，结合第六章的研究结果，可以推知材料为体心立方结构的铁基固溶体。AlCrN 涂层中衍射峰（111）的强度最高，而衍射峰（220）的强度较低。在气相沉积过程中，偏压和磁场的作用导致铝离子和铬离子具有高能量、强轰击力，同时 FCC 结构的（111）面原子密度相对高，该晶面更容易受到离子溅射的影响。晶粒偏向某一取向生长形成择优取向，而其他晶粒则被选择性溅射。涂层中的晶体主要由 Cr 和 CrN 组成，非晶态为 AlN，上述晶体和非晶体是硬质相，可以提高涂层的耐磨性，延长材料的使用寿命。

12.3.3　显微硬度与残余应力

微造型径向方向表面硬度如图 12.12 所示。观察图 12.12 可知，经过激光冲击后的表面硬度较基样均有所提升，整体硬度变化趋势为沿光斑中心向径向方向逐渐递减。根据测试结果，E690 高强钢基样的平均硬度值为 373.3HV，随着冲击次数的增加，

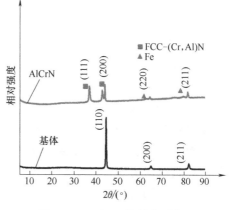

图 12.11　AlCrN 涂层典型的 X
射线衍射图谱

光斑中心的硬度值较基样分别增加 8.0%、11.28%、15.64% 和 16.53%，增幅逐渐变缓。具体原因是：激光冲击 1~3 次的过程中，材料表层晶粒逐渐细化，晶界的数量大量增加，抵抗外力变形的能力提升。激光冲击 4 次后，材料表面晶粒逐渐细化至纳米量级进而形成纳米晶后不再细化，表面组织更加均匀，宏观上表现出硬度趋于饱和。E690 高强钢基体经过 AlCrN 涂层镀膜后，其表面的平均硬度值为 508.9HV，较基体的平均硬度提高 36.32%，有效提高了 E690 钢的耐磨性。

图 12.13 所示为 AlCrN 涂层表面残余应力。观察图 12.13 可知，E690 高强钢基体的平均残余应力为 -114.1MPa，AlCrN 涂层表面的平均残余应力为 -169.5MPa，基体与涂层的残余应力分布均匀，且基体与涂层的应力值的差值较小。此种情况下，有助于提高涂层与基体的结合强度，降低涂层失效的风险。

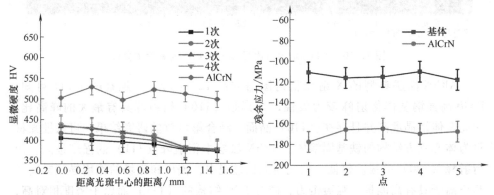

图 12.12　微造型径向方向表面硬度　　　　图 12.13　AlCrN 涂层表面残余应力

12.3.4　涂层与基体的结合强度

AlCrN 涂层与基体的工程结合强度检测如图 12.14 所示。动态法向载荷不断增加，AlCrN 涂层表面所展现的划痕深度和宽度都变大，并且在划痕的最末端出现了细小的碎片，小部分 AlCrN 涂层剥离了基体。此时，仪器发出强烈的尖锐声信号，且对应的摩擦力曲线斜率发生突变，这时的临界载荷即为涂层的工程结合强度[28]。由图 12.14 可知 AlCrN 涂层与 E690 高强钢基体的工程结合强度为 35N。

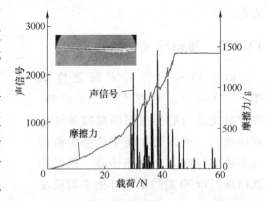

图 12.14　AlCrN 涂层与基体的工程结合强度检测

　　AlCrN 涂层与 E690 高强钢基体结合区域的截面 SEM 图及其 EDS 线扫分析如图 12.15 所示。观察图 12.15a 和图 12.15b 可知，AlCrN 涂层中的 Al、Cr、N 原子在结合界面处形成了阶梯过渡分布，表明这三个原子在结合界面处扩散形成冶金结合，且致密结构中不存在粗大的柱状晶粒和气孔，涂层与基材具有良好的结合力。

　　对 AlCrN 涂层截面区域进行 EDS 元素线扫，分析元素在结合界面的变化趋势。图 12.15c 所示为 AlCrN 涂层与基体截面的 EDS 线扫图。观察图 12.15c 可知，AlCrN 涂层主要分为基体、复合层和工作层。其中与 E690 基体相结合的涂

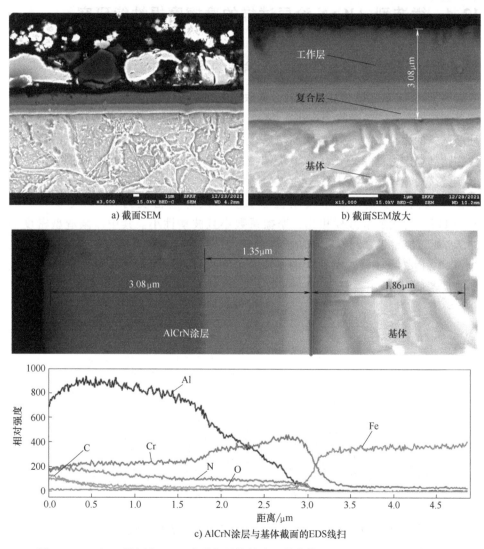

a) 截面SEM　　　　　　　　　　　　b) 截面SEM放大

c) AlCrN涂层与基体截面的EDS线扫

图 12.15　AlCrN 涂层与 E690 高强钢基体结合区域的截面 SEM 图及 EDS 线扫分析

层元素主要为 Cr 元素,该过渡涂层厚度约 $0.25\mu m$,Cr 元素与 Fe 元素原子半径相近,可以增强涂层的结合性能。涂层的第二层和第三层为 Cr、Al、N 等元素的复合层,Al 和 N 元素的加入可以和 Cr 元素形成良好的化合物,增强其稳定性。AlCrN 涂层的最表层主要以 Al 元素的分布为主,其厚度约为 $1.73\mu m$,Al 元素在摩擦磨损中可以生成 Al_2O_3,形成固体润滑膜,可在摩擦过程中间接改善上下试样之间的润滑环境。综上所述,涂层与基材在界面附近形成扩散界面,提升了界面结合强度。

12.4 微造型-AlCrN 涂层试样的摩擦磨损性能研究

12.4.1 不同密度微造型-AlCrN 涂层的摩擦学性能

根据第 11 章的摩擦试验结果,选取最优的摩擦试验参数:法向载荷 100N,往复频率 4Hz,试验时间为 600s。图 12.16 所示为不同密度微造型-AlCrN 涂层后处理试样的摩擦系数。往复摩擦初始过程中,微造型-AlCrN 涂层试样的摩擦系数在达到稳定之前呈现出一个下降期,这是由于表面粗糙的形貌和最初的点接触所致。对比摩擦系数曲线与横纵坐标构成的几何面积,无造型基样的摩擦系数整体较高,摩擦过程中波动性较大。当微造型密度为 12.6%、19.6% 和 34.9%时,与无造型基样相比,摩擦系数小且波动性小。其中,微造型密度为 34.9%时,摩擦系数只在初始阶段波动较大,之后迅速进入稳定。当微造型密度为 50.3%时,由于微造型间距的减小,上下试样有效接触面积变小,摩擦系数的波动性最大。

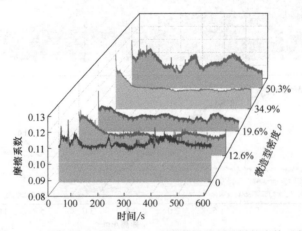

图 12.16 不同密度微造型-AlCrN 涂层后处理试样的摩擦系数

不同密度微造型-AlCrN 涂层后处理试样的平均摩擦系数和磨损量如图 12.17

和图 12.18 所示。无造型基样的摩擦系数为 0.1116,磨损量为 0.5231g。观察图 12.17 和图 12.18 可知,不同工艺处理的试样均起到减小摩擦系数和降低磨损量的作用,且效果良好。纵向对比微造型有无涂层试样的平均摩擦系数,微造型试样经 AlCrN 涂层后处理的平均摩擦系数都低于无涂层微造型试样,AlCrN 涂层对平均摩擦系数的降低幅度分别为 4.3%、1.3%、0.6%、11.4% 和 7.7%,其中 AlCrN 涂层对微造型密度为 34.9% 试样的摩擦磨损性能改善最为明显。由磨损量可知,对 E690 高强钢微造型表面进行 AlCrN 涂层后处理后,AlCrN 涂层对磨损量的降低幅度分别为 37.8%、36.9%、34.9%、43.5% 和 41.5%,其中微造型密度为 34.9% 的试样磨损量降幅最为明显。综上所述,微造型密度变化是影响摩擦系数的主要因素,而 AlCrN 涂层对减摩润滑有良好的效果。

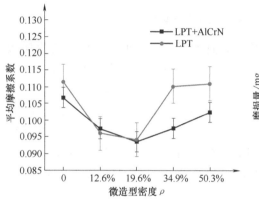

图 12.17　不同密度微造型-AlCrN 涂层
后处理试样的平均摩擦系数

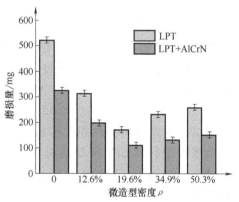

图 12.18　不同密度微造型-AlCrN 涂层
后处理试样的磨损量

12.4.2　不同深度微造型-AlCrN 涂层的摩擦学性能

根据 12.4.1 节的摩擦试验结果,选取微造型密度为 19.6%,对涂层-微造型深度分别为 7.82μm、14.52μm、24.72μm 和 31.39μm 的试样进行摩擦试验。摩擦试验参数选择:法向载荷 100N,往复运动频率 4Hz,时间 600s。图 12.19 所示为不同深度微造型-AlCrN 涂层后处理试样的摩擦系数。由图 12.19 可知,磨合期曲线斜率较大,摩擦系数迅速上升,试样表面在较短时间内产生了较大的磨损量,冲击次数的增加使得微造型边缘的凸起变形较大,摩擦副的接触面积小,局部作用压强大,磨损量增大。微造型深度为 24.72μm 即冲击 3 次的试样经过短暂的磨合期后迅速进入稳定阶段,且波动性最小,稳定性好。

不同深度微造型-AlCrN 涂层后处理试样的平均摩擦系数和磨损量如图 12.20 和图 12.21 所示。观察图 12.20 和图 12.21 可知,不同深度的微造型试样对摩擦

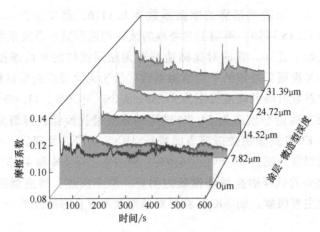

图 12.19　不同深度微造型-AlCrN 涂层后处理试样的摩擦系数

系数的减小和磨损量的降低都有积极作用，且效果良好。纵向对比有无涂层微造型试样的平均摩擦系数，经过 AlCrN 涂层后处理的微造型试样平均摩擦系数都低于无涂层的微造型试样，AlCrN 涂层对平均摩擦系数的降低幅度分别为 4.3%、0.64%、5.75%、8.55%和 2.68%，其中 AlCrN 涂层对冲击三次微造型试样的摩擦磨损性能改善最为明显。由磨损量可知，在 E690 高强钢微造型表面进行 AlCrN 涂层后处理，AlCrN 涂层对磨损量的降低幅度分别为 37.8%、34.9%、32.2%、36.1%和 34.96%，其中无造型 AlCrN 试样磨损量降幅最为明显。

　　综上所述，经过 AlCrN 涂层后处理的微造型试样，其平均摩擦系数和磨损量较微造型试样均有所下降，这表明 AlCrN 涂层可以有效改善激光冲击带来的微造型边缘凸起效应，同时可以起到降低摩擦、改善润滑的作用。

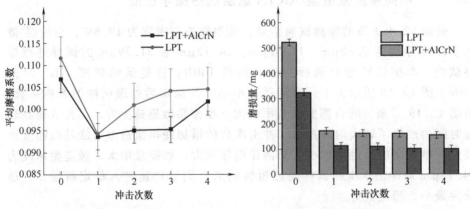

图 12.20　不同深度微造型-AlCrN 涂层后处理试样的平均摩擦系数　　图 12.21　不同深度微造型-AlCrN 涂层后处理试样的磨损量

12.5　微造型-AlCrN 涂层试样的磨损表面观察及机理分析

12.5.1　磨损表面形貌分析

不同密度微造型-AlCrN 涂层试样磨损表面 SEM 形貌如图 12.22 所示，图 12.23 所示为不同密度微造型-AlCrN 涂层试样磨损表面三维形貌。观察图 12.22a 可知，无造型涂层表面呈现出严重的磨损形态，磨损表面上有大量黏附，且出现了深度较深的犁沟以及分散的细小磨粒。法向载荷使部分磨粒嵌入磨损表面，涂层表面产生微切削效应应力集中现象，导致 AlCrN 涂层表面产生微裂纹失效并沿磨损方向大面积脱落，E690 高强钢基体出现了部分暴露情况，涂层的保护作用受到了限制。对与微造型相连的磨损平面进行三维形貌观察表明，磨损轨迹上有大量累积的附着物以及微凸起堆积，如图 12.23a 所示。

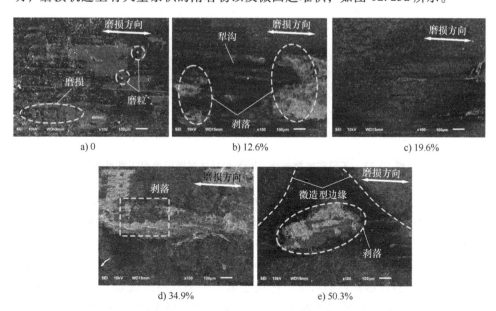

图 12.22　不同密度微造型-AlCrN 涂层试样磨损表面 SEM 形貌

当试样与摩擦副之间的摩擦力大于 AlCrN 涂层与微造型试样之间的结合强度时，鉴于对磨销的硬度较低，从 GCr15 钢中脱落的磨损物会聚集形成磨粒磨损，导致沿磨损方向的 AlCrN 涂层部分剥落，如图 12.22b、图 11.22b 所示。观察图 12.22c 和图 12.23c，磨损试样表面未出现严重的磨损损伤，且仅有少量深度较浅的划痕，这表明合理的微造型密度与 AlCrN 涂层结合可以有效改善犁沟效应，且黏着磨损显著降低，微造型在摩擦过程中凹坑存储了磨料颗粒，从而减少了涂层表面的磨粒磨损。观察图 12.22d 和图 12.23d 可知，微造型密度较大时，微造型的边缘效应会产生应力集中，高应力作用在表面引起塑性变形，形成磨屑，加剧了磨损。同时，形成的磨屑随润滑油的流动随机分散到所有滑动对表面，从而加速了磨粒磨损。观察图 12.22e 和图 12.23e 可知，微造型边缘依旧清晰可见，在与微造型相邻的平面观察到涂层的剥落，表面轮廓的波动和微造型凸起的边缘效应在周期性滑动期间产生了应力集中造成涂层失效，磨粒与犁沟并不明显。当微造型完全磨损时，先前存储的磨损碎屑将被释放，并参与钢基体的滑动磨损，导致更深的磨损痕迹。

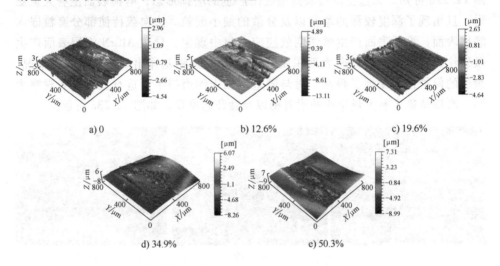

图 12.23　不同密度微造型-AlCrN 涂层试样磨损表面三维形貌

微造型密度为 19.6% 时不同深度微造型-涂层磨损表面 SEM 形貌如图 12.24 所示。不同深度微造型-AlCrN 试样磨损表面三维形貌如图 12.25 所示。观察图 12.24a、b 和图 12.25a、b 可知，当激光冲击 1、2 次时，微造型深度增加，试样耐磨性良好。AlCrN 涂层在磨损中并未完全破坏，仅出现少量的划痕和磨粒，且涂层的特征形貌依旧可见，涂层也未出现黏着磨损现象。当激光冲击 3、4 次时，微造型的边缘依旧清晰可见，且可观察到微造型内部的 AlCrN 涂层未受到破坏，收集了部分磨粒，如图 12.24c、d 和图 12.25c、d 所示。

综上所述，不同几何参数微造型-涂层试样的磨损情况表明，AlCrN 涂层后处理可以有效提高 E690 高强钢表面的耐磨性。激光冲击微造型留下的微造型阵列在摩擦过程中具有存储磨屑、磨粒和润滑油的作用，减弱了摩擦过程中产生的异物对 AlCrN 涂层的微观切削效应，使得 AlCrN 涂层表面的磨粒磨损得到缓解。同时，涂层的高硬度也起到了对 E690 高强钢基体的保护作用。

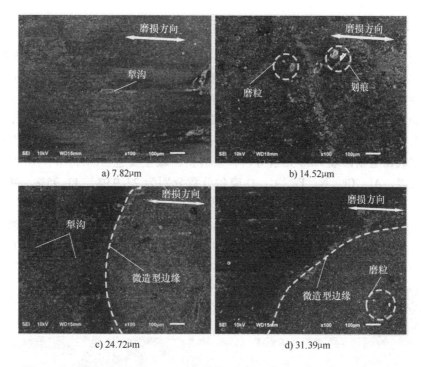

a) 7.82μm

b) 14.52μm

c) 24.72μm

d) 31.39μm

图 12.24　微造型密度为 19.6%时不同深度微造型-涂层磨损表面 SEM 形貌

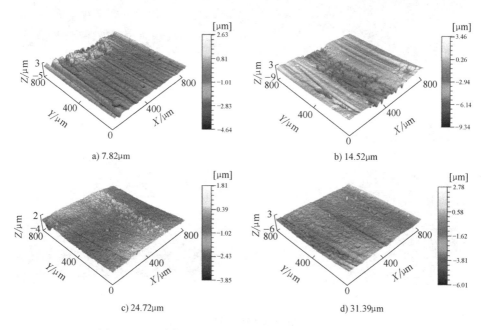

a) 7.82μm

b) 14.52μm

c) 24.72μm

d) 31.39μm

图 12.25　不同深度微造型-AlCrN 试样磨损表面三维形貌

12.5.2　磨损表面的 EDS 能谱分析

　　微造型-AlCrN 涂层试样磨损表面不同区域 EDS 元素分析如图 12.26 所示。图 12.26a 为基样-涂层试样磨损表面球状物 EDS 元素分析。由图 12.26a 可知，球状物是以 Fe、C、O、Cr 等主要元素形成的混合物，Fe、C、O、Cr 摩尔分数分别为 48.99%、24.7%、14.68%、9.72%。结合前文 XRD 的物相分析，该球状物为上试样 GCr15 轴承钢在磨损过程中发生的材料转移。图 12.26b 为基样-涂层试样表面磨损区域 EDS 元素分析，该磨损区域主要包含 Al、Cr、N、Fe、C、O 等元素，Al、Cr、N、Fe、C、O 摩尔分数分别为 23.93%、11.95%、40.6%、6.5%、11.9% 和 5.16%。在摩擦过程中 E690 高强钢表面涂层被破坏，部分基体暴露，使得铁、碳、氧含量增高。图 12.26c 为微造型密度为 19.6% 时，微造型-涂层试样在磨损过程中析出球状物的 EDS 元素分析。该球状物主要包含 Fe、C、O、Mn 等元素，Al、Cr 元素的含量较少，Fe、C、O 摩尔分数分别为 44.69%、

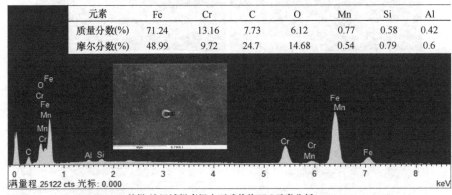

元素	Fe	Cr	C	O	Mn	Si	Al
质量分数(%)	71.24	13.16	7.73	6.12	0.77	0.58	0.42
摩尔分数(%)	48.99	9.72	24.7	14.68	0.54	0.79	0.6

a) 基样-涂层试样磨损表面球状物EDS元素分析

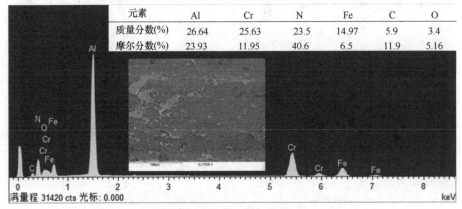

元素	Al	Cr	N	Fe	C	O
质量分数(%)	26.64	25.63	23.5	14.97	5.9	3.4
摩尔分数(%)	23.93	11.95	40.6	6.5	11.9	5.16

b) 基样-涂层试样表面磨损区域EDS元素分析

图 12.26　微造型-AlCrN 涂层试样磨损表面不同区域的 EDS 元素分析

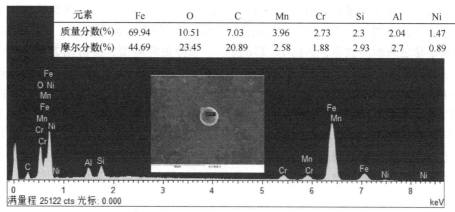

元素	Fe	O	C	Mn	Cr	Si	Al	Ni
质量分数(%)	69.94	10.51	7.03	3.96	2.73	2.3	2.04	1.47
摩尔分数(%)	44.69	23.45	20.89	2.58	1.88	2.93	2.7	0.89

c) 19.6%密度微造型-涂层试样磨损过程中析出的球状物EDS分析

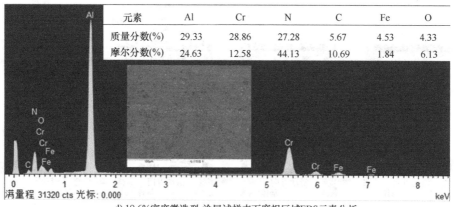

元素	Al	Cr	N	C	Fe	O
质量分数(%)	29.33	28.86	27.28	5.67	4.53	4.33
摩尔分数(%)	24.63	12.58	44.13	10.69	1.84	6.13

d) 19.6%密度微造型-涂层试样表面磨损区域EDS元素分析

图 12.26　微造型-AlCrN 涂层试样磨损表面不同区域的 EDS 元素分析（续）

20.89% 和 23.45%。结合 12.5.1 磨损表面形貌可知，球状物来自上试样 GCr15 轴承钢在磨损过程中形成的球状物。图 12.26d 为微造型密度为 19.6% 时，微造型-涂层试样表面磨损区域的 EDS 元素分析。由 EDS 检测结果可知，该磨损区域主要包含 Al、Cr、N、Fe、C、O 等元素，Al、Cr、N、Fe、C、O 摩尔分数分别为 24.63%、12.58%、44.13%、1.84%、10.69% 和 6.13%。与基样-涂层试样表面磨损区域元素含量相比，铁和碳元素含量降低，E690 钢基体得到了较好的保护。

综上所述，在摩擦过程中，AlCrN 涂层后处理可以起到对基体试样的保护作用，微造型可以进一步提高基体的抗磨损性能。

12.5.3　微造型-AlCrN 涂层的减摩润滑模型

微造型-AlCrN 涂层的减摩润滑过程如图 12.27 所示。图 12.27a 为未造型基体-涂层试样的磨损初始阶段，油膜吸附在涂层表面，与涂层共同起到减摩润滑的作用。随摩擦试验的进行，在对磨销的挤压作用下，涂层表面出现了挤压变形和龟裂，如图 12.27b 所示。在涂层的挤压变形及剥落位置形成了少量磨粒，加剧了涂层表面的破坏，如图 12.27c 所示。摩擦最终阶段，沿滑动方向的部分涂层被破坏，失去了对基体的保护作用，如图 12.27d 所示。图 12.27e 为微造型-涂层试样的磨损初始阶段示意图。在摩擦初始阶段，微造型内存储润滑油，AlCrN 涂层增强了基体的抗磨性能，摩擦系数较低。随着摩擦试验的进行，与上试样表面直接接触的 AlCrN 涂层表面出现裂纹和剥落，如图 12.27f 所示。沿滑动方向涂层剥落和龟裂位置出现了少量的磨粒，如图 12.27g 所示。由于微造型的存在，产生的磨屑被微造型收集，微造型几何特征破坏不明显，如图 12.27h 所示。

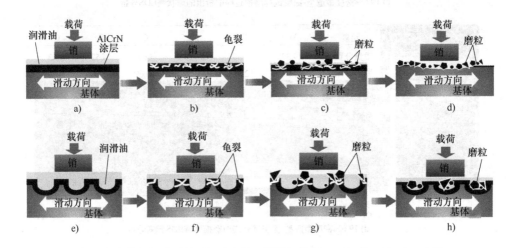

图 12.27 微造型-AlCrN 涂层的减摩润滑过程

12.6 本章小结

1）通过优选多弧离子镀涂层参数，对微造型试样表面进行 AlCrN 涂层的沉积，涂层有效改善了冲击微造型边缘凸起效应；呈梯度分层结构的 AlCrN 涂层与 E690 高强钢基体有着良好的结合性能，其工程结合强度达 35N。

2）基于第 11 章优选的摩擦试验参数，对微造型-AlCrN 涂层试样进行往复摩擦试验。与微造型试样相比，不同密度微造型-AlCrN 涂层试样平均摩擦系数的降低幅度分别为 4.3%、1.3%、0.6%、11.4% 和 7.7%，且平均摩擦系数随微造型密度的增加呈先减后增的趋势，微造型几何参数是影响摩擦系数变化规律的主要因素。微造型密度为 19.6% 时，不同深度微造型-AlCrN 涂层试样的磨损量较微造型试样的降幅分别为 37.8%、34.9%、32.2%、36.1% 和 34.96%，均低于单一微造型试样。

3）通过 EDS 能谱分析以及结合磨损表面形貌可知，涂层的磨损表面犁沟数量减少，抗黏着磨损以及磨粒磨损性能得到了改善，涂层对基体表面形成了有效的保护。

4）建立了微造型-AlCrN 涂层协同减摩润滑模型，阐述了在重载、油润滑工况下微造型-AlCrN 涂层的相互作用及磨损过程。

参考文献

［1］　王定亚，丁莉萍. 海洋钻井平台技术现状与发展趋势 ［J］. 石油机械，2010，38（4）：69-72.

［2］　HAO W K，LIU Z Y，WU W，et al. Electronchemical characterization and stress corrosion cracking of E690 high strength steel in wet-dry cyclic marine environments ［J］. Materials Science & Engineering（A），2018，710：318-328.

［3］　ROBERT J K，WOOD. Marine wear and tribocorrosion ［J］. Wear，2017，376-377：893-910.

［4］　常可可，王立平，薛群基. 极端工况下机械表面界面损伤与防护研究进展 ［J］. 中国机械工程，2020，31（2）：206-220.

［5］　王兆山. 在役自升式平台起升齿轮齿条系统弯曲强度及疲劳损伤度研究 ［D］. 天津：天津大学，2018.

［6］　LI K M，YAO Z Q，HU Y X，et al. Friction and wear performance of laser peen textured surface under starved lubrication ［J］. Tribology International，2014，77：97-105.

［7］　GUO Y B，CASLARU R. Fabrication and characterization of micro dent arrays produced by laser shock peening on titanium Ti-6Al-4V surfaces ［J］. Journal of Materials Processing Tech，2011，211（4）：729-736.

［8］　曹宇鹏，蒋苏州，施卫东，等. E690 高强钢表面冲击微造型的模拟与试验 ［J］. 中国表面工程，2019，32（5）：69-77.

［9］　邱联昌，李金中，王浩胜，等. 多弧离子镀技术及其在切削刀具涂层中的应用 ［J］. 中国钨业，2011，26（5）：28-32

［10］　AWAD S H，QIAN H C. Deposition of duplex Al_2O_3/TiN coatings on aluminum alloys for tribological applications using a combined microplasma oxidation（MPO）and arc ion plating（AIP）［J］. Wear，2005，260（1）：215-222.

［11］　MANSOOR N S，FATTAH A A，ELMKHAH H，et al. Comparison of the mechanical properties and electrochemical behavior of TiN and CrN single-layer and CrN/TiN multi-layer coatings deposited by PVD method on a dental alloy ［J］. Materials Research Express，2020，6（12）：126433.

［12］　AHMAD F，ZHANG L，ZHENG J，et al. Structural evolution and high-temperature tribological properties of AlCrON coatings deposited by multi-arc ion plating ［J］. Ceramics International，2020，46（15）：24281-24289.

［13］ 孔德军，付贵忠，王文昌，等. 阴极弧离子镀制备 AlCrN 涂层的高温摩擦磨损行为［J］. 真空科学与技术学报，2014，34（7）：700-706.

［14］ LIN Y J, AGRAWAL A, FANG Y M. Wear progressions and tool life enhancement with Al-CrN coated inserts in high-speed dry and wet steel althing［J］. Wear, 2007, 264（3）: 226-234.

［15］ 符永宏，张洋，钟行涛，等. 激光微织构形貌对刀具表面涂层性能影响的实验研究［J］. 应用激光，2020，40（6）：1035-1039.

［16］ 解玄，尹必峰，华希俊，等. 脂润滑条件下 PTFE/GCr15 激光织构表面滑动摩擦性能研究［J］. 表面技术，2019，48（8）：77-82.

［17］ 王新宇，张帅拓，刘建，等. 表面织构对管道内壁碳基涂层润湿性与摩擦学性能影响［J］. 摩擦学学报，2021，41（1）：86-94.

［18］ DUFILS J, FAVERJON F, HÉAU C, et al. Combination of laser surface texturing and DLC coating on PEEK for enhanced tribological properties［J］. Surface and Coatings Technology, 2017, 329: 29-41.

［19］ PIMENOV S M, JAEGGI B, NEUENSCHWANDER B, et al. Femtosecond laser surface texturing of diamond-like nanocomposite films to improve tribological properties in lubricated sliding［J］. Diamond and Related Materials, 2019, 93: 42-49.

［20］ MO J L, ZHU M H, LEIB, et al. Comparision of tribological behaviours of AlCrN and TiAlN coatings-Deposited by physical vapor deposition［J］. Wear, 2007, 263（7-12）: 1423-1429.

［21］ YUAN S, LIN N M, ZOU J J, et al. Effect of laser surface texturing（LST）on tribological behavior of double glow plasma surface zirconizing coating on Ti6Al4V alloy［J］. Surface and Coatings Technology, 2019, 368: 97-109.

［22］ 符永宏，王祖权，纪敬虎，等. SiC 机械密封环表面微织构激光加工工艺［J］. 排灌机械工程学报，2012，30（2）：209-213.

［23］ 杜云鹏，董非，符永宏，等. 内燃机缸套内表面激光微造型数值模拟与实验研究［J］. 工程热物理学报，2016，37（1）：145-149.

［24］ ETSION I, SHER E. Improving fuel efficiency with laser surface textured piston rings［J］. Tribology International, 2009, 42（4）：542-547.

［25］ 符永宏，肖开龙，华希俊，等. 表面微沟槽车刀的切削试验与性能分析［J］. 中国表面工程，2013，26（6）：106-111.

［26］ RIVERA-SOLORIO C I, ARIZMENDI-MORQUECHO A M, SILLER H R, et al. Study of PVD AlCrN coating for reducing carbide cutting tool deterioration in the machining of titanium alloys［J］. Material, 2013, 6（6）: 2143-2154.

［27］ KIMURA S, EMURA S, TOKUDA K, et al. Structural properties of AlCrN, GaCrN and InCrN［J］. Journal of Crystal Growth, 2009, 311（7）: 2046-2048.

［28］ JIA D L, YI P, LIU Y C, et al. Effect of the width and depth of laser-textured grooves on the bonding strength of plasma-sprayed coatings in the scratch direction［J］. Materials Science and Engineering（A）, 2021, 820: 141558.

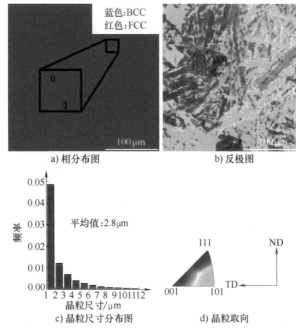

a) 相分布图

b) 反极图

c) 晶粒尺寸分布图

d) 晶粒取向

图 10.4　E690 高强钢的原始组织及其结构

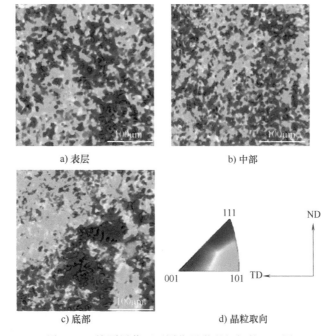

a) 表层

b) 中部

c) 底部

d) 晶粒取向

图 10.5　熔覆层截面不同位置微观组织的 IPF 图

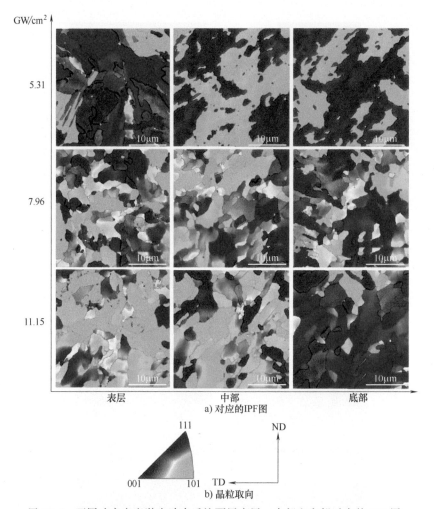

图 10.6 不同功率密度激光冲击后熔覆层表层、中部和底部对应的 IPF 图

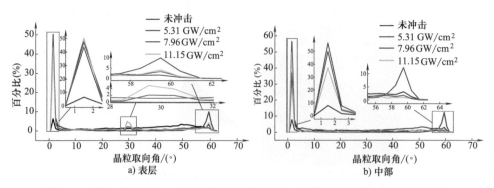

图 10.8 激光冲击前后 E690 高强钢熔覆层表层、中部和底部晶粒取向角的变化

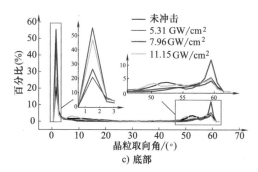

c) 底部

图 10.8　激光冲击前后 E690 高强钢熔覆层表层、中部和底部晶粒取向角的变化（续）

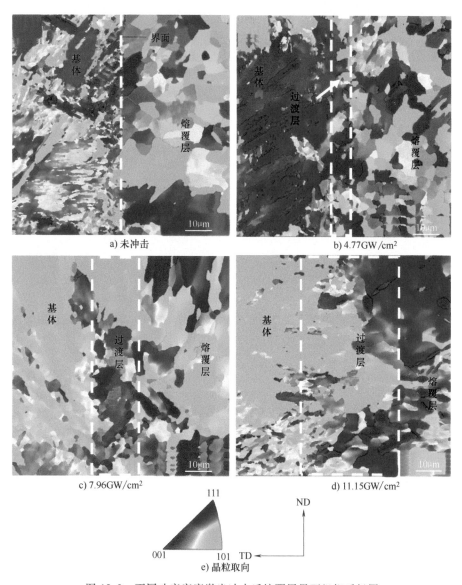

a) 未冲击

b) 4.77GW/cm²

c) 7.96GW/cm²

d) 11.15GW/cm²

e) 晶粒取向

图 10.9　不同功率密度激光冲击后熔覆层界面组织反极图

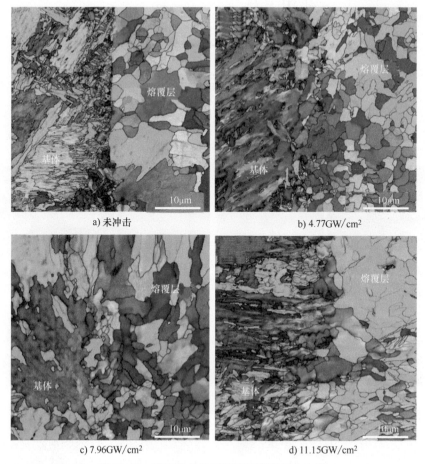

a) 未冲击

b) 4.77GW/cm²

c) 7.96GW/cm²

d) 11.15GW/cm²

图 10.12　激光冲击前后界面熔覆晶粒分布图

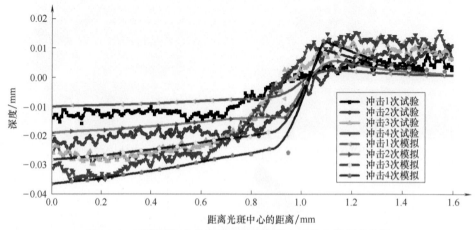

图 11.9　不同激光冲击次数表面塑性形变试验和模拟对比图